绿色食品

原料标准化生产基地建设

张华荣 ◎ 主编

中国农业出版社
北 京

图书在版编目（CIP）数据

绿色食品原料标准化生产基地建设理论与实践 / 张华荣主编．—北京：中国农业出版社，2020.9
ISBN 978－7－109－27327－6

Ⅰ.①绿…　Ⅱ.①张…　Ⅲ.①绿色食品—原料—生产基地建设—标准化—中国　Ⅳ.①TS202.1－65

中国版本图书馆 CIP 数据核字（2020）第 176678 号

中国农业出版社出版
地址：北京市朝阳区麦子店街 18 号楼
邮编：100125
责任编辑：刘　伟　冯英华
版式设计：王　晨　责任校对：赵　硕
印刷：中农印务有限公司
版次：2020 年 9 月第 1 版
印次：2020 年 9 月北京第 1 次印刷
发行：新华书店北京发行所
开本：787mm×1092mm　1/16
印张：20.75
字数：550 千字
定价：198.00 元

本书编委会

主　　编： 张华荣

副 主 编： 唐　泓　刘　平　杨培生　陈兆云

技术副主编： 梁志超　余汉新　赵　辉　陈　曦　张会影

参编人员（以姓氏笔画为序）：

于培杰　王　颖　王蕴琦　尤　帅　邓小松
刘丽辉　杜　方　杜志明　李　岩　迟　斌
杭祥荣　欧阳英　周绪宝　郑永利　胡永刚
胡军安　修文彦　秦　伟　高照荣　曾晓勇
谢陈国　穆建华

序言

绿色食品是我国一项开创性的事业，已走过30年的发展历程。在中共中央、国务院的关怀下，在农业农村部的领导下，在地方各级政府和农业部门的积极推动下，我国绿色食品事业获得了蓬勃发展。从1990年到2019年，全国绿色食品企业由63家发展到15 984家，产品由127个发展到36 345个，年均增长速度均超过20%。绿色食品已成为国内外具有较高知名度、公信力和影响力的安全优质农产品精品品牌，为保护我国农业生态环境、提高农业标准化生产和农产品质量安全水平、促进农业增效农民增收发挥了重要的示范带动作用。

为了满足绿色食品加工企业对安全优质原料的需求，保障绿色食品产品质量，推广绿色食品标准化生产模式，放大绿色食品品牌效应，2005年，中国绿色食品发展中心在全国启动了绿色食品原料标准化生产基地建设。经过15年的探索与实践，绿色食品原料标准化生产基地构建了地方政府、龙头企业与基地农户共同参与，标准化、产业化与品牌化融合发展，经济效益、生态效益与社会效益协调统一的发展模式。截至2019年，全国已建成绿色食品原料标准化生产基地721个，覆盖28个省份495个县市，面积约1.7亿亩，总量超过1亿吨，涉及百余种区域优势农产品和特色产品。基地直接对接绿色食品加工企业近2 800家，带动2 100多万农户。绿色食品原料标准化生产基地建设不仅有力支撑了绿色食品产业持续健康发展，而且已成为带动农业标准化生产的重要载体、推动农业绿色发展的成功模式、促进农业增效农民增收的有效途径。

在深入实施乡村振兴战略的背景下，走绿色兴农、质量兴农、科技兴农、品牌强农之路，增加绿色优质农产品的生产与供给，是提高我国农业发展质量效益和竞争力，满足全面建成小康社会城乡人民消费提档升级的必然要求。发展绿色优质农产品，需要标准先行、基地支撑、产业带动和品牌引领，需要绿色食品产业和基地建设保持高质量发展，发挥更加积极的功能作用。

为了展示绿色食品事业30年的发展成果，总结绿色食品原料标准化生产基地建设的宝贵经验和成功模式，中国绿色食品发展中心组织编撰了《绿色食品原料标准化生产基地建设理论与实践》一书。本书精选了近年来绿色食品原料标准化生产基地建设的相关研究论文和图片资料，集中反映了绿色食品原料标准化生产基地建设的理论研究与实践探索的最新成果，具有较强的理论性、指导性和实操性，可为广大绿色食品原料标准化生产基地的建设者、管理者、生产者和专家学者提供有益参考。

中国绿色食品发展中心

2020年7月

目录

序言

◆综 合 篇

◆理 论 篇

◆实践篇

ZONGHEPIAN

综合篇

1

我国绿色食品原料标准化生产基地建设的探索与实践

张华荣

（中国绿色食品发展中心）

为适应绿色食品事业的发展需要，2005 年，中国绿色食品发展中心启动了全国绿色食品原料标准化生产基地（以下简称绿色食品基地）创建工作。绿色食品基地是指符合绿色食品产地环境质量标准，按照绿色食品技术标准、全程质量控制体系等要求实施生产与管理，经中国绿色食品发展中心审核批准，具有一定规模的种植区域或养殖场所。经过 15 年的艰苦努力，绿色食品基地建设从无到有、由小到大，取得了显著成效，有力支撑了绿色食品事业持续健康发展，为保护农业生态环境、提升农产品质量安全水平、促进农业可持续发展发挥了积极作用。

一、绿色食品基地的发展历程

绿色食品基地是绿色食品事业发展的重要组成部分，也是绿色食品产业发展走向成熟的一个重要标志。回顾绿色食品基地建设发展的历程，主要经历了三个阶段。

（一）示范推广阶段（2004—2008 年）

2004 年中央 1 号文件首次指出“扩大无公害农产品、绿色食品、有机食品等优质农产品的生产和供应”，标志着绿色食品事业进入了新的发展阶段。

在日益良好的政策环境和政府推动力度越来越大的有利形势下，为了充分发挥绿色食品的质量优势、制度优势和品牌优势，进一步推广绿色食品标准化生产模式，放大绿色食品品牌效应，凸显绿色食品事业的公益性，更好地服务农业农村经济发展，农业部绿色食品管理办公室、中国绿色食品发展中心决定，在全国范围内组织开展绿色食品基地建设。

2005 年，全国有 16 个省份创建了 106 个绿色食品基地，面积达 3 176 万亩*，生产总量 1 470 万吨。这一阶段主要完成了两项工作：一是从 2004 年初开始绿色食品基地理论研究和调研工作，并将黑龙江省作为试点省份，批准其 13 个创建单位的 20 个绿色食品基地为试点，为在全国推广摸索了经验；二是到 2007 年下半年，绿色食品基地建设相关标准、规范等一系列配套制度基本形成，为基地建设全面加快发展奠定了基础。

（二）加快发展阶段（2009—2015 年）

2008 年，“三聚氰胺奶粉”事件引发全社会对食品安全问题的广泛关注，保障食品安全日益成为人民群众的基本需求，绿色食品事业也迎来了加快发展的新时期。随着绿色食品发展规模不断扩大，加工企业对绿色食品原料需求也相应扩大。各地通过全面提升绿色食品基地建设的质量水平，不断优化区域结构、产品结构，实现了基地建设规模、速度、质量的协调发展。同时，由于绿色食品基地在农产品全程质量控制、农业标准化生产、市场准入等方面发挥了示范引领作用，地方政府创建绿色食品基地的积极性越来越高，促进了基地在全国范围内的均衡发展。

为了开拓绿色食品基地产品市场，展现基地产品内在品质和外在形象，2009 年，中国绿色食品发展中心首次组织了 256 个绿色食品基地参加“中国绿色食品 2009 烟台博览会”，展会期间还成功举办了“绿色食品基地建设研讨

---

* 1 亩≈667 平方米，全书同。

会”，为基地产品搭建了产销对接平台，全面扩大了绿色食品基地的影响力。为了系统总结经验，持续推进基地健康发展，进一步发挥基地功能作用，2011年，中国绿色食品发展中心在黑龙江省哈尔滨市首次召开全国工作会议，专题研究部署绿色食品基地建设工作。

（三）巩固提升阶段（2016 年至今）

2016 年，中国绿色食品发展中心发布《全国绿色食品产业发展规划纲要(2016—2020)》，其中明确了“十三五”期间绿色食品基地建设的总体思路和主要任务：稳定总量规模，提升创建质量，强化产业对接，增强基地效益，以优势农产品产业带、特色农产品规划区和农业大县为重点，加大产销对接力度，形成绿色食品基地与加工（养殖）企业相互促进的良性循环机制。按照上述发展思路和目标任务，各地进一步依托环境和资源优势，突出绿色食品基地产品的特色，扩大基地的影响力和产品的市场竞争力，推动基地产品与加工企业对接，体现优质优价，促进基地增效、农户增收，推动基地建设由数量扩展转向高质量发展。

为了进一步提升绿色食品基地创建质量，并保持基地发展水平，2017 年，中国绿色食品发展中心以“提升质量、强化管理、完善制度、夯实基础”为重点，重新修订了《全国绿色食品原料标准化生产基地建设与管理办法》，进一步明确了绿色食品基地的属地管理责任，以及严格审核要求、规范基地管理的规定。按照新修订的《全国绿色食品原料标准化生产基地建设与管理办法》，各地强化了绿色食品基地产销对接，推动了基地产销对接率稳步上升，同时对少数重创建、轻监管和产销对接进展缓慢的基地进行了整改，基地发展质量得到进一步巩固和提升。

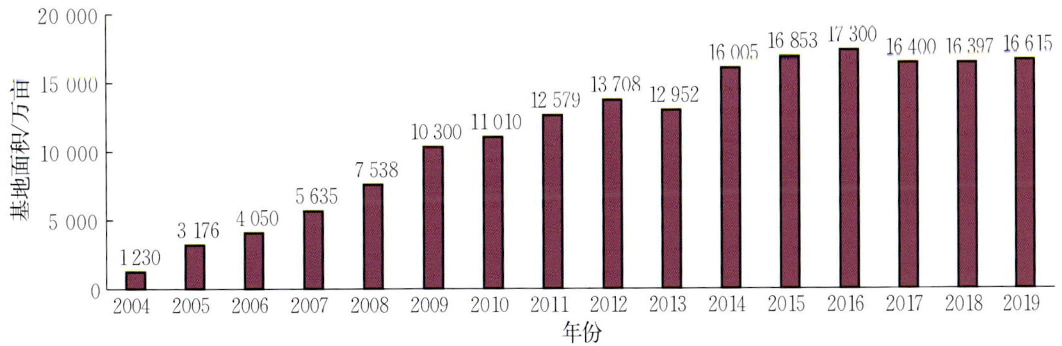

2004—2019 年全国绿色食品原料标准化生产基地面积

二、绿色食品基地建设取得的主要成效

（一）基地建设保障条件不断优化

2006 年颁布的《农产品质量安全法》规定：国家引导、推广农产品标准化生产，鼓励和支持生产优质农产品。2012 年，农业部颁布新修订的《绿色食品标志管理办法》规定："县级以上地方人民政府农业行政主管部门应当鼓励和扶持绿色食品生产，将其纳入本地农业和农村经济发展规划中，支持绿色食品生产基地建设。"2016 年，《农业部关于推进"三品一标"持续健康发展的意见》提出，稳步推进绿色食品原料标准化基地建设，强化产销对接，促进基地与加工（养殖）联动发展。绿色食品基地以其先进的技术标准体系和特色鲜明的发展模式，受到了地方政府的高度重视和大力支持。多年以来，绿色食品基地作为核心示范，先后被列入现代农业示范区、农产品质量安全县、"三园两场"等建设项目中，成为其评价考核的重要指标之一。

（二）基地建设管理制度日益完善

经过 15 年的探索和实践，绿色食品基地建设已进入制度化、规范化、科学化的发展与管理轨道。按照全程质量控制的技术路线，绿色食品基地创建了标准化生产、规范化管理模式，形成了比较完整的综合保障体系，包括组织管理、生产管理、投入品管理、技术服务、基础设施和环境保护、产业化经营、监测监管等七大体系。以强化标准化、产业化和品牌化互动机制为基础，以严格标准和加强监管为保障，形成了标准先进、管理有效、运行科学、效果突出的基地建设和管理机制。同时，绿色食品基地建设从创建、验收、监管、续报等工作都进行了顶层制度设计并力求创新，体现了鲜明特色。

（三）基地建设发展规模持续扩大

2004—2019 年，绿色食品基地创建单位由 13 个增加到 495 个，基地数量由 20 个增加到 721 个，基地面积由 1 230 万亩扩大到 1. 66 亿亩，平均每年扩大 1 026 万亩。基地对接企业数量由 2008 年的 816 家增加到 2019 年的 2 785 家，增加了 2. 4 倍。基地带动农户数由 2006 年的 420 万户增加到 2019 年的 2 173万户，增加了 4. 2 倍。在绿色食品基地中，粮食作物面积达到 10 356 万

亩、产量5 620万吨，分别占全国的5.9%、8.5%；油料作物面积3 116万亩、产量564万吨，分别占全国的16%和16.1%；蔬菜面积1 281万亩、产量2 226万吨，分别占全国的4.2%、3.1%；水果面积1 201万亩、产量1 610万吨，分别占全国的9.4%、5.9%；茶叶334万亩、产量113万吨，分别占全国的9.6%、10.2%。

2008—2019年全国绿色食品原料标准化生产基地建设情况

年份	创建单位/个	基地数/个	种植面积/万亩	对接企业/家	带动农户数/万户
2008	240	312	7 538	816	958.7
2009	307	432	10 300	1 138	1 296.5
2010	333	479	11 010	1 256	1 471.2
2011	368	536	12 579	1 369	1 603.2
2012	398	573	13 708	1 607	1 995
2013	354	511	12 952	1 712	1 722.8
2014	434	635	16 005	2 310	2 010
2015	460	665	16 853	2 488	2 130
2016	489	696	17 300	2 716	2 198
2017	480	678	16 400	2 616	2 097
2018	481	680	16 397	2 644	2 111
2019	495	721	16 615	2 785	2 172.9

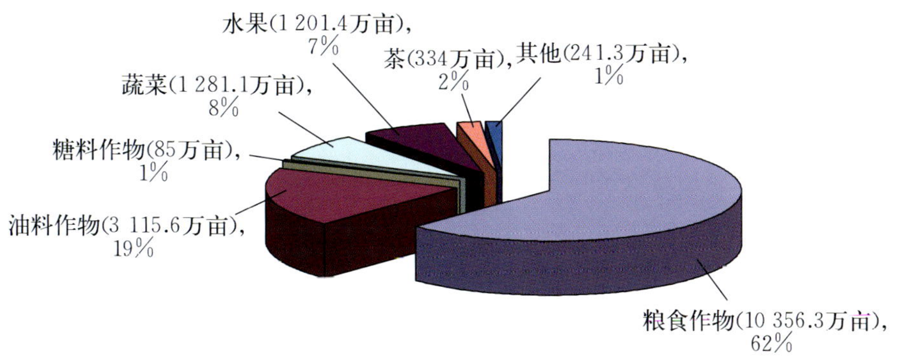

全国绿色食品原料标准化生产基地主要作物种植结构

（四）基地建设品牌影响力稳步提升

绿色食品基地产品已涉及水稻、玉米、大豆、小麦等百余种地区优势农产品和特色农产品。各地积极推动品牌战略，培育区域优势特色农产品品牌，打造了一批特色鲜明、质量稳定、信誉良好、市场占有率高的知名绿色食品基地品牌，形成了质量—品牌—效益的良性发展机制。部分地区通过积极推进绿色食品基地与龙头企业的产销对接，建立健全产业化经营体系，依托大型食品加工企业，进一步提高了绿色食品基地的影响力。2019 年，绿色食品基地面积超过 500 万亩的有黑龙江、内蒙古、江苏、山东、安徽、江西、湖南、四川、新疆 9 个省份，其中黑龙江、内蒙古、江苏、新疆 4 个省份超过 1 000 万亩。

三、绿色食品基地建设发挥的功能作用

（一）带动了农业标准化生产

标准化是现代农业的重要标志，是解决农产品质量安全问题的治本之策。绿色食品基地建设从三个方面为实施农业标准化做了有益探索：一是规模化。以县域为单位，从基地入手，整建制地推进，有效解决了农业标准化生产的适度规模问题，平均每个基地面积达到 23 万亩。二是组织化。基地建设注重培育市场经营主体，通过龙头企业和专业合作社带动，有效解决了农业标准化生产的组织化问题。平均每个基地联结约 4 家绿色食品企业，带动 3 万个农户。三是品牌化。基地建设依托和放大绿色食品品牌效应，通过品牌化带动标准化，有效解决农业标准化生产的动力机制问题。

黑龙江省坚持“打绿色牌、走特色路”，在全国率先开展绿色食品基地创建工作。目前，黑龙江已建成全国最大的绿色食品原料标准化生产基地聚集区，带动全省按照标准化种植面积 1.5 亿亩以上，支撑 580 家绿色食品、有机食品加工企业发展，有力地推动了全省现代农业高质量发展。吉林省坚持深入基层开展绿色食品基地创建，加强基地生产技术和管理指导，落实基地监管措施，积极培植基地典型，强化全程服务工作，有力地保障了基地建设质量和水平。

（二）支撑了绿色食品产业发展

绿色食品基地承担着为绿色食品加工企业提供安全、优质、稳定的原料供给，提高绿色食品产业发展质量和效益的重要任务。绿色食品基地的产销对接，不仅培育和壮大了各地的主导产业，也促进了大中型加工企业发展绿色食

品。部分绿色食品基地周边形成了绿色食品加工企业集群，部分基地还跨省区进行了联结，进一步促进了全国绿色食品加工产品的发展，为提升绿色食品产业供给体系质量和效率发挥了基础支撑作用。

江苏省苏垦米业是农业产业化国家重点龙头企业，通过绿色食品基地建设支撑了绿色食品加工产品的发展。该企业建设“龙头企业+基地+农户”模式的绿色食品基地16个，绿色食品大米产量达14.86万吨。上海市崇明区通过创建绿色食品水稻基地，引导企业开展绿色食品产品申报，全区绿色食品产品实现了成倍增长。目前，全区绿色食品大米生产企业发展到42家，其中龙头企业9家，绿色食品企业增加50%，产量增加200%。

（三）推动了农业可持续发展

绿色食品基地在建设中通过推广先进的生产技术，进一步改善了农作物生产条件，培肥了土壤，起到了保持生态系统良性循环的作用。通过对基地生产环境、农业生产投入品以及加工生产、包装、储运等环节的检测及管理，减少了化肥、农药对环境及农产品的污染。据有关科研机构研究测算，2009—2018年，通过绿色食品生产，10年间累计减少纯氮排放670万吨，减少化学农药施用54.2万吨，土壤有机质含量平均提高了17.6%，为控制农业面源污染、改善和净化生态环境质量起到了积极作用。

江西省始终坚持“生态立省、绿色发展”战略，持续建设“生态鄱阳湖、绿色农产品”品牌，努力打造全国知名的绿色有机农产品供应基地，探索实践了农业产业振兴和生态振兴相辅相成、相得益彰的绿色生态发展之路。安徽省在绿色食品基地建设中，严格执行绿色食品农药、肥料使用准则，开展农作物病虫害综合防治，推广应用有机肥代替化肥、生物农药代替化学农药等适用技术，实现了产地环境、生产过程、投入品使用、产品质量的有效监管，切实改善了农业生态环境，促进了农业可持续发展。

（四）促进了农业增效和农民增收

绿色食品基地建设，创建是手段，增效是目的。绿色食品基地建设立足各地的资源优势和环境优势，实施区域化布局、规模化种养、专业化生产和品牌化经营，延长了农业产业链，提高了农产品加工转化率，促进了农业提质增效。绿色食品加工企业与基地原料对接，依托绿色食品品牌，与基地农户形成利益共同体，在优质优价市场机制作用下，有效促进了农民增收。贫困地区通过绿色食品基地建设，既发挥了生态环境优势，又促进了特色农产品产业发展，实现了农民脱贫增收。

四川省围绕现代农业产业体系建设，立足资源禀赋，坚持最严标准，促进融合发展，强化监管服务，聚合多方力量，统筹推进绿色食品基地建设。全省创建粮油、蔬菜、水果、茶叶等绿色食品基地 66 个，面积达 878 万亩，基地带动农户 320 多万户，农户户均增收 500 元以上，成为农业效益、农民收入的重要增长点。

四、绿色食品基地建设的模式创新

绿色食品基地建设融入绿色食品事业发展的理念，结合我国国情和农业生产实际，突出生态环境保护、产品质量安全、农业品牌建设，形成了有特色、有生命力、有示范引领性的发展模式。

（一）政府推动、企业带动与市场拉动相结合

绿色食品基地建设作为一项公益性和示范性的工作，离不开地方政府的参与。县（市、区）政府不仅是绿色食品基地的申报主体，更是组织者、领导者、实施者，地方政府发挥规划指导、政策支持、部门协调、公共服务、监督管理等职能作用，是基地建设、运行与管理的重要组织

保障。在绿色食品基地建设中，龙头企业的带动不可或缺，特别是在产品收购、加工和销售过程中也发挥了关键作用。通过产销对接、品牌宣传，促进绿色食品基地产品实现优质优价，较好地解决了质量安全和效益挂钩的问题，调动了基地农户生产积极性。政府推动、企业带动、市场拉动相结合，持续增强了绿色食品基地建设的合力。

（二）标准化、产业化与品牌化相结合

通过标准化生产解决了基地原料产品的质量安全问题。安全优质的基地原料供给是绿色食品加工产品质量安全水平的基本保障，也是龙头企业实施产加销一体化、产业化经营的物质基础。绿色食品品牌知名度和影响力增强了基地产品的竞争力，从而体现出标准化生产的价值和产业化经营的成效。绿色食品基地建设以标准化促进品牌化，以品牌化带动产业化，探索出了推动农业生产经营方式转变的一条有效路径。

（三）经济效益、社会效益与生态效益相统一

通过提高基地产品的内在品质，保证了绿色食品企业优质原料的稳定供给，促进了企业增效；同时，通过优质优价的利益联结机制，实现了农民增收。通过普及推广绿色食品标准化生产技术，增强了广大企业、农户和消费者的生态环保意识、质量安全意识和健康消费意识。通过推行绿色化、减量化、清洁化的可持续生产方式，以生态环境质量促产品质量提升，将环境和产品质量优势转化为经济效益。绿色食品基地建设追求经济效益、社会效益与生态效益相统一，体现了农业绿色发展的新理念，符合“环境友好、资源节约、产出高效、产品安全”现代农业发展的方向。

五、新时期绿色食品基地建设的战略目标与任务

党的十九大明确提出实施乡村振兴战略。实现乡村振兴，产业兴旺是基础，提高农业发展质量效益和竞争力是关键。推进农业高质量发展，要大力实施绿色兴农、质量兴农和品牌强农战略，走标准化生产、产业化经营、品牌化发展的道路，不断扩大绿色优质农产品生产，满足城乡人民对高品质农产品的消费需求。在这种形势下，作为我国安全优质农产品的精品品牌，绿色食品产

业肩负新的历史使命，要力争成为农业绿色发展的“先行者”，农业标准化生产的“领头羊”，农业品牌建设的“排头兵”，绿色优质农产品供给的“主力军”。

2020 年是我国绿色食品事业创立 30 周年，绿色食品基地建设也进入了一个新的发展时期。面临新形势新要求，绿色食品基地建设要始终践行绿色发展理念，继续突出鲜明特色，紧紧围绕“提质量、上水平、增效益、强品牌”的目标，打造“升级版”，更加有力地支撑全国绿色食品产业高质量发展，进一步放大绿色食品品牌效应，不断增强和提升服务“三农”的能力水平。按照这个战略目标和方向，今后要着力在以下四个方面推进绿色食品基地建设。

（一）突出重点，稳步扩大基地建设规模

积极引导地方政府结合当地的资源环境状况和产业特点，做好规划指导。重点在国家粮食生产功能区、重要农产品保护区、特色农产品优势区、农业绿色发展先行示范区以及农产品质量安全县，创建一批绿色食品基地。继续实施帮扶政策，优先发展贫困地区的绿色食品基地，巩固产业扶贫和品牌扶贫成果。加快南方和西南地区绿色食品基地建设，逐步改变区域发展不平衡的格局。创造生产技术条件，加快探索部分特色农产品、养殖业产品的基地建设，不断优化基地产品结构，满足加工企业对原料产品多样化、差异化的需求。

（二）坚守标准，切实保障基地建设质量

坚持标准，严格审核，加强监管，确保质量，彰显绿色食品基地的信誉度，维护政府的公信力。建立更为严格的基地环境评价体系和投入品管控体系，有效防范质量安全风险。依标从严审核基地创建，规范执行验收检查程序，做到成熟一个发展一个。引导地方县级人民政府切实担负起基地管理职

责，防止出现“重创建、轻管理”的问题。绿色食品工作系统要认真落实基地年检制度，实现基地年度检查全覆盖。加大对基地产品的抽检比例，发现隐患及时整改，对不合格产品坚决撤销基地证书。

（三）强化服务，全面提高基地发展水平

鼓励和支持各地拓展服务渠道，创新服务手段，不断增强绿色食品基地发展的内生动力。结合绿色食品生产操作规程“进企入户”示范行动，指导农户及时把新标准应用到基地生产中，将先进的生产技术转化为基地建设的成果。鼓励和支持各地依托各种媒体，开展形式多样的公益宣传，宣传绿色食品基地的绿色环保理念、标准化生产模式和安全优质的产品。加强组织引导，搭建平台，线上线下结合，促进加工企业与绿色食品基地原料对接。及时发布绿色食品获证企业、基地产品、绿色食品生产资料、专业经销商等信息，共享绿色食品产业链信息资源。

（四）开拓创新，不断增强基地发展活力

以绿色食品标准为基础，吸纳和集成农业产业各行业、各领域绿色生产技术和管理制度，丰富和完善绿色食品基地技术体系和标准体系，进一步提高基地的技术含量和管理水平。根据生态区位、资源类型、产业基础等条件，鼓励各地探索和总结特色鲜明、功能突出、效果显著的绿色食品基地建设、运行与管理模式，扩大宣传和推广，带动基地建设水平整体提升。以绿色食品基地为载体，引导各地优化整合农业绿色发展、质量兴农、品牌建设等政策和项目资源，加大对基地建设的资金投入，进一步调动广大新型农业经营主体共同参与绿色食品基地建设的积极性。

推进绿色食品基地建设 夯实绿色食品产业基础

唐　泓

（中国绿色食品发展中心）

习近平总书记心系人民群众的身体健康，强调要把增加绿色优质农产品供给放在突出位置，狠抓农业标准化生产，加强农产品质量安全监管，积极推进农业品牌建设。习近平总书记的重要指示，对推进绿色食品高质量发展提供了重要遵循。绿色食品原料标准化生产基地（以下简称绿色食品基地）是绿色食品事业的重要组成部分，也是保障绿色食品产品质量的基础。经过 15 年的努力，绿色食品基地建设取得了明显成效，不仅有力地支撑了绿色食品产业持续健康发展，也为推进我国农业绿色发展、促进农业提质增效探索了新路，积累了经验。

一、绿色食品基地建设发展的状况

建设绿色食品基地的目的，就是落实绿色食品全程质量控制的各项标准及制度，全面推行绿色食品标准化生产，满足绿色食品加工企业对安全优质原料的需求，确保绿色食品产品质量。同时通过绿色食品基地建设，推动农产品的区域化布局、产业化经营、标准化生产、市场化发展，增强农业竞争力，促进农业增效、农民增收和县域经济发展。经过探索和实践，绿色食品基地走出了一条以绿色食品标准化生产、规模化发展、产业化带动、品牌化引领的新路子，成效显著。

截至 2019 年底，全国已有 28 个省份建成了 721 个绿色食品基地，包括粮食、油料、糖料、蔬菜、水果、茶叶等主要农产品和区域特色农产品。基地面积达到 1.66 亿亩，总产量超过 1 亿吨，共带动 2 173万农户参与建设，有 2 785 家绿色食品加工企业与基地实施对接，平均每个基地对接 3.86 家企业。近年来，依托生态环境优势和区域产品特色，在国家贫困县共建设 156 个绿色食品基地，组织引导国家级农业产业化龙头企业中的绿色食品加工企业与贫困县绿色食品基地建立产销对接，有力促进了脱贫攻坚。

绿色食品基地的持续健康发展，实现了夯实绿色食品产业发展基础和服务“三农”工作的目标要求。一是通过加强基地生态环境的建设、保护和治理，指导农户科学合理使用投入品，推行农业绿色生产技术，在促进农业可持续发展方面发挥了示范作用。二是通过推行绿色食品生产技术和标准，推动了农业标准化生产，加强了农产品质量安全监管，在提高农产品质量安全水平方面发挥了支撑作用。三是通过绿色食品基地原料产品与绿色食品加工企业对接，延长了绿色食品产业链条，放大了绿色食品品牌效应，在促进农业增效和农民增收方面发挥了带动作用。四是通过严格创建、验收和监管，保证了绿色食品基地产品质量，提升了品牌影响力和市场竞争力，实现了优质优价，在增加绿色优质农产品供给、满足城乡居民对高品质品牌农产品消费需求方面发挥了引领作用。

二、绿色食品基地建设面临的形势

2020 年是绿色食品事业创立 30 周年。经过 30 年的发展，绿色食品已成为我国安全优质农产品主导品牌，总量规模不断扩大，品牌影响力日益提升。当前和今后一个时期，绿色食品事业将坚持新发展理念，努力打造新优势，不断培育新动能，全面推进高质量发展，为实施乡村振兴战略、全面实现小康目标作出新的贡献。作为绿色食品产业发展的基础，新时期绿色食品基地建设要主动融入乡村振兴战略中去，融入质量兴农、绿色兴农、品牌强农工作中去。既要切实保障基地建设质量，全面提高基地发展水平，也要不断增强基地发展活力，稳步扩大基地建设规模，进一步凸显绿色食品基地的标准化生产、规模化发展、品牌化带动、产销对接的鲜明特色和独特优势，在“三农”工作中发挥更大的功能和作用。

在看到有利形势的同时，我们还要认识到绿色食品基地建设面临的挑战，特别是要正视现阶段存在的问题和短板，主要表现在以下三个方面。

（一）区域发展不平衡

2019 年，黑龙江、内蒙古、江苏、山东、安徽、江西、湖南、四川、新疆 9 个省份绿色食品基地数量合计 560 个，占全国基地总数的 77.7%。部分省份绿色食品基地不仅发展较为缓慢，单个基地的规模也较小，还有较大的发展空间和潜力。绿色食品基地建设区域发展不平衡，既制约部分省份绿色食品产业发展，也不利于整体扩大基地的影响力。

（二）产品结构不均衡

绿色食品基地虽然已具备了一定总量规模，但基地原料产品结构较为单一，且发展不均衡。2019 年，粮食、油料面积分别为 10 356.3 万亩、3 115.6 万亩，分别占基地总面积的 62.3%、18.8%，蔬菜、水果面积分别为 1 281.1 万亩、1 201.4 万亩，分别占基地总面积的 7.7%、7.2%，糖料、茶叶面积分别为 85 万亩、334 万亩，分别占基地总面积的 0.5%、2%。基地建设的技术性指标创新不足，导致畜禽、水产品以及牧草基地目前尚未启动，一定程度上制约了绿色食品产品结构的优化和调整。

（三）功能发挥不充分

部分省市绿色食品基地建设的标准化生产、规模化发展、品牌化带动不到位，存在“重创建、轻管理”现象，通过基地培育和壮大当地主导产业的示范带动作用没有完全发挥出来。一些基地的产销对接、原料供给保障的功能与新时期绿色食品发展的要求还有差距，基地产品跨省跨区与绿色食品企业对接不紧密，优质优价的市场机制发育不足，产业链、价值链尚未充分打通。

三、推进绿色食品基地高质量发展的措施

加快推进农业绿色发展，扩大绿色优质农产品供给，赋予了新时期绿色食品产业发展新的历史使命，也对绿色食品基地建设提出了新的更高的要求。下一步，绿色食品基地要以提升质量、强化管理、完善制度、夯实基础为重点，进一步加强建设与管理，推进基地高质量发展，继续发挥示范农业绿色发展和夯实绿色食品发展基础的作用。为此，需要在以下方面采取措施，持续精准发力。

（一）突出重点，稳步推进绿色食品基地建设发展

按照稳存量、促增量、扩总量的基本思路，进一步加强绿色食品基地的建设，推动新建基地稳步增长；进一步加强基地的管理，努力确保续报基地规模稳定。要以基地原料供应产销对接为切入点，重点发展绿色食品加工企业急需的原料产品生产基地。优先发展贫困地区的绿色食品基地，持续助力脱贫攻坚。部分地区要挖掘和释放资源潜力，不断优化基地区域布局。加强绿色食品基地续报工作、基地产销对接推进和基地示范带动工作，促进基地建设持续稳健发展。

（二）统筹协调，落实绿色食品基地建设主体责任

县级人民政府是基地建设管理的第一责任主体，要切实担负起责任，加强组织管理，坚持高标准、高质量，维护绿色食品基地的信誉度和政府的公信

力。基地县要把绿色食品基地建设工作纳入全县农业农村经济发展中，统一谋划、统一部署、统一检查、统一考核，做到年初有计划安排、平时有检查督促、年终有评价考核。基地县要把每个部门、每个层级的责任明确起来，压紧压实责任链条，防止工作时松时紧、断档脱节、出现漏洞。

（三）履职尽责，做好绿色食品基地建设管理工作

建好、管好绿色食品基地，各级绿色食品工作机构责无旁贷。要通过制度和程序要求，防止各级工作机构仅仅充当申请材料“二传手”的角色。省级工作机构要在技术培训、业务督促、质量抽检、产销对接服务等方面，加强对基地县的工作指导。要实现绿色食品基地年度检查全覆盖，落实好基地抽检要求。要引导基地县完善工作机制，增配专业力量，加强组织保障，始终确保有人做事、有章办事，各项工作有序、持续推进，稳步提高基地建设质量与管理水平。

（四）强化服务，提高绿色食品基地生产技术水平

各地要按照绿色食品标准，结合当地资源环境条件和产业特点，建立完善相应的基地产品生产操作规程和管理规范，实行依标生产、依规管理，做到环境有监测、生产有标准、操作有规程、质量可追溯。积极搭建平台，将绿色食品基地打造成新技术的示范中心、新成

果的转化中心和新产品的推广中心。把绿色食品基地作为农业绿色发展的核心区，优先推广绿色防控、有机肥替代化肥等技术，加强绿色生资在基地的推广应用。要以政策措施、制度规定和技术标准为重点，加强对绿色食品基地管理人员和技术人员的培训。以绿色食品基本知识、生产操作规程为重点，加强对基地农户的培训，提高基地农户的科技素质。

（五）争取支持，加大绿色食品基地建设投入

按照政府主导、标准适用、产销结合、规范管理的运行管理模式，继续发挥地方政府在绿色食品基地建设中的组织推动作用，加大政策支持力度，为绿色食品基地建设创造有利条件。把绿色食品基地作为绿色、生态、循环、优质、高效等农业发展项目的优先条件，积极融入农业绿色化、优质化、特色化、品牌化、标准化等示范园区建设，整合相关涉农资金，最大限度发挥项目综合效益，充分体现绿色食品基地的功能作用和品牌价值。

（六）守正创新，优化绿色食品基地管理制度机制

要与时俱进，以发展的眼光和创新的思维，对基地建设中存在的管理制度和工作机制问题进行认真研究，加强制度顶层设计，不断调整、补充和完善绿色食品基地建设与管理的制度机制。充分考虑南北方地区差异，合理确定绿色食品基地建设的规模标准。分析研判绿色食品大中型企业发展的态势，将基地产品的产销对接率逐步由固定标准转为动态的目标性标准。在绿色食品基地功能定位上，既要保证产销对接的基本要求，也要立足农业绿色发展，体现基地的示范带动作用。

做实全国绿色食品原料标准化生产基地实现绿色食品从产品到产业的发展

夏　季

（吉林省农业农村厅）

吉林省创建全国绿色食品原料标准化生产基地工作自2005年启动以来，累计创建基地33个，现有基地23个（包括创建期内），面积395.54万亩，产量267.58万吨，对接企业114户，带动农户约6万户。在地域分布上涵盖了7个市（州）和1个扩权强县市，在品种分布上包括了玉米、水稻、大豆、珠葱、杂豆、谷子6个品类。

一、基地创建带动了吉林农业的绿色发展

吉林省在创建全国绿色食品原料标准化生产基地过程中，选择吉林省委、省政府重点打造的吉林玉米、吉林大米、吉林杂粮杂豆等极具规模和特色的产品，立足覆盖面广、提质增效快、发展基础好、带动农户多和具有完整产业链的产业，在优势产区开展全国绿色食品原料标准化生产基地创建。

（一）推进了农业标准化生产的进程

在全国绿色食品原料标准化生产基地创建的过程中，探索、总结了舒兰市在基地创建中制定的统一优良品种、统一生产操作过程、统一投入品供应和使用、统一田间管理、统一收获的“五统一”管理制度，集成植保、农机、土肥等方面的绿色生产技术体系，在全省基地创建中推广普及，提高了农业生产的标准化和管理的规范化水平，有效地促进了绿色食品标准落地在基地、现代管理理念和先进农业新技术的融合应用，带动基地约 6 万户农户实施标准化生产。

（二）促进了农业生态环境的向好发展

在绿色食品基地创建过程中，吉林省集成了植保、农机、土肥等方面的绿色生产技术，建立实施了严格的投入品管理制度，根据农时农事定期公布并明示基地允许使用、禁限用的农业投入品目录。有条件的基地建立了基地投入品专供点，对农业投入品实行连锁配送式服务。在绿色食品基地推广以农业防治、生物防治和物理防治为主的病虫害防治技术，有条件的基地开展统防统治，减少化学农药的施用量。舒兰市绿色食品水稻基地测土配方施肥率达到 98%，生物统防统治率达到 95%以上。永吉县自 2015 年开始在水稻基地开展航化作业，综合防治稻瘟病、纹枯病和水稻二化螟，每年飞防 180 余架次。梨树县与中国科学院、中国农业大学联合研发的玉米秸秆覆盖全程机械化栽培技术，有效地改善了土壤的理化性状、增加了土壤的有机质含量和抗旱保墒能力，该技术被称为“梨树模式”，很好地解决了玉米连作、秸秆焚烧导致的土壤退化以及衍生的环境问题，每年减少秸秆焚烧 100 万吨以上，减少化肥施用量 3 000 吨以上，有效地改善了农业生态环境。

（三）提高了基地的农业科技支撑

全省各绿色食品原料标准化生产基地每年印发各类生产技术规程 21.36 万份，印发生产记录档案 26.4 万册，举办各类技术培训班 600 多个，培训人员 11.93 万人次，极大地提高了农民的标准化生产、规范化管理水平和绿色环保意识。吉林省梨树县围绕绿色食品原料标准化生产基地建设，聘请国家农业科研团队进行土壤和品种优化，在大力推进玉米基地各项技术和管理措施的同时，建立与之相配套的技术支撑体系。在基地核心示范区建立中国农业大学梨树玉米试验站，由中国农业大学的专家、教授有针对性地对基地的种植品种、肥料、栽培、农机、气象以及生产中出现的各种问题进行讲解与

交流；聘请吉林农业大学、吉林省科学院等院校的专家和教授开展农业科技大讲堂活动，每月逢“8”一讲，为梨树县全国绿色食品原料（玉米）标准化生产基地提供统一的技术支持。

（四）推进了农业产业化发展的进程

在绿色食品原料标准化生产基地创建和运行管理上，以加工营销企业为核心的专业化加工营销体系已经形成，以合作社和家庭农场为核心的专业化生产管理体系初步建立，正在逐步形成专业化生产+专业化管理+专业化加工+专业化营销的现代农业产业链条，公司—基地—合作社（家庭农场)—农户在基地创建过程中正在形成利益共同体。永吉县通过全国绿色食品原料（水稻）标准化生产基地带动，发展稻米龙头企业12家，其中获得绿色食品标志使用权的企业8家，获得有机食品认证的企业8家，订单生产绿色水稻9.6万亩，绿色食品转化率达到100%。梨树县在绿色食品原料标准化生产基地推广应用全程机械化技术，打破条块种植对保护性耕作的约束限制，成立了为基地建设提供全套机械化服务的农民专业合作组织，全县综合机械化水平达到92%。

（五）实现了农业增效农民增收

为实现绿色食品原料标准化生产基地原料的产销衔接和龙头企业与农户的产销对接，加快绿色食品原料向绿色食品转化进而实现产值、效益提升，各基地政府积极推进基地与加工、销售等龙头企业合作，实现绿色食品原料就地加工转化成绿色效益。梨树县农业农村局与天成玉米有限公司签订战略合作协议，同时企业也与基地建立了稳定的订单关系，签约面积达到91万亩，玉米收购价高出市场价20元/吨。基地为绿色食品企业提供了稳定、安全的绿色食

品原料，助推了龙头企业的发展，龙头企业解决了玉米收储和提质增效的问题，促进了农业转型升级和农民增收致富。

二、吉林省在绿色食品原料标准化生产基地创建中的后发优势

（一）生态环境优越

吉林省从东到西自然形成东部长白山原始森林生态区、东中部低山丘陵次生植被生态区、中部松辽平原生态区、西部草原湿地生态区。东部是我国重要的林业基地和物种基因库，水资源和矿泉水资源比较丰富，天然次生林和人工林面积大，森林覆盖率较高；中部地势平坦，土质肥沃，农田防护林体系健全，环境承载能力较强；西部草原辽阔，湿地面积较大，地下水和过境水资源比较丰富。1999 年国务院授权国家环保总局批准吉林省为国家生态省建设试点，2001 年《吉林省生态省建设总体规划纲要》批准实施。

（二）农业基础扎实

吉林省耕地资源丰富，大部分集中连片，人均耕地高于全国水平。土壤条件较好，尤其是中部地区的黑土地，肥力好、土层厚；气候条件好，温带大陆性气候，雨热同季，积温较高。吉林省中部地区地处享誉世界的“黄金玉米带”，地势平坦，土质肥沃，是中国重要的商品粮生产基地。吉林省农业生产的基础设施完备，科技贡献率高，一年一熟使土地和生态环境有足够的时间休养生息，具有发展绿色产业得天独厚的资源。

（三）绿色产业集群初具规模

近年来，围绕农产品公用品牌和区域品牌建设，吉林省委、省政府多措并举，立足农产品优势区和区域特色，集中打造了吉林大米、吉林杂粮杂豆、长白山木耳、长白山人参等省级公用品牌和配套产业集群，各地也根据本地资源区位优势，打造了查干

湖大米、查干湖有机鱼、延边黄牛、梅河大米、舒兰大米、乾安小米等区域公用品牌和产业集群，初步形成了产加销一体化发展的产业链条。长春市、四平市和松原市开展了绿色、有机示范市的创建，“品牌+公司+合作社（家庭农场）+农户”的专业化营销、专业化加工、专业化管理和专业化生产的现代农业生产经营模式已经构建起来。企业从基地生产中解放出来，专注于产品开发、市场营销和产业发展；品牌管理机构专注于品牌的打造和推广，产品的营销与策划，产业的布局与管理；合作社、家庭农场专心于基地生产管理、过程管控和技术服务；农户按照订单和标准进行生产。

三、绿色食品原料标准化生产基地建设的几点思考

全国绿色食品原料标准化生产基地是绿色食品从产品到产业发展的基础，各级政府在基地创建过程中，以基地环评、标准化生产的组织管理、引进龙头企业带动及构建“合作社（家庭农场）+农户”的农业生产经营模式的政策、项目及资金扶持，推进基地绿色食品产业的建立和发展，依托充裕的绿色食品原料供给，形成绿色食品产业集群，增加绿色安全优质农产品的社会供给。

（一）地方政府在绿色食品原料标准化生产基地创建中的撬动作用

地方政府的重视和参与程度直接影响到基地创建成效。从吉林省目前基地创建情况看，舒兰市的全国绿色食品原料（水稻）标准化生产基地创建工作起步早、发展快，是吉林省第一个也是当时全国唯一的绿色食品原料（水稻）标准化生产基地，参与了全国绿色食品水稻生产技术规程的起草工作，基地建设“五统一”管理制度由舒兰市率先提出并被采纳沿用至今，基地的“舒兰大米”先后在国家工商行政管理总局和农业农村部申报了原产地证明商标和农产品地理标志。舒兰市政府在财力、物力和项目建设等方面统筹安排，逐年加大投入力度，每年仅有机肥和病虫草害综合防治补贴就在500万元以上，2017—2019年市财政共列支基地建设管理经费191万元。依托绿色食品原料标准化生产基地建设，2017年舒兰市被批准为国家首批农业可持续发展试验示范区暨农业绿色发展试点先行区。“舒兰大米”被评为中国驰名商标，登陆央视《生财有道》栏目，成为南方航空公司高端大米供应品牌。

（二）龙头企业在绿色食品原料标准化生产基地建设中的拉动作用

梨树县创建了 100 万亩全国绿色食品原料（玉米）标准化生产基地，分布在 20 个乡镇的 219 个村，实现所有乡镇全覆盖。为使基地生产经营实现产业化，延长生产链条，提高玉米的附加值，梨树县在基地实施“生产基地 + 合作社 + 龙头企业”的生产模式，先后与四平天成、大北农集团、中化现代农业等龙头企业签订战略合作协议，组织与基地的合作社和农户进行对接，构架起“龙头企业 + 合作社 + 农户”的现代农业生产模式。目前基地办公室正在积极同吉林云天化农业发展有限公司进行沟通协商合作事宜，2020 年，该企业也将成为基地的合作企业之一。

（三）新型农民合作组织在绿色食品原料标准化生产基地建设中的纽带作用

在基地建设中，无论是政府，还是龙头企业，要想建设好和管理好基地，建立起与基地农户良好的合作关系，新型农民合作组织的桥梁纽带作用必不可少。各基地政府都能够积极引导企业、合作社、家庭农场等新型农业经营主体参与到绿色食品产业发展中来，龙头企业负责绿色食品标志申请、产品加工、品牌策划及市场营销；协会、合作社协助龙头企业负责基地的标准化管理、技术咨询服务和绿色食品原料的订单收购等全方位服务。梨树县基地办公室注册成立了梨树县绿色食品玉米协会，合作社自愿加入，会员承诺按照绿色食品生产技术标准进行生产、管理。玉米协会搭建起了农民、合作社、企业、政府之间合作共赢的桥梁，推动了梨树县绿色玉米产业的组织化、规模化、标准化发展。

吉林省立足生态资源和农业资源优势，科学合理地配置农业和生态资源，引进和打造绿色食品龙头企业，通过对绿色食品基地原料的精深加工、品牌打造、产品推广，扩大市场占有份额，推进吉林省农业的转型升级。

高质量推动标准化基地建设 赋能现代化大农业持续发展

白雪华

（黑龙江省农业农村厅）

2004年以来，黑龙江省按照政府主导、标准化生产、产业化经营、全程化监管的模式，大力推进全国绿色食品原料标准化生产基地（以下简称绿色食品基地）建设，已建成总数146个、6 043.2万亩，数量和面积分别占全国总量的20.2%和36.4%。绿色食品基地创建对黑龙江省农业发展具有里程碑意义，从整体上将其带入现代化建设的新阶段。一是加快了农业标准化进程。以绿色食品基地建设为引领，示范带动标准化种植面积1.5亿亩以上，其中绿色、有机食品种植面积8 120万亩，分别占全省耕地的71.4%和38.5%，比创建前增长4倍和3.7倍。二是提升了农业产业化水平。以绿色食品基地为支撑，全省绿色食品加工企业达到1 040个，占全省规模以上农业企业的36.3%；其中，年产值超亿元的108个，占全省规模以上农业企业的35.2%，分别比创建前增加10.2和6.7个百分点。三是加快了农民增收步伐。绿色食品基地标准化生产提高了土地产出和效益，基地农户平均亩增收100元以上，户均增收500元以上，示范户增收1 500元以上。四是促进了可持续发展。绿色食品基地创建探索出合理开发利用资源、保护生态环境、促进农业可持续发展的成功之路。绿色食品基地主要土壤环境指标和江河水质均优于周边地区，农田灌溉用水氨根和亚硝酸盐含量均无显示，大气环境达到国家一级水平。

一、纳入全省“三农”总体布局

黑龙江省把绿色食品基地作为全省现代农业发展的重点，作为农业增效、农民增收的关键，作为产业兴旺、乡村振兴的突破口，坚持领导抓、抓领导，常抓不懈。

（一）纳入总体规划

从2010年开始，全省农业发展“十二五”“十三五”和现代农业发展规划都把绿色食品基地建设作为一项重要内容纳入其中，全面部署，强力推进。按照“先建后补”的办法，省级财政总计投入3亿元，并带动社会资本投入50亿元，专门用于绿色食品基地技术推广、农户标准培训、产品开发和相关基础性建设。

（二）纳入年度工作重点

从2011年开始，每年召开的黑龙江省人民代表大会、全省农村农业工作会议等重要会议都将绿色食品特别是绿色食品基地建设作为现代农业发展的一项重要任务，写进政府工作报告、省级领导讲话和相关文件之中，给各地明确任务、压实责任，确保高标准推进。

（三）纳入全省目标考核体系

从2016年起，省委将绿色食品发展主要是绿色食品基地发展面积等指标纳入全省经济社会发展目标考核体系，作为市（地）奖罚的重要依据；切实强化县（市、区）级政府主体责任，全省承担创建任务的县（市、区）政府都成立了领导组织机构，明确部门

职责和任务，自上而下形成了快捷有效的组织领导、监督管理和政策支持体系。

二、“咬定”标准化不放松

标准化是绿色食品基地建设的核心，事关基地建设的成败。黑龙江省坚持把实施标准化贯穿始终，确保每个阶段标准不降、每个环节质量不减。

（一）通过健全体系推动标准化

按照标准化建设的质量标准和技术要求，全省制定绿色有机食品技术操作规程78个，由黑龙江省质量技术监督局颁布实施，构建了较完善的绿色食品基地配套技术体系。各地按照绿色有机食品技术规程制定了符合当地实际的明白纸、操作历，并与推荐使用、禁止使用的投入品清单和绿色食品基地生产技术要点等资料一并下发到基地和农户，确保农户能懂、会用。

（二）通过实施“入户工程”推动标准化

按照省训师资、市训骨干、县训农户的模式，大规模开展标准入户到田工程，年培训基地农户2万人次以上，基地标准入户率一直保持在90%以上，有效地将先进技术转化为绿色食品基地创建的生产力。在基地春耕整地、播种、水稻大棚育秧等关键环节，采取召开现场会、举办培训班等多种形式推进工作，总结推广各级各类典型，以点带面，提高整体水平。认真抓好绿色食品基地示范村、示范户建设，充分发挥其示范引导功能，做给农民看、引领农民干，确保标准化全面实施。

（三）通过采取先进经营模式推动标准化

引导绿色食品基地与农户联合，大力提升基地建设的组织化程度，全省基地合作社和家庭农场等新型农业经营主体发展到5万多个，经营面积占基地总面积的40%以上；积极引导绿色食品基地农户组建农机作业合作社，并坚持“六统一分”管理制度（统一整地、统一购进化肥等生产资料、统一耕种、统一田管、统一收获、统一销售、按股分红），全省基地近千个现代农机合作社自主经营土地突破700万亩；大力推动探索“托管服务”等新型经营模式，全省代耕、代服、委托经营已达4 000多万亩，其中绿色食品基地面积占1/2以上。

三、强化关键“节点”牵动

坚持抓“龙头”带“龙尾”，抓关键带一般，通过强化企业、市场和品牌“三位一体”的带动能力，不断提升绿色食品基地的建设水平。

（一）发展龙头壮大基地

调动企业生产绿色食品的积极性，最直接和最有效的途径就是引导企业通过发展基地获得更高的效益。绿色食品基地创建以来，除运用优惠政策对参与基地创建的大型企业给予扶持外，还采取现场办公、简化程序等措施，鼓励大型企业扩大绿色食品规模，提高绿色化程度，牵动基地发展。目前，全省联结绿色食品原料标准化生产基地的龙头企业达到397户，其中产值亿元以上的企业77户，10亿元以上的企业5户，订单原料达到90%以上。同时引导大型企业直接参与建设和管理，增加投入，“反哺”基地和农户。2015年以来，全省大型骨干绿色食品企业在基础建设、技术培训、生产物资等方面投向绿色食品基地建设的各类资金在2亿元以上，既加快了绿色食品基地建设步伐，也使企业在参与创建过程中扩大了规模，提升了牵动能力。

（二）强化市场提升基地

以市场为导向，由偏重“田间地头”向研究“市场端头”转变，不断加大基地与市场对接力度，“倒逼”绿色食品基地“种得更好”。充分发挥在北京、深圳、上海等绿色食品销售中心的渠道作用，积极拓展绿色食品基地产品京津冀、珠三角、长三角地区市场。在北京全国农业展览馆建立了黑龙江绿色食品销售中心，2015—2019年5年间对接省内绿色食品基地生产企业和合作社600

多家，产品 800 多种。组织绿色食品基地产品参加中国农交会、中国绿博会等大型展销活动，特别是举办黑龙江（北京）绿色食品年货大集，直接推动基地产品与市场深层次、多层面对接。采取基地 + 电商等模式，组织开展线上销售，每年直接销售绿色食品基地产品 50 亿元以上。

（三）叫响品牌延伸基地

以绿色食品开发周年纪念和重大活动为契机，通过报纸、电视、网络等多种手段，利用专版、专题报道等形式坚持宣传绿色食品基地建设取得的重大成就，培育叫得响的基地品牌，扩大基地影响力。仅最近两年，全省就依托绿色食品基地引进新加坡益海、中粮生化、上海光明、吉林皓月和东方集团等 15 家国内外知名企业落户黑龙江开发绿色食品，直接拉动基地面积增加 300 多万亩。绿色食品基地已成为黑龙江省对外招商引资的“金字招牌”。

四、构建全面管理机制

坚持依靠制度管人、管事，通过长效机制建设把“产出来”和“管出来”有机地结合起来，在每个过程和每个环节都充分体现“四个最严”。

（一）切实强化环境和产品检测

坚持定期对绿色食品基地开展环境抽检，分别于 2014 年、2015 年对 2004 年以来创建的 7 004 万亩基地（含有机基地）的土壤、水两大类 21 项指标进行全面检测，结果均符合环境标准要求。不断加强绿色食品基地产品抽检，重点对蔬菜、食用菌等高风险基地产品进行抽检，年均抽检产品 1 000 个，合格率保持在 99% 以上。

（二）管好管住投入品

确保绿色食品基地质量，必须管好和管住投入品。重点是搞好“六个管”：市场管，联合有关部门坚持对投入品市场进行监督检查，全力把好“投入关”；执法管，由各地农业行政执法机构开展全面监管，对违规使用问题及时查处；技术管，由乡镇农技推广站对基地农户进行培训，做到每户都能正确使用投入品；网络管，由各地工作机构建立绿色食品基地投入品监管档案，实行网络化管理；检测管，由检测机构对基地、投入品适时监控；集中管，在基地建立投入品专供点，集中区域，统一管理，联合控制，确保绿色食品基地投入品安全。

（三）强化管理制度建设

坚持把着力点放到机制建设方面，健全完善了“五统一”生产管理制度、基地管理办法、生资市场管理办法、环境保护制度等规章制度，并在抓落实上狠下功夫。加快绿色食品基地数据库和管理系统建设，做到县级有信息管理系统，乡、村有生产档案，农户有生产手册，不断提升生产管理水平；积极推行退出制度，建立绿色食品基地产品的质量追溯体系，对不合格的基地和产品实施“一票否决”，让质量成为绿色食品基地的“高压线”。近年，根据绿色食品基地建设的需要，先后以农业农村厅的名义下发《关于推动绿色食品产业高质量发展的意见》等5个文件，组织开展全省绿色、有机食品基地管理提升行动。在绿色食品基地的基础建设、生产管理、农企对接特别是质量监管方面不断细化措施，增强可操作性，把质量监管的各项制度落实、落靠，落出质量、落出效益。

高质量推进全国绿色食品原料标准化生产基地建设

朱新华

（江苏省农业农村厅）

近年来，江苏把全国绿色食品原料标准化生产基地建设作为质量兴农的关键着力点，发挥“鱼米之乡”的自然资源优势，结合各地产业发展实际，从“米袋子”“菜篮子”入手，按照“政府主导、龙头带动、农户参与、市场运作”的发展思路，持续推进基地建设，取得了初步成效。截至2019年底，全省共建绿色食品原料标准化生产基地58个，面积1 084万亩，产量889万吨；产品类型覆盖水稻、小麦、玉米等主要粮食作物，油菜、花生等油料作物，以及茶叶、大蒜、莲藕等地方特色农产品，区域分布涉及全省33个县（市、区），为提升全省绿色食品质量效益和竞争力、实现农业高质量发展奠定了扎实的基础。

一、坚持将绿色优质贯穿于现代农业发展全过程

绿色化、优质化、品牌化是农业现代化的重要标志。实践表明，全国绿色食品原料标准化生产基地的发展对现代农业的促进带动作用日益突出。

（一）农业绿色发展的先行区

绿色是农业的本色，是高质量的优势，全国绿色食品原料标准化生产基地坚持绿色生态导向。一方面，严格生态保护与治理，开展耕地质量提升、有机肥替代、轮作试点、农业废弃物资源化利用等，打造优良产地环境。另一方面，推行绿色生产方式，开展农药、肥料双减，推广种养结合、生态循环，走

“产出高效、产品安全、资源节约、环境友好”的发展路子。姜堰区、高邮市、盱眙县、沭阳县等基地县是全省首批生态循环农业试点县；2019 年，全省绿色食品原料标准化生产基地化肥、农药施用量与本地常规生产相比，分别下降了 7.5% 和 4.8%，统防统治率达 70% 以上；多数原料基地的稻谷销售均价增加 0.1～0.15 元/千克，实现了“绿色变效益”。

（二）农产品质量安全的示范区

产业兴旺，质量是前提。全国绿色食品原料标准化生产基地建设围绕地方主导产业、优势产业、特色产业，从生产源头入手，从体系建设着力，以良种、投入品、操作规程、田间管理、收获及初加工、生产记录“六统一”为主线，区域整体推进标准化生产、追溯化管理，进一步夯实了产业发展的质量基础，增加了绿色优质农产品有效供给。2019 年，基地县中国家级、省级农产品质量安全县 24 个，占全省基地县数的 75%；种植业绿色优质农产品占比总体达到 68% 以上，高于全省水平。

（三）一二三产业融合发展的实践区

融合发展是构建产业链、提升价值链的有效途径。全国绿色食品原料标准化生产基地，集聚区域主导产业、优质绿色食品基地、精深加工龙头、联农带农机制等一体化要素，形成“农业＋”多种新业态，为推进一二三产业融合发展、提升产业链水平奠定了良好基础。宝应县是中国“荷藕之乡”，自 2009 年创建全国绿色食品原料标准化生产基地以来，通过以荷仙、华贵等 20 余家绿色食品莲藕加工企业带动农户的模式，推动全县荷藕产业转型升级，形成了集种植、加工、流通、观光、科技、文化“六位一体”的全产业链，相关荷藕产品年总产值达20亿元。2017年创建全国绿色食品一二三产业融合发展示范园和国家农村产业融合发展示范园。

二、全面加强绿色食品原料标准化生产基地建设

近年来，江苏省按照建管并重、协同推进、长效发展的原则，创新体制机制，强化措施落实，全面推进全国绿色食品原料标准化生产基地建设。

（一）政府引导，高效推进

切实发挥县级政府在绿色食品原料标准化生产基地建设中的主体作用，科学谋划、统筹实施。强化规划引领，各地科学编制基地建设规划、实施方案，结合结构调整、两区划定、特优区建设等工作，根据种植习惯、品种特点以及加工企业分布等因素，优化产业布局，完善基础设施，扶持对接龙头企业，基本形成集中连片、集群成链的绿色优质农产品产业集聚带。强化政策支持，实施创建奖补，2006年起，省财政对全国绿色食品原料标准化生产基地建设主体给予补助，主要用于培训、监管、宣传等工作；各地加大投入力度，整合资金，重点用于基地环境监测、完善基础设施、加强投入品管理等生产环节，建立以政府投入为导向、龙头企业投入为主体、农户投入为补充的多元化投入机制。强化考核推动，将全国绿色食品原料标准化生产基地列入省委、省政府高质量发展监测评价、乡村振兴监测及实绩考核等指标体系，各地相应列入考核，层层压实责任。强化组织保障，县、乡均成立绿色食品原料标准化生产基地建设工作领导小组，政府分管负责人任组长、相关部门负责人为成员，负责基地日常管理和协调，形成建设合力，制订基地工作方案，明确工作职责，分解目标任务，做到可督促、可检查，确保基地建设落到实处。

（二）聚焦重点，统筹推进

立足江苏省绿色食品原料标准化生产基地规模大、主体多，产业链长等实际，抓牢抓实关键环节，提升以绿色化、标准化为基础的产业综合生产能力。加强农田基础设施建设，以高标准农田建设、农田连片整治工程、特优区建设等大项目为抓手，提升农业环境和生产设施水平。2019年，基地县高标准农田占比约65%，实施绿色食品稻麦生产全程标准化，统一制定生产技术操作规程、明白纸、模式图等，加强绿色食品关键生产技术集成推广。多数基地县

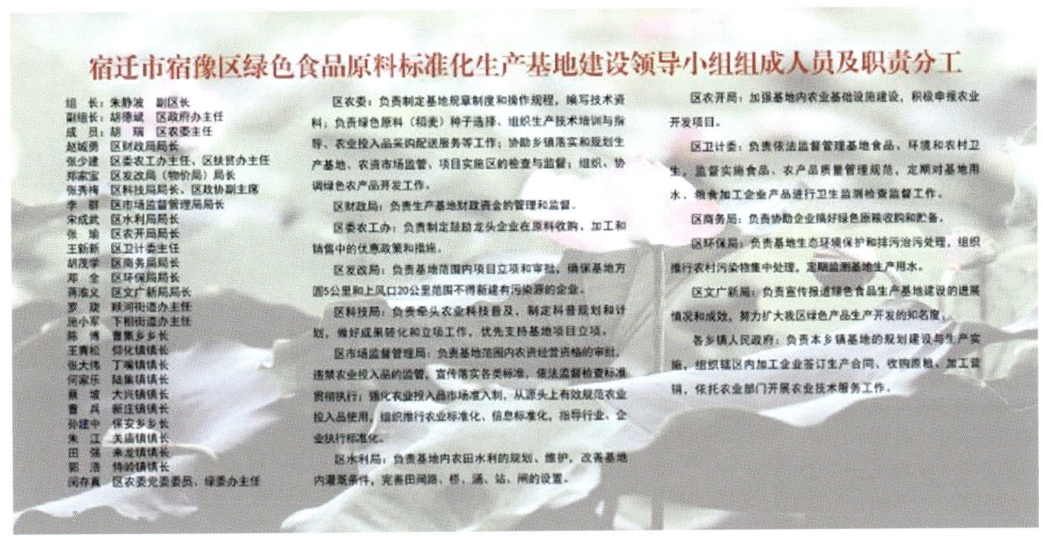

宿迁市宿豫区绿色食品原料标准化生产基地建设领导小组组成人员及职责分工

组　长：朱静波　副区长
副组长：胡德斌　区政府办主任
成　员：胡　瑞　区农委主任
赵娴勇　区财政局局长
张少建　区委农工办主任、区扶贫办主任
邢家宝　区发改局（物价局）局长
张秀梅　区科技局局长、区政协副主席
李　群　区市场监督管理局局长
宋成武　区水利局局长
张　瑜　区农开局局长
王新新　区卫计委主任
胡茂学　区商务局局长
邓　全　区环保局局长
蒋淮义　区文广新局局长
罗　政　顺河街道办主任
施小军　下相街道办主任
陈　博　曹集乡乡长
王青松　仰化镇镇长
张大伟　丁嘴镇镇长
何家乐　陆集镇镇长
蔡　坡　大兴镇镇长
曹　兵　新庄镇镇长
孙建中　保安乡乡长
朱　江　关庙镇镇长
田　强　来龙镇镇长
郭　浩　侍岭镇镇长
闵存真　区农委党委委员、绿委办主任

区农委：负责制定基地规章制度和操作规程，编写技术资料；负责绿色原料（稻麦）种子选择、组织生产技术培训与指导、农业投入品采购配送服务等工作；协助乡镇落实和规划生产基地、农资市场监管、项目实施区的检查与监督；组织、协调绿色农产品开发工作。

区财政局：负责生产基地财政资金的管理和监督。

区委农工办：负责制定鼓励龙头企业在原料收购、加工和销售中的优惠政策和措施。

区发改局：负责基地范围内项目立项和审批，确保基地方圆5公里和上风口20公里范围不得新建有污染源的企业。

区科技局：负责牵头农业科技普及，制定科普规划和计划，做好成果转化和立项工作，优先支持基地项目立项。

区市场监督管理局：负责基地范围内农资经营资格的审批，违禁农业投入品的监管，宣传落实各类标准，依法监督检查标准贯彻执行；强化农业投入品市场准入制，从源头上有效规范农业投入品使用，组织推行农业标准化、信息标准化，指导行业、企业执行标准化。

区水利局：负责基地内农田水利的规划、维护，改善基地内灌溉条件，完善田间路、桥、涵、站、闸的设置。

区农开局：加强基地内农业基础设施建设，积极申报农业开发项目。

区卫计委：负责依法监督管理基地食品、环境和农村卫生，监督实施食品、农产品质量管理规范，定期对基地用水、粮食加工企业产品进行卫生监测检查监督工作。

区商务局：负责协助企业搞好绿色原粮收购和贮备。

区环保局：负责基地生态环境保护和排污治污处理，组织推行农村污染物集中处理，定期监测基地生产用水。

区文广新局：负责宣传报道绿色食品生产基地建设的进展情况和成效，努力扩大我区绿色产品生产开发的知名度。

各乡镇人民政府：负责本乡镇基地的规划建设与生产实施，组织辖区内加工企业签订生产合同，收购原粮、加工营销，依托农业部门开展农业技术服务工作。

将基地农户培训列入高素质农民培训工程，定期组织多种形式的培训，提高农户绿色食品生产能力。邳州市制定白蒜等地方标准、企业标准近20个，配套实施病虫害绿色防控、双色膜栽培等15项技术。建立有效的农业投入品管理体系，制定绿色食品原料标准化生产基地投入品管理办法，加强投入品源头准入控制，规范中间经销管理，严格控制和规范投入品使用。昆山市等地实行全部基地区域试点推进投入品统供统配。完善以产业化、品牌化为核心的产业发展带动机制。壮大龙头企业，多数基地县出台扶持政策，延伸上下游产业链，完善产业配套能力，打造绿色食品产业集群。全省绿色食品原料标准化生产基地产业化对接企业中县级及县级以上龙头企业占比达50%以上。增强示范带动，通过订单生产、股份合作、提供劳务等模式，推动新型主体与农民建立紧密利益联结机制，提高产业化对接率，让基地农户分享更多绿色增值收益。全省绿色食品原料标准化生产基地产业化对接率达到75%以上。宿豫区绿色食品原料（水稻）标准化生产基地实现百分之百对接大米加工企业，基地农户增收约5%。夯实以多元化、社会化为主体的产业服务体系。各地实施农业社会化服务体系整合提升，围绕产前、产中、产后全产业链条，突出集中育秧、土地托管、统防统治、集中烘干等环节，探索出了丰富多样的农业服务方式，带动小农户从事绿色优质农产品生产。射阳县在农民自愿的基础上，率先推行联耕联种、联管联收。姜堰区组建了一批示范家庭农场服务联盟，村集体领办、市场运作，整合各类服务资源，开展粮食烘干、机具存放、集中育插秧、统一植保、粮食统销、农资配供、农技培训等多项服务，该模式入选全国20个农业社会化服务典型。

（三）突出特色，分类推进

各地因地制宜，找准定位，逐步探索形成一批成熟的绿色食品原料标准化生产基地发展路径。

1. 全产业链推动型

昆山市做强稻麦一产，推动“接二连三”的产业发展。从良种统一、投入品统配、集中收割、烘干、加工等，基本实现优质稻米“全程不落地”生产，打造区域公用品牌“昆味道”；小麦全部由昆山益海嘉里食品有限公司订单收购。

2. 科技支撑型

江苏省农垦集团大力推广新品种、新技术、新模式、新机械，加强绿色食品适用技术的组装集成，完善物质装备，提高绿色食品原料标准化生产基地建设的科技含量。基地良种普及率 100%，高标准农田占比达 96%以上，麦稻生产实现全程机械化，开展相关试验示范及成果推广 26 项。

3. 产业园区带动型

盱眙县发挥一批国家、省市级现代农业产业园区优势，在全省最早推行虾稻共作的稻田综合种养模式，先后建设国家虾稻产业技术体系盱眙小龙虾综合试验站等科研机构，积极推行“农业企业＋基地＋农户”等农业产业经营模式，辐射带动周边农户，创建全国绿色食品原料（稻、麦）标准化生产基地。全县获批绿色食品大米产品 39 个，“碧绿缘”牌龙虾成为全国首个绿色食品龙虾。

4. 全域绿色发展型

常州市溧水区立足良好的生态环境，围绕建设“健康溧水”目标定位，大力推进农业全域绿色发展，逐步实现主导产业、重点生产区域、规模生产经营主体绿色食品“三个全覆盖”。2019 年，溧水区成功创建全国绿色食品原料标准化生产基地，大米、茶叶、草莓、蓝莓等 20 家企业的 40 个产品获绿色食品证书，近 60 家企业正在申报过程中。

5. 特色产业主导型

邳州市是全国最大的优质白蒜产区，该市以绿色食品原料（蒜、稻）标准化生产基地建设为抓手，加大投入力度，强化龙头带动，提高产业品质，大蒜产业贴上了绿色食品标签，一批如徐州黎明、清华蒜业、青山蒜业等带动力强的国家级、省级龙头企业成为绿色食品企业，带动从事绿色食品生产的农户占比近 80%，提升了大蒜产业核心竞争力，出口量和销售量居全国前列。

（四）立足转型，创新推进

2018 年，江苏省推进无公害农产品提档升级，引导工作重点从“保安全”转向“追优质”，启动了省级绿色优质农产品基地建设，整体规划、区域推进，培育绿色食品储备基地。制定管理规范，先后制定规范性文件《江苏省绿色优质农产品基地建设管理办法》（苏农规〔2018〕3 号）、《江苏省绿色优质农产品基地验收工作方案》等，以乡镇为建设主体，整合绿色防控、有机肥替代、农产品质量安全县创建等，打造环境优良、按标生产、全程管控、产品优质的绿色优质农产品生产基地。截至 2019 年底，建成省级绿色优质农产品基地 656 个，面积 1 740 万亩。强化技术体系建设，按照农药、肥料、管理和产品“四步走”的工作思路，发布基地农药合理使用准则、准入农药合格评估规范和农产品质量安全合格评定规范等标准，解决农药集中管控、肥料合理运筹、基地融合建设和优质农产品生产路径等问题。实施全程质量控制，开展相关课题研究，实施全程质量控制试点，构建基地建设长效运行机制。

三、着力构建基地发展长效机制

坚持质量优先，从生产、市场两端发力，聚焦三个体系建设，推进全省绿色食品原料标准化生产基地可持续、健康发展。

（一）健全追溯体系

强化生产管理，基地县统一编制绿色食品生产手册，明确记录内容，发放给农户使用；同时通过各类培训和检查，督促主体提高生产记录规范性。开展信息化追溯，落实“四挂钩”工作机制，推进基地对接企业率先开展产品质量追溯管理的信息采集与发布、包装标识、电子追溯等，统一在国家及省农产品质量追溯平台登录，实现带证明上网、带编码上线、带标识上市，率先试行食用农产品合格证。目前，全省已有 1 426 家绿色食品企业入驻国家或省级追溯平台，入驻率达 90%以上。泗洪县打造县域稻米全链条追溯系统，涵盖种植、仓储、加工、运输和销售等重点环节，探索建设“智慧稻米”。

（二）健全监管体系

推进网格化管理，依托农产品质量安全“三定一考核”监管网格，建立省、市、县、乡、村五级监管队伍，对绿色食品原料标准化生产基地实行常态化监管，落实属地管理责任、部门监管责任和主体责任。强化执法监管，结合七大专项治理行动，突出重点时段、重点区域、重点主体，加强对基地投入品的检查，完善检打联动机制。2019 年，全省共检查生产经营主体 16.9 万家次，出动执法人员 31.7 万次。开展省级“双随机一公开”监督抽检，加大对绿色食品和绿色食品原料标准化生产基地产品的监督抽查力度。2019 年，全国绿色食品原料标准化生产基地部、省两级抽检合格率均为 100%。同时，各地将基地产品纳入本级监督抽检、风险监测、专项检查等范围。加强动态管理，建立并实施退出机制，结合基地年检、续展、改进等工作，对达不到标准要求的坚决予以清退，确保基地含金量。

（三）健全品牌体系

以品牌建设为抓手，推动形成优质优价机制，激发各方主体的内生动力。加快品牌培育，打造“区域公用品牌＋企业品牌＋产品品牌”体系，鼓励申报绿色食品、有机农产品、农产品地理标志，各地涌现出一批有影响力的品牌。例如，连云港市“连天下”、溧水区“无想田园”、昆山市“昆味道”等区域公用品牌；射阳县大米、邳州大蒜等农产品地理标志；苏垦米业、苏北粮油、江苏荷仙等企业品牌。加大宣传推介，组织参加中国绿色食品博览会、举办全省绿色有机农产品交易会等各类展销活动，扩大品牌影响力。强化产销对接，组织大型批发市场、商超等经销商与绿色食品企业现场对接，提高对接精准度。加强载体建设，探索多形式的绿色优质农产品推广服务平台。合作共建“荔优品”电商平台，全省各地绿色食品优先入驻；江苏省绿色食品办公室与南京盒马鲜生签订战略合作协议，白芹、青虾、黄桃等绿色食品销售旺盛；开展“江苏省最美绿色食品企业”系列评选活动，以评选带宣传促销售，让绿色优质农产品走出田间地头、走向市民餐桌。

建设好绿色食品原料标准化生产基地 发挥促进农业绿色发展领头雁作用

汤高平

（安徽省农业农村厅）

安徽省于2005年开始开展全国绿色食品原料标准化生产基地建设管理工作。截至2019年底，全省共有41个县（市、区）创建绿色食品原料标准化生产基地49个，面积880万亩，原料产量418万吨，产品种类包括水稻、小麦、油菜、茶叶、蔬菜、水果等十余种优势农产品。据测算，绿色食品原料标准化生产基地内年化肥用量减少3.15万吨（折纯），年化学农药用量减少70%以上。在绿色食品原料标准化生产基地建设中，安徽省通过多年的努力和探索，总结遵循了政府主导、标准适用、产销衔接、规范管理的基地建设管理模式。绿色食品原料标准化生产基地建设已成为绿色食品事业的重要组成部分，不仅夯实了绿色食品产业基础，放大了品牌效应，而且增强了绿色食品服务“三农”的功能，走出了一条以绿色食品引领农业品牌化、以品牌化带动标准化、以标准化提升农产品质量安全水平的发展之路，在推动农业绿色发展中发挥了引领示范和带动作用。

一、绿色食品原料标准化生产基地建设作用与成效

（一）强化产业化对接，增强基地可持续发展能力

绿色食品原料标准化生产基地建设的主要目的之一就是为开发绿色食品提供稳定的优质安全原料。安徽省各基地建设单位不断强化基地建设“统”的作用，努力提高自身服务能力和服务水平，积极推动协调基地、企业对接，通过建立“公司＋基地＋农户”等模式，原料转化利用率不断提高，49个绿色食品标准化生产基地对接企业163家。其中，国家级产业化龙头企业7家，省级产业化龙头企业78家，基地、企业对接率达到90%以上，基地原料产品总量的60%以上开发为绿色食品。

安徽省太和县于2006年起创建40万亩绿色食品原料（小麦）标准化生产基地，采取了“公司＋基地＋农户”的方式与农民专业合作经济组织等进行订单生产，截至2019年底，对接企业已获得绿色食品标志使用权达12个，带动县域内“三品一标”产品认证205个；原料转化利用率从零开始，截至2019年底，原料转化利用率达到78.7%，绿色食品获证产量超过10万吨；基地范围内创建了安徽三泰和安徽金皖泰两家粮食产业化联合体。近两年该县按照市场需求，基地办主动和对接企业沟通，在基地内建设了20万亩专用品牌粮食，使得原料在满足企业需求中有了更大的市场空间，贵州茅台酒厂等省内外生产企业主动到该县洽谈原料供应，为绿色食品产业发展奠定了坚实基础。

（二）发挥基地优势，提升对接企业社会影响力

安徽省绿色食品原料标准化生产基地区域内已发展各类农民专业合作社230个，有力地保障了基地与产业化龙头企业产品对接，形成基地保障企业，企业支持基地的良性循环，同时带动了农民增收，提升了企业社会影响力。

安徽三泰面粉有限责任公司在十几年的绿色食品品牌影响引领下，通过自身发展，壮大了实力，开设了17家粮食银行，带动200余名粮食经纪人从事

粮食购销运输工作，初步形成了以太和县旧县镇为中心的粮食加工产业集群。公司“太和板面粉”规范了质量标准，获批了绿色食品标志使用权，从而进一步提高了“太和板面”品牌的社会影响；该企业先后获得了“安徽省农业产业化龙头企业”“安徽省粮食产业化龙头企业”“全国放心粮油示范加工企业”“安徽省商标品牌示范企业”等荣誉。安徽金皖泰面粉有限公司 2007 年就依托绿色食品原料标准化生产基地申报了 2 个绿色食品产品，截至 2019 年，已获批绿色食品产品 4 个；2010 年被评为省级粮食产业化龙头企业；在绿色食品品牌影响下注册的“金皖泰”商标，2015 年被评为安徽省著名商标，2019 年被认定为中国驰名商标；2017 年以来建立了金皖泰放心粮油配送中心及 10 个放心粮油示范店，金皖泰系列产品不仅在省内销售，还销往浙江、上海、四川等十几个省份及朝鲜。

（三）强化基地建设载体作用，助力产业脱贫

安徽省有 9 个绿色食品原料标准化生产基地位于国家级贫困县，7 个位于省级贫困县。贫困县基地建设单位以绿色食品原料标准化生产基地为载体，强化政策资金支持，开展技术培训，促进产销对接，着力增加基地农户（茶农）增收。据统计，16 个国家级、省级贫困县绿色食品原料标准化生产基地带动贫困户 3.75 万户，户均增收 600 元以上，有力地推进了产业扶贫和贫困户脱贫步伐。

安徽省砀山县全国绿色食品原料（砀山梨）标准化生产基地农户 1.5 万户，其中贫困户 2 513 户，贫困人口 4 362 人。该县积极探索“绿色食品原料标准化生产基地＋专业合作社＋贫困户”的运行模式，贫困户通过土地、资金入股、基地务工等形式获得收益，形成了贫困户、致富能人、合作社和其他农户共同长期受益的产业扶贫格局，人均增收 560 元，基地内贫困户实现稳定脱贫。金寨县 10 万亩绿色食品原料（茶叶）标准化生产基地内共有贫困户 7 820 户，其中种茶贫困户 5 932 户，共种植茶园面积 7 933 亩。2019 年有 1 214 户 1 968 人靠种茶脱贫。

（四）强化基地标准化生产，引领农业绿色发展

安徽省在绿色食品原料标准化生产基地建设中，以实施农业标准化为抓手，2007 年以来，结合基地创建管理实践，开展了“绿色食品原料标准化生产基地管理准则”研制工作，在研究吸收体系认证及产品认证要求、基地建设

规范、作物栽培技术、组织管理制度等核心内容的基础上，先后编制了安徽省绿色食品原料标准化水稻、小麦、茶叶、油菜、大豆、玉米等6个生产基地管理准则，经审定作为地方标准，已由安徽省质量技术监督局发布实施。基地建设按照绿色食品技术标准，落实了“五统一”生产管理制度和技术措施，严格执行绿色食品农药、肥料使用准则，开展农作物病虫害农业防治、生物防治、物理防治等综合防治，推广应用了有机肥代替化肥、生物农药代替化学农药等适用技术；规范了农药、化肥等包装物的及时回收处置，开展了农作物病虫害的绿色防控和统防统治。全省各个绿色食品原料标准化生产基地建设单位均制订了绿色防控方案和统防统治方案，各项农业生态环保措施得到落实，实现了产地环境、生产过程、投入品使用、产品质量的有效监管，切实改善了农业生态环境，走出了一条依托基地建设合理开发利用资源的新路，保持了良好的生态循环系统，引领了农业绿色发展。

（五）发挥基地基础作用，推动绿色食品产业发展

随着绿色食品原料标准化生产基地总量规模的不断增长，为企业提供了丰富的优质绿色食品原料，有力地推进了绿色食品产业快速发展。到2018年底，全省1 202家生产经营主体的2 960个产品有效使用绿色食品标志，产地环境监测面积2 380万亩，19家国家级、160家省级、233家地市县农业产业化龙头企业和268家农民专业合作社共开发绿色食品1 724个。2015—2019年全省绿色食品年均增长10%以上，基本形成了绿色食品原料标准化生产基地推动绿色食品发展，发展绿色食品又引导了绿色食品原料标准化生产基地发展的良好格局。安徽省怀远县先后创建小麦、大豆2个绿色食品原料标准化生产基地，促进了绿色食品发展，于2010年获得了“安徽省绿色食品十强县”。该县在发展绿色食品中，结合了当地农业生产实际，2019年又成功创建了10万亩绿色食品原料（糯稻）标准化生产基地，为4个绿色食品生产经营主体提供了

稳定的优质原料。

（六）丰富基地建设内容，引领农产品质量追溯体系建设

遵从绿色食品“从土地到餐桌”全程质量控制的鲜明理念，为进一步提升全省绿色食品原料标准化生产基地建设水平，提高基地产品公信力，做到基地监管工作的制度化、规范化、可操作和产品质量全程动态化管理，从 2008 年开始，安徽省依据农业部农垦系统产品质量追溯体系建设管理办法，借助其产品质量追溯查询平台，依托绿色食品原料标准化生产基地的农户情况、田块编码、生产管理等大量基础数据，在全省试点开展绿色食品原料标准化生产基地产品质量追溯体系建设。通过对产品生产过程、种植品种、投入品管理使用、生产技术规范、病虫害防治、收购等全程质量控制措施建立电子信息档案，初步实现以生产为基础，以产品为索引，从产地环境、生产过程、产品检测、包装标识等关键环节面向消费者的质量可追溯查询，并使之成为绿色食品全程质量控制的有效途径。追溯产品包括水稻、小麦、茶叶等，追溯面积 4 万亩，辐射带动蔬菜、水果产品开展质量追溯工作。

二、保障绿色食品原料标准化生产基地建设工作举措

（一）加强组织领导

安徽省委、省政府高度重视，把发展绿色食品作为现代农业重要内容纳入安徽省国民经济和社会发展“十一五”“十二五”“十三五”发展规划；将支持绿色食品产业发展纳入每年省委、省政府的“三农”工作要点；将绿色食品作为保障民生的重要内容。

安徽省农业农村厅专门行文各市，部署绿色食品原料标准化生产基地创建工作，明确要求基地建设由县（市、区）人民政府负责，要求各地结合优势农产品布局，着力培育主导产业，创新工作机制，实现基地建设与企业、农户有效对接，基地建设与绿色食品产业发展有效对接。

各基地建设单位均成立了较高规格的创建工作领导小组，明确了相关部门工作职责，充分发挥了政府的主导作用，保障了资金投入、高标准基地建设、环境监测、投入品监管等各项工作顺利有效落实。

（二）注重政策引导

从 2007 年起，安徽省农业农村厅要求各地将绿色食品原料标准化生产基地建设与农业标准化生产基地建设、测土配方施肥、水稻提升行动、小麦高产攻关、“双替代”等项目紧密结合，统一规划设计，同步组织实施。安徽省设立了绿色食品原料标准化基地建设财政专项科目，每年安排 220 万元，采取以奖代补、先建后补方式，对通过全国绿色食品原料标准化生产基地验收并获颁证授牌建设单位，省财政支持资金 10 万～20 万元。从 2016 年开始，专项资金增加到 670 万元，并把申报绿色食品纳入了农产品质量安全认证体系民生工程的范围。基地建设各级政府均出台了绿色食品申报的相关奖补政策，扶持绿色食品发展。

绿色食品原料标准化生产基地创建县（市、区）政府通过设立专项资金或设立农业建设项目，对基地创建工作予以扶持。凤台县、南陵县、桐城市对基地投入的资金已超过百万元，自绿色食品原料标准化生产基地建设以来，全省各地直接投入的资金超过 8 000 万元。

（三）统筹规划布局

本着突出地方优势产业，突出区域化布局、规模化生产的原则，在皖南山区、大别山区重点规划发展了 7 个以茶叶、山核桃等特色农产品为主的绿色食品原料标准化生产基地；在长江两岸区域创建绿色食品原料标准化生产基地 20 个，重点发展水稻、油菜等大宗农产品；在淮北平原地区，着力建设了 16 个小麦、玉米、大豆绿色食品原料标准化生产基地。在绿色食品原料标准化生产基地创建过程中，强调发展规模化生产，粮油等大宗农产品基地面积平均在 20 万亩，经济类作物基地面积平均在 5 万亩，实现了集中连片、区域布局，有力地推进了基地规模发展。

（四）强化技术培训

结合现代农业建设、农产品质量安全、品牌农业建设，加大了对绿色食品原料标准化生产基地管理人员等的培训，各个基地建设单位也结合各自建设实际情况，加大了对基地技术人员和生产管理人员的培训，并与高素质农民培训、科技进村入户等项目有效结合，实现了培训全覆盖，保障了基地建设各项管理技术措施有效落实。

三、存在问题与工作对策措施

近年来，安徽省绿色食品原料标准化生产基地建设管理工作取得了一些成绩，但仍存在一些问题。一是缺乏基地管理及运行的有效机制。“重创建、轻管理”现象仍然存在。绿色食品原料标准化生产基地监督管理工作任务重、环节多、周期长，在基地建成后的运行过程中，因缺少适度的运行维护投入，在生态环境保护、农民培训、农资市场监管、生产投入品控制等诸多环节上，监管工作难以做到正常、持久，需要进一步研究以年检制度为主的“软件”和以适度资金投入为主的“硬件”相结合的支撑系统，探索建立以“政府+企业+专业合作社”的投入运行维护监管一体化的管护机制。二是市、县级绿色食品管理机构工作力量薄弱。表现在人员队伍不够稳定，管理手段相对落后，不能满足绿色食品原料标准化生产基地监管工作需要，导致部分基地日常监管工作无法正常开展。

针对绿色食品原料标准化生产基地建设中存在的问题，在基地建设过程中应认真解决。一要加强政策引领。不仅要在推动绿色食品行业发展上进一步发挥政策引领扶持作用，而且要在基地建设具体工作上，进一步在高标准农田和农田水利最后一公里等项目建设上给予扶持，积极推动粮食收储设施设备、原料深加工等列入相关项目，给予生产经营主体扶持，保障基地原料能充分开发为绿色食品。二要创新工作方法。在严格落实绿色食品原料标准化生产基地建设各项工作要求的基础上，结合安徽省实际，探索绿色食品原料标准化生产基地建设监管工作新机制，将绿色食品原料标准化生产基地纳入产业监管内容，与绿色食品产业监管一同部署、一道落实，形成产业监管合力。三要探索建立绿色食品原料标准化生产基地建设专业队伍。进一步夯实创建单位主体责任，推动落实基地建设管理办公室等业务人员专业化，推进绿色食品产业监管工作向市、县延伸，形成齐抓共管的工作态势。

特色产业绿色食品原料标准化生产基地和产品，其中赣州市已经成为世界最大的脐橙产区，赣南脐橙品牌价值超过600亿元，位居全国初级食用农产品之首。

（四）推动绿色食品产业发展

在创建绿色食品原料标准化生产基地的基础上，充分发挥绿色食品原料的引导作用，鼓励发展绿色食品初级加工和精深加工，做大做强绿色食品产业。初步形成了宜春大米（含奉新大米、高安大米）、万年大米（如皇阳贡米等）、南城麻姑大米、永修香米、吉内得大米等大米品牌，推动打造了绿海茶油、青龙高科茶油、源森茶油、恩泉茶油、赣森茶油等茶油产品品牌，围绕“四绿一红”茶叶打造了遂川狗牯脑、庐山云雾茶、修水宁红茶等茶叶品牌。同时，还打造了以广昌白莲、南丰蜜橘、新余蜜橘、早熟梨、芡实、芝麻、竹笋等特色农产品为主的绿色食品原料标准化生产基地。

（五）助力农业增效农民增收

南昌市引进了益海嘉里、昌碧、顺发、田环等粮油食品加工企业，利用南昌县绿色食品原料（水稻）标准化生产基地的原料，生产绿色食品大米、米糠油等系列粮油产品，其中益海嘉里的金龙鱼绿色食品大米畅销全国。全省16个县开展粮油绿色高质高效行动，带动优质稻订单面积突破1 200万亩。绿色食品原料标准化生产基地稻谷收购价平均高于普通价格0.1～0.15元/千克，有力地带动了农民增收致富，社会经济效益显著。创建的全国绿色食品原料（油菜）标准化生产基地，不但可以提供大量绿色食品加工原料，而且能够通过发展赏花经济带动当地的乡村旅游产业。来自全国绿色食品原料标准化生产基地的铅山红芽芋畅销上海市场，深受消费者青睐。

二、存在的瓶颈和问题

江西是农业大省、农产品大省，深入推进江西农业供给侧结构性改革，根本方向在提高绿色有机农产品的比例，充分发挥江西山清水秀的生态条件、产品丰富的基础条件，不断做大绿色生态农业，做多绿色有机农产品，做强“生态鄱阳湖、绿色农产品”品牌，但在推进绿色食品产业过程中，也面临一些瓶颈和问题。

（一）全省绿色食品发展激励机制有待进一步健全

支持绿色农业产业发展的政策导向作用、补偿机制、激励效应还不够有力，政府政策扶持力度和资金投入力度有待进一步加强。从地方来看，省财政每年主要从农产品质量安全监管专项经费中统筹资金用于发展绿色有机农产品及省级绿色有机农产品示范县创建奖补，受地方财力的制约，各地安排资金还相对有限。

（二）绿色食品原料标准化生产基地作用有待进一步发挥

目前，江西是唯一经过农业农村部批准的全国绿色有机农产品示范基地试点省，但是全省的绿色有机农产品总体发展水平还有待提高，绿色食品申报产品数量和规模还需扩大，绿色食品原料标准化生产基地的产业带动作用还不显著。

（三）绿色食品原料标准化生产基地的对接率有待进一步提高

全国绿色食品原料标准化生产基地发展具有特殊性，要求产地环境条件和生产过程符合绿色食品标准规范，但原料产品不能直接作为绿色食品上市，无法直接产生社会经济效益。因此，全国绿色食品原料标准化生产基地的生命力在于对接绿色食品加工企业并申报成为绿色食品。受农产品鲜销鲜食等限制，江西部分绿色食品原料标准化生产基地原料产品加工成绿色食品的比例偏低，基地的综合效益有待进一步扩大。

三、今后发展思路和方向

做好治山理水、显山露水的文章，走出一条经济发展和生态文明水平提高相辅相成、相得益彰的路子，这是习近平总书记对江西高质量发展的殷殷嘱托，也是千万农民的迫切愿望。持之以恒推进江西绿色农业发展，重点要把握以下几个方面。

（一）坚持以绿色环境为基础

加强对绿色农产品产地环境的普查、评估，合理规划布局绿色食品生产区域；加大绿色农业环境的保护力度，建立绿色农业投入品监督检查制度，加强投入品的使用管理，坚决杜绝禁用农（兽）药及其他有毒有害物质流入绿色农产品生产环节。鼓励推动农药、化肥减量行动，提高农业投入品的利用效率，实现绿色农业高效和可持续发展。

（二）坚持以绿色规程为主线

根据绿色食品标准规范要求，结合当地的环境条件和生产特点，制定并推广一批绿色食品生产技术地方标准。以深入开展绿色食品生产操作规程进企入户示范行动为契机，重点做好水稻、脐橙等绿色食品生产操作规程的推广应用，全面提升绿色食品原料标准化生产基地和绿色食品企业的标准化生产水平。

（三）坚持以政策扶持为支撑

健全全国绿色有机农产品示范基地试点省指标体系，将发展绿色农业纳入社会经济发展规划范围，列入市县高质量发展考核评价指标，研究制定、鼓励发展政策措施。推动市县进一步落实《江西省绿色食品产业发展配套政策的通知》，为绿色食品产业发展提供土地、资金、金融、税收等政策支持。探索引入绿色食品检测和咨询服务机构，提高绿色食品申报效率，促进绿色食品产业发展。

（四）坚持以基地辐射为抓手

以农业产业化龙头企业为依托，推动绿色食品产业向上游、下游产业延伸，实现绿色食品产业集群发展。鼓励、推动、指导以县、乡、村为单位整建制推进绿色食品原料标准化生产，大力创建全国绿色食品原料标准化生产基地，在为绿色食品加工企业提供优质原料的同时，通过示范作用辐射周边农业企业开展绿色生产。

（五）坚持以体系建设为保障

发挥生产有记录、信息可查询、流向可跟踪、质量可追溯、责任可追究、产品可召回的标准化生产管理优势，优先将绿色农产品等纳入农产品质量安全追溯平台管理，打破农产品生产者与消费者之间的信息不对称，促进绿色食品的生产、流通和消费。同时，结合试行食用农产品合格证制度，强化落实绿色食品生产者的主体责任、农产品质量安全意识，推动绿色食品产业健康发展。

（六）坚持以品牌强农为关键

持续举办"全国知名绿色有机农产品示范基地高峰论坛"，牢固树立和宣扬绿色生态理念。拓宽、抓好农产品区域品牌思路，着力提升企业创建品牌能力和品牌营销能力。依托中国绿色食品博览会、中国国际有机食品展览会、"生态鄱阳湖绿色农产品"博览会和展销会、湘赣边区农产品交易会、打造江西省绿色有机农产品展示展销平台等，推动绿色有机农产品集中亮相，拓展农产品销售渠道，促进产销精准对接。

适应新形势 开创基地建设新局面

林国华

（山东省农业农村厅）

近年来，山东省依托农产品资源丰富、农业产业化基础厚重的优势，持续加大农业绿色、优质、品牌化发展力度，大力实施“质量兴农、绿色兴农、品牌强农”战略。截至 2019 年底，全省绿色食品有效用标企业 1 561 家，产品 3 763个；创建全国绿色食品原料标准化生产基地、全国绿色食品一二三产业融合示范园、全国有机农业示范基地 27 个，面积 528.9 万亩，涉及 9 个地市的 22 个县（市、区），占全省涉农县（市、区）的 18%。通过基地建设，提升了绿色原料供给能力和水平，促进了农产品高质量发展和农业提质增效。

一、提高认识，增强基地发展新动能

绿色食品原料标准化生产基地创建是由政府推动，按照规范的管理体制、技术体系整建制推进，实现区域内农作物集约化、标准化、规范化生产，实现生产与加工对接、一二三产业融合发展，在推进农业绿色、优质、品牌化发展等方面具有重要作用。

（一）农业绿色标准化生产的先行者

早在 1990 年，农业部准确把握农业发展转变的重大机遇，开创性地提出了发展绿色食品的战略决策。经过三十年的发展，绿色食品从产地环境、生产技术、产品质量和包装储运 4 个方面不断完善。目前已形成标准 140 项，其中准则类标准 14 项，产品质量标准 126 项，涉及环节覆盖了农产品生产、加工、储运全过程，产品范围基本覆盖了常见食用农畜水产品及其加工产品，并在长期的发展过程中，逐步开启和完善了绿色食品原料标准生产基地建设。2018年，农业农村部印发了《农业绿色发展技术导则（2018—2030年）》，提出包括绿色投入品、绿色生产技术、绿色产后增值、低碳种养、乡村发展、基础研究、标准体系七大方面的农业绿色发展技术框架体系，许多方面都与绿色食品生产和原料标准化生产基地相互对应。从发展方向上看，创建绿色食品原料标准化生产基地是现代农业发展的需要，是大势所趋。可以说，基地创建的过程就是绿色食品技术标准大面积实施的过程，是各种绿色科技、绿色成果转化为生产力的过程。从实际运用的成效看，基地创建承载了多项农业绿色发展技术标准，是农业绿色标准化生产的先行者和实践者。

（二）安全、优质、规模化生产的引领者

我国经济已由高速增长阶段转向高质量发展阶段，农业生产由单纯追求产量转向质量产量并重。这就要求我们改变以往传统的做法，实施精准农业，向质量要效益，向规模要效益，向品牌要效益，实行安全、优质规模化生产。绿色食品原料标准化生产基地创建，既有一套完善的标准体系，又有一整套较为完整的推广体系、管理体系。同时，基地面积一般不少于3万亩，要求有一定的发展规模。目前，山东省绿色食品原料标准化生产基地规模多在10万亩以上，通过农业合作社、土地流转等形式，一方面实现了农业集约化管理、规模化生产，实现了从传统农业向现代农业的根本转变，另一方面保障了农产品优质、安全，是发展绿色食品、创建农产品质量安全县的壮根之举。

（三）产业链延长、提质增效的实践者

绿色食品原料标准化生产基地创建标准之一，要求基地原料与加工企业的

对接率在30%以上，续报环节对接率要求相应提高，目的就是要强化生产与龙头企业和电子商务等加工、流通企业的对接，形成“企业+基地+农户”“企业+合作社”等模式。山东省菏泽市东明县，通过绿色食品原料（小麦）标准化生产基地创建，对接辖区内山东洪丰面粉有限公司，实行“企业+合作社+基地+农户”的模式，包销了区域内所有小麦，既解决了农民产品难卖的问题，同时收购价格每千克还高于市场0.1元，农民整体增收2 100多万元。从山东省创建绿色食品原料标准化生产基地的实践看，不仅可以提高农业集约化、标准化、绿色化生产水平，而且壮大了农业产业化、市场化、品牌化实力，提升了当地农业生产管理水平和质量安全水平，增加了农民收益，实现了农业一二三产业融合发展和提质增效。

二、履行职责，强化工作创新和监督管理

创建绿色食品原料标准化生产基地的作用不言而喻，工作中，应坚持政府主导，农业农村行政主管部门负总责，做好制度落实和标准实施，坚持科技创新和全程监督管理，确保创建工作取得实实在在的成效。

（一）健全管理体系，上下形成合力

绿色食品原料标准化生产基地建设涉及面广、关联环节多，建立健全组织管理体系是落实基地建设各项制度和技术要求的重要保障。在绿色食品原料标准化生产基地创建过程中，山东省坚持省级统筹、市级监督管理和县（市、区）级技术指导与实施。要求统一成立由县级政府负责同志任组长、相关部门负责同志任成员的基地建设领导小组，统一指导和协调基地建设工作。县级农业行政主管部门成立基地建设领导小组办公室，配备专职人员具体负责基地技术服务、技术指导和生产管理工作。基地各有关乡镇、村社区明确一名基地建设责任人和具体工作人员，并制定具体的基地建设目标责任制度，确保整个基地创建组织管理体系高效规范运转。

（二）按照创建标准，要求落实到位

绿色食品原料标准化生产基地创建的过程就是各项指标要求落实落地的过程。根据基地创建要求，创建前期，首先由创建单位进行自查，然后省、市进

行核查，使其环境要求、生产条件、生产基础设施必须达到要求，确保绿色食品生产技术各项规范标准要求落实到位。如淄博市临淄区政府，结合绿色食品原料（小麦、玉米）标准化生产基地创建，以循环、生态、标准化为目标，在全区开展生态环境提升工作，累计投入5亿元，实行山、水、林、田、路综合治理，不仅达到了创建要求，而且还提升了当地农业生态环境水平。

（三）注重科技创新，技术组装成套

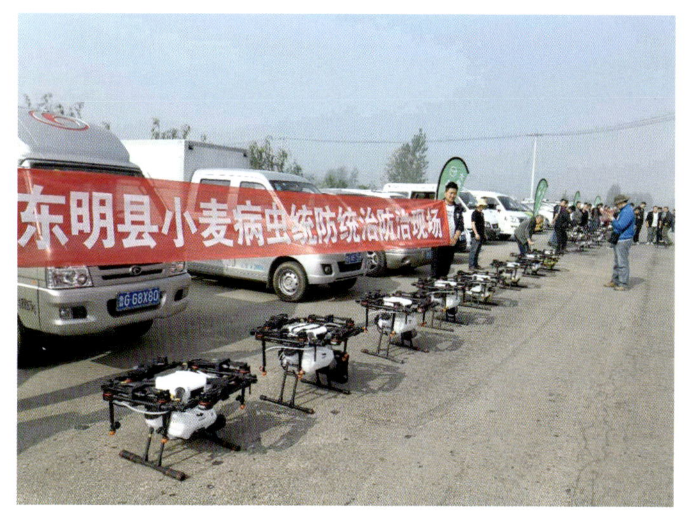

根据绿色食品原料标准化生产基地创建集约化、规模化程度高的特点，坚持推广“五统一”生产管理模式，即统一优良品种、统一生产操作规程、统一投入品供应和使用、统一田间管理、统一收获。桓台县作为粮食主产县，还将统一上茬机收和秸秆还田、统一旋耕深耕再旋耕、统一测土配方施肥、统一病虫害防治、统一接茬作物机械播种纳入统一管理，实行“十统一”生产模式，有效地保障了基地各项生产管理技术落实到位。绿色食品原料标准化生产基地投入品管控，尤其是农药的使用是一大重点，山东省结合已强制实施的农药经营备案和高毒农药定点经营“两项制度”，在基地创建范围内，大力推广农药定点经营、备案、统一配送制度。如滕州市在绿色食品原料标准化生产基地创建过程中，基地办按照每1万亩基地设立一个专供点的比例，在基地所在镇建立了23个农业投入品专供点，实行农资专供制度和连锁配送服务，常年负责基地生产所需农业投入品的供应。同时，加大对基地生产中投入品使用及投入品市场的督导检查，保障基地产品高产安全。

（四）强化队伍建设和监管，夯实发展基础

在管理方面，依托县、乡两级农业技术推广机构，组建绿色食品原料标准化生产基地建设技术指导小组，配备村级技术员，免费发放宣传资料。加大对

基地创建各有关部门工作人员、生产管理人员、技术推广人员、基地生产农户的专门培训，确保基地生产技术要求落实到位。在监管方面，采取“市里检查，省里抽查”方式，以市级为主体，落实绿色食品原料标准化生产基地常态监管措施。同时，依托县、乡两级农业执法队伍，设立村级质量监管员，负责生产一线监督。将绿色食品原料标准化生产基地监管纳入农产品质量安全监管体系，以实现规模化种植、标准化管理、安全化生产、产业化经营，生态效益和经济效益同步增长，为持续发展打好基础。

三、找差距补短板，不断开创基地创建新局面

山东省绿色食品原料标准化生产基地创建工作虽然取得了一些成绩，但与当前农业绿色发展、高质量发展要求相比，还存在发展规模小、速度慢，政策支持力度弱，投入不足，生产技术、推广体系相对滞后等问题。面对新形势、新要求，应进一步增强责任感和使命感，尽快补齐短板。

（一）提高政治站位，持续推进绿色食品原料标准化生产基地创建

质量发展是兴国之道、强国之策。习近平总书记多次作出重要指示和部署，对质量兴农提出了明确要求。山东要以落实中央指示要求、实现绿色高质量发展为己任，高度重视绿色食品原料标准化生产基地建设，将基地创建作为重要目标任务，列入工作日程和发展规划。明确发展重点，对辖区内绿色食品发展现状进行分析研判，对有一定规模基础以及产业化组织程度高的县（市、区）进行点对点对接，鼓励其开展绿色食品原料标准化生产基地创建工作，把基地创建作为农业绿色发展的重要内容，长期不懈地抓紧抓好抓出成效。

（二）严格创建标准，保障绿色食品原料标准化生产基地建设质量

严把创建关口，从规划到实施到日常管理，全程实行严格的创建标准：一是县级政府必须成立专门工作机构，对基地创建有规划和经费保证；二是基地生态环境质量符合绿色食品产地环境标准要求；三是有对接绿色食品产品和龙头企业，实现产业化发展；四是农业生产基础设施配套，技术推广服务体系健全；五是投入多元化，坚持以政府投入为导向、基地农户投入为主体、龙头企业和社会投入为补充的多元化投入机制；六是坚持经济效益、生态效益和社会

效益相统一。

（三）突出常态监管，压实绿色食品原料标准化生产基地管理措施

在绿色食品原料标准化生产基地质量监管方面，扎实落实好年度检查、年度抽检等日常监管措施，将其纳入农产品质量安全监管整体统筹推进，切实保障基地产品质量安全水平。牢固树立“创建就是监管”的大监管意识，重点抓好生产全过程监管，尤其是农业投入品监管和质量可追溯监管。加大政策引导力度，加强法律法规的宣传普及，树立和提升品牌形象，提高人们对绿色食品原料标准化生产基地创建的认知度。同时，积极协助做好加工企业与创建基地的对接与运转，持续推动产业链条延伸，确保基地建起来、群众带起来、企业用起来、产业做起来、效益提起来，不断推进农业产业融合发展。

（四）实施项目融合，拓宽绿色食品原料标准化生产基地融资渠道

绿色食品原料标准化生产基地创建，需要大量的人力、物力、财力和技术力量投入。为加快发展步伐，下一步积极与农业农村有关项目对接，如旱作节水农业技术、果菜茶有机肥替代化肥、优势特色产业集群建设、现代农业产业园、农产品地理标志保护工程、农民培育等。通过与加工企业对接，组装集成耕种收加工全过程绿色高质高效新技术，形成绿色高质高效生产示范园区。通过与农业生产发展资金项目，耕地保护与质量提升、畜禽粪污资源化利用、农作物秸秆综合利用等农业资源及生态保护补助资金项目对接，实现资源资金共享，拓宽基地创建资金投入渠道，提升基地创建质量和水平。

因地制宜 多措并举
大力推进四川绿色食品基地高质量发展

肖小余

（四川省农业农村厅）

四川气候宜人，物产丰富，素有“天府之国”的美誉。四川是我国 13 个粮食主产省之一，经济作物种类繁多，畜牧业、水产业等特色鲜明，油菜籽、马铃薯、水禽、鲶鱼等 25 种农产品产量居全国第一，粮食、蔬菜、水果、茶叶、中药材等产量居全国前列，创建绿色食品原料标准化生产基地（以下简称绿色食品基地）资源禀赋良好、产业基础扎实。2006 年四川启动绿色食品基地建设以来，已成功创建粮油、蔬菜、水果、茶叶等绿色食品基地 66 个、面积 863 万亩，基地数量居全国第三，有力支撑了全省绿色食品持续稳定发展。

一、在建设实践中不断深化绿色食品基地的认识

回顾绿色食品基地创建历程，可深刻地认识到，绿色食品基地建设始终聚

焦“绿色”、突出“优质”，既是绿色食品事业持续健康发展的重要保障，也是构建四川省现代农业“10+3”产业体系的必然要求。

（一）绿色食品基地是绿色食品事业健康发展的基础保障

绿色食品质量优，首先要原料优，夯实基地基础、建好“第一车间”至关重要。绿色食品基地总量规模不断增长，能为绿色食品企业提供种类更齐、数量更多的优质原料，有力保障了绿色食品事业发展。截至2019年，四川省绿色食品基地共生产绿色食品初级原料850万吨，发展绿色食品产品422个，占全省绿色食品总数的29%，有力保障了全省绿色食品事业持续健康发展。眉山市东坡区18.4万亩绿色食品原料（蔬菜）标准化生产基地为8家企业的59个绿色食品泡菜产品提供稳定的原料；雅安市雨城区18.7万亩绿色食品原料（茶叶）标准化生产基地为12家企业的131个绿色食品茶叶产品提供原料，促进了全区绿色食品事业稳定发展。

（二）绿色食品基地是现代农业产业园区建设的有力支撑

大力推动绿色食品基地与现代农业园区建设深度融合，两者同步创建、互动发展。全省66个绿色食品基地，已基本认定为各级现代农业产业园区。眉山市围绕“建全国最优园区、产全球最好泡菜”，建成了面积10余平方千米的“中国泡菜城”，聚集形成以李记、吉香居、味聚特三大亿元级绿色食品泡菜企业为核心的工业园，对接绿色食品基地18.4万亩，2018年“中国泡菜城”成功创建为全国首批国家现代农业产业园。蒲江县2017年成功创建6万亩绿色食品原料（猕猴桃）标准化生产基地，6个经营主体的6个产品获得绿色食品标志使用权，产业化、品牌化建设水平不断提高，2019年成功创建为国家现代农业产业园。

（三）绿色食品基地是推进农业标准化生产的重要抓手

绿色食品基地建设严格按照绿色食品技术标准体系实施生产和管理，绿色食品技术标准体系在产前、产中、产后全过程贯彻，在产地环境、生产过程、产品质量、包装标签、储藏运输全环节实施，确保了绿色食品基地建设的标准化。另外，在绿色食品基地建设中，依靠各级政府的强力推动和农业产业化龙头企业的跟进对接，依托优势农产品产业带布局，严格按照统一优良品种、统一生产操作规程、统一投入品供应和使用、统一田间管理、统一收获的“五统一”标准进行生产、管理，极大地推进了农业标准化生产水平进一步提高。

（四）绿色食品基地是提高农业产业化经营水平的重要举措

绿色食品基地建设推行以品牌为纽带、企业为主体、基地为依托、农户为基础的产业化发展模式，促进了基地与龙头企业紧密对接，提高了农业生产组织化程度和社会化服务水平，强化了龙头企业与基地农户的利益联结机制，提升了农业产业化经营水平。广元市通过建设基地引进和培育龙头企业，农业产业化程度得到明显提升，全市联结绿色食品基地的龙头企业 36 家，其中产值亿元以上的 2 家、1 000 万元以上的 16 家，订单生产率达到 80% 以上。剑阁县绿色食品原料（辣椒）标准化生产基地与四川省郫县豆瓣股份有限公司签订购销合同，年销售绿色食品原料辣椒、剁辣椒 5 000 多吨，实现销售收入1 200 多万元。

（五）绿色食品基地是促进农业增效农民增收的有效途径

绿色食品基地建设形成了地方政府推动、龙头企业带动、基地农户参与的发展格局，成为农业增效、农民增收的重要增长点。全省绿色食品基地带动农户 320 多万户，基地农户户均增收 500 元以上。苍溪县推行“四保 + 分红”农户利益联结机制，全县新型经营主体通过该联结机制带动贫困农户发展红心猕猴桃产业，带动 2.5 万贫困人口，每年人均增收 3 000 元以上。眉山市东坡区绿色食品基地助农增收 2.58 亿元，基地农户人均增收 985 元。荣县绿色食品基地带动 22 个乡（镇）、15 万农户增收 2.3 亿元，户均增收 1 524 元。全国扶贫“三州三区”之一的凉山彝族自治州，马铃薯是该州优势产业，全州拥有绿色食品原料（马铃薯）标准化生产基地 152 万亩，积极推动龙头培育、多元开发、精深加工、开拓市场和订单生产，初步实现了马铃薯就地加工、就地增值，提高了马铃薯产业的综合经济效益。

二、在建设工作中不断完善绿色食品基地的管理机制

紧扣原料供应、产销对接重点任务，压实主体责任，推动基地落实标准化生产，确保创建对接取得实效。

（一）立足资源禀赋抓建设

紧紧围绕加快构建川粮油、川菜、川茶等“10＋3”现代农业产业体系，充分挖掘优势特色资源，统筹推进大基地建设、大产业构建、大品牌打造、大市场开拓，取得明显成效。比如马铃薯产业，集中分布在攀西凉山彝族自治州以及盆周山区，已建成绿色食品原料（马铃薯）标准化生产基地164万亩，其中凉山彝族自治州152万亩，为精深加工、品牌壮大、产业发展奠定了基础。又如泡菜产业，在川西眉山市集中连片建成绿色食品原料（蔬菜）标准化生产基地，为“中国泡菜城”提供了稳定优质的原料，亿元级绿色食品泡菜企业就有3家，有效带动了四川泡菜产业发展。2019年四川泡菜产量440万吨、销售收入377亿元，小产品铸就了大产业，中国泡菜看四川、四川泡菜看眉山。再如茶叶产业，在茶叶优势区建成了绿色食品基地8个、面积105.2万亩，为提升川茶整体品质发挥了示范效应。

（二）坚持最严标准抓建设

标准化是绿色食品基地建设工作的基石，应将标准化贯穿基地建设的每个层面和每个阶段，既加快制定标准，又严格使用标准。注重将标准转化为生产技术规程，加强生产操作规程的编制、培训和推广，大力推进生产操作规程进企入户，促进标准和技术落地生根。眉山市东坡区制定实施了豇豆、萝卜、榨

三、在补齐短板中不断提高绿色食品基地建设水平

推动新时代绿色食品基地创建工作，要着眼大局、把准定位，加快补齐发展短板，更好发挥绿色食品基地在现代农业园区建设、“10+3”现代农业产业体系建设、农业绿色发展和农业产业扶贫中的示范引领作用。

（一）强化基地管理，着力在提高基地建设质量上下功夫

不断健全绿色食品基地建设质量管理体系，强化基地农业投入品监管，围绕“一控两减三基本”目标，深入开展化肥、农药零增长行动，加大绿色食品生产资料的推广应用，加大病虫害绿色防控、统防统治、配方施肥等技术推广力度，从源头上确保基地清洁生产。强化绿色食品基地环境、生产过程、农业投入品、产品质量、包装标识的监督检查，严格执行产品质量抽检制度，建立基地产品市场监察制度，强化淘汰退出机制，不断提高基地建设的质量。加强基地田间管理记录和生产档案管理，建立完善基地产品质量安全追溯制度，切实做到环境有监测、生产有标准、操作有规程、质量可追溯。

（二）强化基地培训，着力在落实标准化生产上下功夫

切实加强绿色食品基地管理人员、生产技术人员，特别是基地农户的培训，提高农户的标准化生产意识和质量安全意识。继续强化技术指导，把绿色食品的技术标准转化为农民规范的生产操作行为，指导基地农户优选品种、科学施肥、合理用药。印制发放实用的生产操作明白纸，让农民一看就懂、一用就会，切实把绿色食品标准落实到基地的田间地头。

（三）强化产销对接，着力在提升基地效益上下功夫

着力推广市场需求大、品质性状好的新品种，调整优化绿色食品基地品种结构，增强基地产品的市场竞争力以及与龙头企业的对接能力。大力引导支持龙头企业、农民专业合作社与基地农户有效对接，完善企业和农户的利益联结机制。鼓励企业申报绿色食品，提升基地产品的附加值，让千家万户农民从基地创建中得到实实在在的利益回报。加强基地产品促销展销和市场服务，积极搭建产销对接平台，促进基地产品转化增值。

抓源头　建基地　助力产业振兴和脱贫攻坚

何华新

（新疆维吾尔自治区农业农村厅）

2007 年，新疆维吾尔自治区首先在和田地区、伊犁哈萨克自治州等地州展开了全国绿色食品原料标准化生产基地（以下简称基地）建设工作。经过 13 年探索与推进，基地创建规模不断扩大，质量持续提高。近年来，新疆维吾尔自治区紧紧围绕社会稳定和长治久安总目标，将基地建设作为贯彻新发展理念、推动农业高质量发展的重要抓手，抓源头，建基地，极大地提高了全区农业的整体质量和效益，在加快发展现代农业、助力脱贫攻坚、推进农业农村优先发展等方面发挥了积极作用。

一、发展成效

新疆维吾尔自治区位于亚欧大陆中部，地处我国西北边陲，总面积占全国陆地总面积的 1/6。新疆地貌可以概括为“三山夹两盆”，新疆属典型的温带大陆性干旱气候，降水稀少、蒸发强烈，人均占有耕地少，天然草原面积大，是全国五大牧区之一。新疆维吾尔自治区多样的气候、丰富的资源，具有发展高质量农业的独特优势。多年来，新疆维吾尔自治区各级党委、政府、各部门高度重视基地建设工作，先后制定出台了《关于加快我区绿色食品发展的意见》《新疆绿色食品产业发展规划（2014—2020年）》《关于进一步做好“三品一标”工作的通知》《自治区农业厅“三品一标”发展三年行动方案（2018—2020年）》等文件，明确了新疆维吾尔自治区基地建设工作的指导思想、基本原则、主要目标、重点任务、保障措施和相关补助政策等。截至2019年底，全区“三品一标”产品2 065个，创建全国绿色食品原料标准化生产基地86个、1 325万亩，通过验收的基地78个、居全国第二，面积1 097.2万亩、居全国第四，作物类别已覆盖小麦、玉米、水稻、甜菜、大豆、油菜、油葵、核桃、甜瓜等优势农产品和特色农产品。在新疆维吾尔自治区已创建的86个绿色食品原料标准化生产基地中，大宗农作物面积在700万亩以上，特色作物种植面积525万亩。

二、发展模式

（一）以标准化为引领，推行全程质量管理体系

基地建设以实施标准化生产为手段，建立落实了以县为重点的县、乡、村三级组织管理体系，以实施质量可追溯制度为基础的生产管理体系，以市场准入为方式的投入品管理体系，以农技推广和培训为主要内容的技术服务体系，以综合治理为手段的基础设施建设与环境保护体系，以“基地+企业+农户”为模式的产业化经营体系，以产地环境、生产过程、产品质量、包装标识为重点的监测监管体系。基地建设以农业标准化生产为引领，着力发挥农业标准化在促进农业科技转化为生产力、推动农业供给体系质量和效率提升、推进培育知名农业品牌方面发挥积极作用，逐步形成优质优价的正向激励机制，全面促进了农业高质量发展。库车市大力推广统一品种、统一技术规程、统一配方施肥、统一病虫害防治的农业标准化生产，建立核桃、红枣等林果业示范基地9.58万亩，小麦高产示范田15万亩，形成以绿色食品

基地建设为重点、以稳定农产品质量安全为中心目标的农业标准化生产大格局。

（二）以县域为单元，规模化整体推进

基地建设由县级人民政府负责组织实施，坚持政府推进、产业化经营、相对集中连片、适度规模发展的原则，结合当地农产品优势区域布局，涉及农产品质量安全管理和生态环境建设等农业产前、产中和产后多环节，按照巩固北疆、主攻南疆的思路合理布局，以优势农产品产业带、特色农产品规划区和农业大县为重点，规模化推进。通过土地集约化经营，大幅提高机械化作业水平，农机作业率达到 100%；大力推广使用农作物良种，良种推广率达到100%；大面积推广模式化栽培技术，合理施肥、科学用药、节水灌溉，减肥控药节水到位率达到 80% 以上。奇台县提出“全域绿色部分有机”的发展战略，全县农作物总播面积 178.67 万亩，75 万亩绿色食品原料（玉米、小麦、油葵、马铃薯）标准化生产基地通过验收，60 万亩小麦基地进入创建期待验收。通过基地建设，奇台县加快推进绿色农业规模化、标准化、产业化发展进程。

（三）以产业化经营为手段，促进基地与产品获证有效对接

基地建设以为绿色食品企业提供所需的优质原料为目标，搭建产品获证与原料生产对接的平台，强化绿色食品获证企业与基地农户之间的利益联结机制，推进了基地的产业化经营。目前，在已建设的 78 个绿色食品基地中，绝大部分基地都有1～2家龙头企业带动对接，验收通过的基地面积、产量与绿色食品企业的对接率达到 30% 以上，在基地建设进程中，“基地 + 农户 + 龙头企业”经营模式的逐步建立，不仅使企业获得了稳定的优质原料来源，极大地提升了农业产业化经营水平，也使基地农户增加了收入，提高了农户按标准化操作的积极性。呼图壁县建设 11 万亩绿色食品原料（小

麦）标准化生产基地，对接企业 2 家，均为农业产业化龙头企业，两个企业获证绿色食品 11 个，企业与基地产销对接率 100%。

（四）以品牌化为带动，增强了农产品市场竞争力

品牌是绿色食品的核心竞争力，落实标准化生产是确保绿色食品品牌公信力和美誉度的基础。基地建设依托绿色食品产品获证和品牌化，把标准化与品牌化有机地结合起来，通过标准化解决质量安全问题，通过品牌化扩大了绿色食品基地的知名度和影响力，增强基地产品的竞争力，体现标准化生产的价值。近年来，一些县市依托绿色食品原料标准化生产基地建设进一步调整了产业结构，培育了主导产业，围绕特色林果产业带发展，涌现出奇台面粉、阿克苏苹果、吐鲁番葡萄和哈密瓜、和田薄皮核桃、哈密大枣、塔城红花籽油等一大批特色农产品品牌，经受住了市场检验，得到了商家青睐、市民赞誉、媒体认可，为品牌农业发展夯实了基础。

（五）以助力脱贫攻坚为目标，提高农民收入水平

在农业农村部的高度关心下，中国绿色食品发展中心出台了一系列援疆政策帮助和支持新疆绿色食品原料标准化生产基地发展。在坚持不降低技术标准的前提下优化基地的创建、验收以及续报程序，制订续报清单，清理无效材料，简化基地购销协议等相关要求，进一步加快推进新疆维吾尔自治区南疆四地州绿色食品原料标准化生产基地建设。同时，新疆维吾尔自治区也出台了《自治区农业厅“三品一标”资金补助和奖励办法》，对每个通过全国绿色食品原料标准化生产基地验收的建设单位补助 8 万元，这些优惠政策对深度贫困县打赢打好脱贫攻坚战起到了积极作用。据了解，各地围绕特色林果产业带开展基地创建，以红枣、库尔勒香梨、葡萄、哈

密瓜、杏为主的绿色有机特色林果产品，外销量达到 30%～40%，效益平均提高 23%以上，产业密集度高的县市农民人均纯收入 30%以上来自特色种植。据统计，全区已创建的 1 325 万亩基地中，南疆四地州 532 万亩，占比 40.2%；10 个深度贫困县 126 万亩，占比 9.5%。2017 年，和田地区提出了“发展全域绿色”的规划，大力推进原有的 30 万亩核桃基地整改，整建制推进绿色食品原料（薄皮核桃）标准化生产基地创建活动，全地区剩余 7 个县（市）申报的 140 万亩基地批准进入创建期，成为全国最大的绿色食品原料（薄皮核桃）标准化生产基地。每年通过薄皮核桃等特色农产品展示展销，实现销售收入近 10 亿元，使近 20 万贫困人口受益。

三、发展中存在的问题

（一）基地与绿色食品企业对接率有待提高

由于宣传力度弱、认识不到位等原因，基地建设与绿色食品申报关联度不高，部分基地续报时很难达到第一次续报 50%对接率和第二次续报 70%对接率的要求。

（二）部分基地存在“重创建、轻管理”的现象

基地建设的基本目的是为绿色食品企业提供原料，发挥基地建设和运行模式的社会效益以及在农业标准化建设方面的示范引领作用。因此，各地农业主管部门高度重视，部分县市发展过快、规模过大，导致监管力度不足。

（三）各地政策保障机制有待完善

现行的基地投入机制源于基地提供原料供给，依托优质优价保障运行。因此，政府主导和各级农业主管部门的政策保障就显得尤为重要。但部分县市基地发展规模较大，缺少专项资金，常规的政策和项目资金很难兼顾。

四、建议与对策

（一）领导重视，高位推进

基地建设领导小组应进一步统筹、组织、协调农技推广、农业投入品监管

等与基地建设密切相关的部门，各乡镇应配套落实基地建设责任人，并对基地建设有措施、有规划和经费保障。县级人民政府应建立健全基地建设目标责任制，将基地建设管理工作纳入各部门绩效考核体系。

（二）因地制宜、分类指导

新疆南北跨度大，垂直分布有高山、草原、湖泊、绿洲、沙漠等荒漠生态，在绿洲生态范围内，地域特色极为鲜明，农产品的土宜性极为强烈。应坚持发挥地域特色、资源优势，北疆重点建设粮、油、糖、瓜果、蔬菜以及特色作物基地，南疆重点建设小麦、林果、西甜瓜及特色作物、设施农业蔬菜基地等。

（三）加强监管，规范秩序

县以上农业行政主管部门要联合市场监督管理局等部门，依法查处和严厉打击制售假冒的行为，以提升产品全程追溯能力为重点，加强基地投入品管理，净化农资市场秩序，进一步强化绿色食品原料标准化生产基地安全用药指导服务，落实生产经营者第一责任。以推进检验检测体系、执法体系建设为重点，强化农产品执法监管，加强例行监测、监督抽查和风险预警工作，防范风险隐患。

（四）加强产销对接，形成发展合力

农业产业化发展水平是现代农业建设的集中体现，其发展进程直接影响着农产品产、供、销等诸多环节。因此，要积极引进农产品加工企业，通过培育龙头、形成合力，达到推进标准、打造品牌、增强带动的目的。

LILUNPIAN

理论篇

2

新时代加快江西省全国绿色食品原料标准化生产基地的发展

潘　华　万文根　杜志明

（江西省绿色食品发展中心）

江西是我国南方地区重要的农业省份，江西大米产量居全国前列，是中华人民共和国成立以来全国两个从未间断向国家供应商品粮的省份之一。江西绿茶、赣南脐橙、南丰蜜橘、广昌白莲、泰和乌鸡、鄱阳湖大闸蟹等久负盛名，食用农产品种类丰富，香港市场的新鲜蔬菜、生猪、淡水鱼等 1/4 以上来自江西。同时江西为“吴头楚尾，闽腹粤庭”，临近“长三角”“珠三角”“闽三角”等经济发达区域，区位优势明显，发展绿色食品产业的条件得天独厚。作为绿色食品产业的“三驾马车”（绿色食品、绿色基地和绿色生资）之一的绿色食品原料标准化生产基地建设一直受到江西各级政府部门的重视，因而一直保持着良好的发展态势。截至 2019 年底，全省共建成 48 个全国绿色食品原料标准化生产基地，基地总面积达 854.3 万亩，涉及了水稻、油菜、蔬菜、柑橘等 18 个种类。

一、基地的创建及取得的成绩

（一）建立激励机制，扶持基地创建

全国绿色食品原料标准化生产基地创建工作启动之后，江西省财政从农业产业化资金中安排专项资金奖励获得“全国绿色食品原料标准化生产基地”称号的县，截至 2019 年，共有 30 个基地县获得了总计 288 万元的相关奖励资金。江西省农业农村厅将绿色食品原料标准化生产基地创建情况作为评选省级绿色有机示范县的一项重要指标。各市、县政府部门对辖区内的基地创建工作高度重视，在人力、物力和财力上给予大力支持。由于多方支持和政策引导，江西省绿色食品原料标准化生产基地建设工作呈现出政府大力推进、企业积极参与、农户确实受益的喜人局面。

（二）整合相关资源，推动基地建设

在组织开展绿色食品原料标准化生产基地创建过程中，江西注意整合相关资源，推动基地建设，将创建工作与龙头企业的培植相结合，支持各级龙头企业参与绿色食品原料标准化生产基地生产和发展，借助基地创建工作的政府运作优势，针对基地县的产品特点，积极引导当地有实力的企业申报绿色食品标志使用权，并将绿色食品原料标准化生产基地建设与龙头企业产业化生产基地建设有机地结合起来，使基地县原料有序地流向加工企业，在增加绿色食品总量的同时，迅速提升了基地县的绿色产业发展水平，同时使企业与基地农户的利益结合得更为紧密。在绿色食品原料标准化生产基地的日常管理中，江西始终坚持以强化基地规范化管理为依托、以实现农户增收为核心、以推动产业化经营单位发展为抓手，形成了规模化生产、系统化管理、规范化服务和市场化运作的运营体系。

（三）加强学习与展示，促进基地健康发展

在加强绿色食品原料标准化生产基地建设的同时，各级绿色食品管理部门积极引导基地走出去展示自我，宣传广度和力度进一步加大，吸引了更多企业采购基地的绿色食品原料，通过展会的展示交流互动，有助于各省相关基地建设单位相互学习，有效地促进了基地健康发展。

二、基地建设产生了生态效益、经济效益

（一）基地建设优化了绿色产业的整体布局

江西省各级政府部门在指导各县全国绿色食品原料标准化生产基地创建过程中，坚持统筹发展、科学规划，结合各地的资源优势和区位优势，突出区域特色，引导地理位置邻近和产业环境条件相同的县域创建同一类型的基地，初步形成了水稻、油料、经济作物和果业类基地的区域化布局，基地生产的规模优势得到更为充分的体现。

（二）基地建设带动了绿色产业的发展，有效地促进了区域经济水平提升

绿色食品原料标准化生产基地的建设有效提高绿色食品原料生产各环节专业化、组织化服务水平，如安远、寻乌等基地县在创建基地后，当地脐橙产业从产前的良种繁育、挖穴栽植，到产中的栽培管理、施肥用药，再到产后的加工、销售等各环节都有了专业化公司为农户开展服务。这种服务打破原有生产模式和行政区域界限，使劳动、土地、资金、技术等生产要素得以优化配置。赣州的相关行业协会利用协会成员市场开拓能力强的优势，充分发挥协会外联市场、内联农户的桥梁纽带作用，让“赣南脐橙”等果品不仅走进了北京、上海、香港、澳门等地，还远销欧洲、东南亚等市场。形成了建设一个绿色食品基地、发展一个绿色产业、富裕一方百姓的良性互动局面，全国绿色食品原料标准化生产基地已经成为江西促进农业产业化水平提高、增强农产品竞争能力、实现农民收入增加的一个重要依托。

三、促进基地持续健康发展的思考

全国绿色食品原料标准化生产基地创建工作开展以来，江西的基地创建取

得了一些成绩，但与先进省份相比还有一定差距，存在着较大的发展潜力。同时，对绿色食品基地的开发利用还有待加强，相关绿色产业发展还需进一步强化。为了进一步做大做强做优江西绿色食品产业，必须创新工作思路，采取新的工作举措，努力做好以下几个方面的工作。

（一）把握当前机遇，推动基地的创建和发展

作为一个朝阳产业，绿色食品原料标准化生产基地的发展离不开各级政府和相关部门的支持。江西的绿色食品原料标准化生产基地建设要取得更快的发展，就要将基地创建与发展和国家绿色生态的发展战略结合起来，抓住当前江西省委、省政府落实总书记的相关指示，落实农业农村部的部署，大力推动创建全国绿色有机农产品示范基地试点省建设这一契机，加大对绿色食品原料标准化生产基地建设工作的宣传和推动，争取获得各级政府和各相关部门的持续关注和支持，争取更多的资金、项目等资源投向绿色食品产业，同时打好组合拳，将绿色食品原料标准化生产基地建设与农业示范区（基地）建设和农产品地理标志发展等项目有机结合起来，从而实现绿色食品原料标准化生产基地更快更好发展。

（二）整合资源，多渠道组织资金投入

绿色食品原料标准化生产基地的创建和日常运作涉及生产管理、农业投入品监管、技术服务、基础设施建设等诸多方面，需要的资金量是巨大的，仅仅依靠政府投入远远不够，否则会制约基地的健康发展。这需要整合相关资源，多渠道组织资金投入：一是积极争取国家、省农业综合开发、农业产业化、高标准农田建设等有关涉农资金向绿色产业倾斜，以项目的辐射带动作用，推进绿色食品原料标准化生产基地的创建和发展。二是发挥财政投入引导作用，带动社会资本特别是民间资本投入绿色食品原料标准化生产基地建设和开发，重点加强绿色食品深加工等项目的引进。通过招商引资，加大外来资金、技术、

设备及人才的引进，建设一批起点高、规模大、管理先进的绿色食品加工企业，提高产业化经营水平。三是加强与金融机构的联系与沟通，争取其对绿色食品产业的信贷支持，以解决产业发展的资金瓶颈问题。

（三）完善技术服务体系建设，加大科技培训力度

加强绿色食品原料标准化生产基地技术服务体系建设，完善技术服务制度，在依托农业技术推广机构开展基地日常技术服务工作的基础上，引导企业和社会团体参与基地的部分技术服务工作，形成有偿服务与无偿服务相结合的新型基地服务体系。同时，注意加大科技培训力度，建立健全稳定的科技培训投入机制，实现培训的经常化、制度化、多样化，加快科技推广普及。在重点培训绿色食品生产技术的同时，积极组织开展法律法规、环境生态保护意识及循环经济实用技术等的培训，切实提高绿色食品原料标准化生产基地农户的综合素质和科技文化知识，增强绿色食品原料标准化生产基地持续健康发展动力。

（四）综合开发利用基地资源，促进绿色产业的发展

支持有实力的绿色食品企业参与绿色食品原料标准化生产基地的建设和开发，提高终端产品的加工水平和转化效益。在带动基地农户致富的同时，引导基地充分开发利用自身资源，将绿色食品生产资料这一品牌优势转化为生产力，发展农家乐和特色旅游等第三产业。在增加农户收入的同时，推动对绿色食品的宣传，促进绿色食品产业的发展。

重视培训指导　加强技术支撑　扎实推进绿色食品基地建设

史宏伟

（吉林省绿色食品办公室）

吉林省的全国绿色食品原料标准化生产基地建设工作始于2006年。十几年来，在全省各级绿色食品工作机构共同努力下，认真贯彻落实《全国绿色食品原料标准化生产基地建设与管理办法（试行）》有关规定，扎实开展基地创建工作培训，深入基层开展基地创建申请程序和生产管理技术指导、落实基地监管相关措施，吉林省全国绿色食品原料标准化生产基地数量和面积稳步上升。截至2018年底，全省创建全国绿色食品原料标准化生产基地33个，创建全国绿色食品一二三产业融合发展示范园1个，全国有机农业示范基地1个，对推动吉林省农业生产标准化、农产品质量安全和农业绿色发展作出了积极贡献。概括起来，主要采取了如下措施。

一、领导高度重视，有力推动发展

吉林省的绿色食品原料标准化生产基地建设工作，得到了各级政府的高度重视，被作为推动农业绿色发展的重要举措，并被列入绩效考核指标。省级层面，“三品一标”产品认证数量和环境监测面积纳入省政府绩效考核目标，全国绿色食品原料标准化生产基地数量已列入“吉林省清洁土壤行动计划”考核指标，并正在研究将包括全国绿色食品原料标准化生产基地面积在内的“三品一标”产品生产面积与农业种植面积的占比列入县域经济发展考核指标之一。2018 年起，省农业农村厅设立农业质量年绿色发展专项资金，对“三品一标”产品认证和农产品质量安全追溯工作给予奖补扶持。市级层面，长春市把绿色食品原料标准化生产基地建设相关工作列为县级政府部门年度工作绩效考核指标。松原市出台《松原市培育和建设绿色农业基地方案》，提出创建 100 万亩以上的全国绿色食品原料标准化生产基地的工作目标，并给予政策扶持；四平市出台奖补措施，对绿色食品原料标准化生产基地创建给予资金扶持。各级领导和政府的高度重视，为绿色食品原料标准化生产基地建设工作提供了重要保障和有力支持。

二、广泛开展培训，提高企业能力

为提高绿色食品原料标准化生产基地建设单位的生产管理水平，吉林省每年都要举办全省绿色食品原料标准化生产基地建设培训班。通过培训，对本年度基地建设工作进行摸底和布置，同时对基地管理人员进行业务知识培训，提高管理能力和水平。2017 年 6 月，为及时贯彻落实《全国绿色食品原料标准化生产基地建设与管理办法（试行）》，在舒兰市举办了“吉林省全国绿色食品原料标准化生产基地培训班”。邀请省内外专家授课，对来自全省 9 个市（州）35 个县（市、区）的 130 多名绿色食品工作机构和基地管理机构人员进行了培训，得到较好的效果。为提高基地绿色食品转化率和生产主体管理能力，每年还要举办一期绿色食品检查员与内检员培训。

三、加强现场指导，提供全程服务

为提高绿色食品原料标准化生产基地创建效率和基地管理水平，吉林省绿色食品办公室多次深入一线进行现场指导。2018 年，对续报到期的 14 家绿色食品原料标准化生产基地建设单位，吉林省绿色食品办公室逐一开展现场调研，了解实际情况，为做好基地续报工作提供现场指导。为保障技术指导的质量、提高办事效率，吉林省绿色食品办公室 7 个业务科室分区负责全省 9 市(州)，有针对性地提供绿色食品产品申报和绿色食品基地创建技术指导，及时解决基地创建工作中遇到的困难和问题，深受各地欢迎，得到了较好的效果。

四、及时总结经验，加强技术支撑

在推进农产品质量安全认证和绿色食品原料标准化生产基地创建工作中，始终注意能力建设和经验总结，组织专业技术人员起草制定多项生产技术标准，包括《“三品一标”农产品档案管理规范》《绿色食品水稻生产技术规程》《绿色食品高粱生产技术规程》《绿色食品大豆生产技术规程》《绿色食品春小麦生产技术规程》等，对规范生产主体档案建立与管理、指导标准化生产提供了技术保障。

五、培植先进典型，加强示范引领

十几年来，在开展绿色食品原料标准化生产基地建设推广过程中，有意识地选取舒兰市作为基地建设的典型，组织其他基地建设单位到舒兰现场学习、交流，取得较好的示范效果。“舒兰经验”主要体现在六个方面。

（一）领导重视，工作体系完善

舒兰市政府高度重视绿色食品原料标准化生产基地建设工作，建立健全市、乡、村三级管理机构和管理队伍，核定专职人员管理，目标责任清晰。舒兰市绿色食品原料标准化生产基地管理办公室全面统筹基地创建与日常管理工作，任务层层分解，指标落实到人，有效地保证了绿色食品原料标准化生产基地管理工作实施到位。

（二）管理科学，标准统一

按照《全国绿色食品原料标准化生产基地建设与管理办法（试行）》细化了 15 项管理制度、3 项管理办法及 13 个技术性配套文件，科学有效地规范了绿色食品原料标准化生产基地建设的各项管理服务工作。总结推出了一套完整的基地档案管理模板，统一规定 9 套 147 项记录内容，并统一了各类监督检查记录表格式。在严格执行统一优良品种、统一生产操作规程、统一投入品供应和使用、统一田间管理、统一收获的“五统一”生产管理制度的前提下，对一些关键性技术及绿色防控技术进行统一实施。绿色食品原料标准化生产基地核心区实现了航化作业，基地良种普及率达到 100%，测土配方施肥率达到 100%，统防统治率达到 90% 以上。

（三）加强质量管理，狠抓技术服务

绿色食品原料标准化生产基地成立了 12 个乡镇级、139 个村级监管小组和技术服务队，设立 28 个农业投入品专供点。每年例行召开基地生产管理工作会，例行举办市乡村三级技术培训班、基地档案管理培训班、企业生产管理现场会。每年发放技术手册和田间管理记录本 4.5 万套。

（四）培育经营主体，提高绿色食品转化率

积极引导企业、合作社、家庭农场等农业经营主体参与绿色食品产业，做好绿色食品标志申请服务，使绿色食品原料标准化生产基地的资源得到了有效利用。目前已培育绿色食品生产主体 21 户，获证产品 70 个，与基地有效对接面积 20.38 万亩。

（五）加强产业宣传，营造发展氛围

在舒兰市内高速、国道和省道显要位置设立绿色食品原料标准化生产基地标识牌 7 处，绿色食品企业宣传牌 12 处。2017 年以来，利用省市县各级电视台和纸介传媒宣传报道 25 次，网络媒体宣传报道 36 次。从 2014 年开始，每年都在北京、上海、广州举办“舒兰大米”推介会，在中央电视台、国内各民航航站楼、高铁站投放“舒兰大米”宣传广告。

（六）加强政策扶持，助力产业发展

舒兰市在财力、物力和项目建设方面统筹安排，扶持绿色食品原料标准化生产基地建设，逐年加大投入力度。仅有机肥和病虫草害综合防治每年补贴额就在500万元以上，2017—2019年财政共列支基地管理经费191万元。

六、探索技术模式，助力提质增效

梨树县是国家重点商品粮基地县。玉米是该县的主要粮食作物，也是优势作物，2017年开始创建100万亩全国绿色食品原料（玉米）标准化生产基地。该县与中国科学院、中国农业大学联合研发的玉米秸秆覆盖全程机械化栽培技术可有效改善土壤的理化性状，增加土壤有机质的含量，还具有抗旱保墒、节本增效的作用，该技术被称为“梨树模式”。以此为基础，集成组装植保、农机、土肥等方面的绿色生产技术，形成一套完整的技术体系，在该县绿色食品原料标准化生产基地内推广，取得了较好的效果。在2018年大旱的情况下，采用“梨树模式”的地块苗情普遍优于常规种植的地块。

吉林省绿色食品原料标准化生产基地建设工作取得了些许成绩，但也存在着个别基地重建设轻管理、生产技术档案不健全、绿色食品转化率不高等问题。若想推动农业高质量发展，就要进一步加强基地管理指导，做好技术服务，放大基地的示范引领作用，推动绿色食品原料标准化生产基地建设和管理水平再上新台阶，为农业绿色发展作出应有的贡献。

辽宁省建设绿色食品原料标准化生产基地的问题与对策*

金　丹

（辽宁省现代农业生产基地建设工程中心）

为进一步加快绿色食品产业发展步伐，推动农业标准化进程，提高绿色食品品牌的信誉和市场竞争力，提高农业效率、农民收入和企业利润，2017 年农业部绿色食品管理办公室和中国绿色食品发展中心发布了《全国绿色食品原料标准化生产基地建设与管理办法（试行）》。几年来，辽宁省全面落实该“办法”有关规定，充分发挥优势农产品和资源环境优势，大力创建全国绿色食品原料标准化生产基地（以下简称基地）。截至 2019 年 12 月，全省已建成有效期内基地 15 个，总面积 193.4 万亩，产量 103.5 万吨，涉及农户数 260 825 户。许多县（市、区）正在积极筹备创建。

一、辽宁省现有基地工作情况

（一）抓好方案制订

根据《全国绿色食品原料标准化生产基地建设与管理办法（试行）》（农绿基地〔2017〕14 号）和绿色食品有关标准，明确任务，落实责任，制订了《辽宁省绿色食品原料标准化生产基地建设实施方案》，并分发到各市县。在方案中明确规定了工作目标、工作重点、工作措施、组织机构和责任，为创建工

* 本文原载于《绿色科技》2019 年第 5 期，140－141；本文略有改动，发表时篇名为《辽宁省全国绿色食品原料标准化基地建设问题与对策》。

作有序开展奠定了基础。

（二）抓好农业投入品管理

从确保农产品质量安全的角度出发，按照绿色食品生产标准制定并严格执行“基地投入品管理制度”。统一种子、肥料、农药、微肥和调节剂的主要管理工作。同时，工商、农业等相关行政执法部门定期检查农业投入品市场，严厉打击假种子、假肥料和假农药的销售。有效消除高毒、高残留农业投入品流入市场，从源头上确保基地的标准化生产和农产品的质量安全。

（三）抓好宣传培训工作

为提高基地生产者的科技水平和生产能力，有效运行基地的培训体系开展培训工作。利用有线电视、广播、信息平台等现有新闻媒体，开辟农业标准化栏目普及标准，宣传《中华人民共和国农产品质量安全法》等知识，在为农产品创造质量安全氛围及标准化生产环境方面发挥了宣传作用。除此之外，还定期对技术人员和种植者进行培训。

二、基地建设中存在的问题

（一）建管发展不平衡

个别县区存在重建轻管的思想，部分领导干部因目标绩效考核等因素盲目创建基地，创建完成后对基地的日常监管未引起足够重视。如近几年辽宁省对市县设立考核绿色食品原料标准化生产基地面积数，市县工作人员为完成任务指标大面积申请基地创建，然而有些基地环境状况、产品质量并未完全达到标准，这就给创建监管工作带来很大困扰，造成发展不平衡。

（二）基地的带动辐射作用不显著

从目前已创建完成的基地看，个别基地存在与龙头企业、绿色食品企业对接不善和辐射带动作用不强的问题。省内很多基地存在产品滞销情况，而全国很多需要购买基地产品的企业又不具有相关信息，造成基地未能发挥其应有的作用。

（三）缺少政策引导和财政扶持

在基地建设中，如果没有政策的支持和资金的投入，是很难成功的。辽宁省目前对申报创建基地缺少政策扶持，个别县区有创建的环境优势条件，但无法承担环境监测、产品检测、培训等费用，而不得不放弃申报。

三、对策建议

（一）突出建管并重

基地建设是一项综合性项目，工作范围广，任务繁重。确保基地质量，突出重点并注重实施至关重要。为此，应该着力在四个方面下功夫。

1. 抓标准化生产

在基地布局选择上，采用优良环境、集中连片、种植规模大的原则；组织农民生产时，要求每个家庭都有技术依据和生产者使用书籍，各基地要统一制定《绿色食品生产技术操作规程》。各基地在品种供应、水肥管理、病虫害防治、机械收获和产品销售等方面实施“五统一”生产管理模式，把标准化落实到生产的每个环节。

2. 抓投入品管理

在各地基地建设中，普遍推行农业投入体制，建立农业投入特殊点。各地也可以实施各种措施，如建立公告系统、进入系统和特殊供应系统，使用电视、广播和农业信息网等媒体定期发布基地生产允许使用的农药和其他植保产品清单，从源头上有效控制投入品的使用。例如，沈阳沈北新区建立了农业投入产品公告制度，调查了该区的农业资源市场，向全区发布了“沈北新区绿色食品原料（玉米）标准化生产基地农业投入品目录”。在农药、化肥的使用高峰期，区农业执法大队每周一次与区内农业资源市场的质量监督、工商、公安等部门核实，以确保从源头上治理，保证投入产品的质量和安全。设立监管员和举报制度，全区以村为单位设农业投入品使用监管员 200 余人，负责监督本村农户用药、用肥情况。同时建立举报制度，区主管部门设立两部举报电话，对被举报使用违规农药和化肥的生产商、经销商和农户，一经查实，坚决予以严惩，同时对举报人给予奖励。该区主管部门必须确保做到有案必接、接案必查、查案必严、违规必惩。实行农药、化肥经销商档案化管理，全面实施流向记录和使用跟踪制度。对经营限用的农药、化肥经销商做到购进有厂名，使用有姓名，一经发现超范围使用，除追究使用者责任外，还将处罚经销商，从源头上为“三品”生产创造良好的外部环境。对玉米防虫药剂定点销售，区内仅设两个销售点，每个乡镇仅设一个销售点，并实行严格的流向记录。

3. 抓追溯制度建设

各地应根据需要绘制基地分布图和具体地块分布图，并统一对这些图编号。在实施过程中，要求县、乡、村、户建立完善的生产管理制度、规范以及完整的农民生产档案。基地办公室将编制农民的田间生产管理记录卡，并指导农民及时记录。

4. 抓动态监管

从基地项目建立开始，基地创建监督工作就处于突出位置。在建设基地的过程中，应重点关注质量控制的全过程，掌握基地生产的正常运行，把握基地的整合和完善。基地县建立基地年检制度，每年组织各级管理人员，对基地企业和农民进行年度检查。多管齐下，加强对基地的监督，确保基地高质量运作。

（二）加强与龙头企业和绿色食品企业联系的基地生产

基地建设是绿色食品产业发展的基础性工作，省市县各级工作机构应多多沟通，加强基地生产与龙头企业、绿色食品企业对接。要在基地建设中发挥主导作用，基地可为加工企业提供稳固优质的原料，与基地相关的龙头企业也可以逐步申请使用绿色食品标志的权利。

（三）积极主动宣传，争取财政扶持

为了尽快推动全省的基地创建工作，争取各方更多的关注和支持，应围绕“建立规范的基地是保证农产品质量安全的基础性工作，是实现生产标准化、规模化、产业化的主要措施”这个主题，采用多种方法，积极开展宣传工作。支持鼓励地方政府开展创建活动，并通过全国绿色食品原料标准化生产基地的验收，争取省级财政支持。

黑龙江垦区绿色食品原料标准化生产基地建设问题与思考

王　颖

（黑龙江省农垦绿色食品办公室）

中国绿色食品发展中心自2005年启动绿色食品原料标准化生产基地建设工作以来，黑龙江垦区高度重视，认真贯彻基地建设技术规范，积极组织企业申报，强化基地检查验收，基地建设数量和质量不断提高。截至2019年底，绿色食品原料标准化生产基地总数51个，总规模1 015万亩，总产量503万吨。为绿色食品企业生产提供了安全、优质、稳定的原料，为黑龙江垦区实施"绿色智慧厨房"建设作出了贡献。

一、主要做法和取得的成效

（一）加强基地建设的组织领导

农垦总局、管理局、农场三个层面都成立了绿色食品原料标准化生产基地建设领导小组，主要领导亲自挂帅，绿色食品办公室等相关部门作为成员单位，负责基地建设的全面领导。各管理局和农场

都成立了专门管理办公室，专职、兼职人员数量逐步增加，业务素质已能满足基地建设的需求。各管理局和农场高度重视绿色食品原料标准化生产基地建设工作，将基地建设纳入本地经济发展规划和年度工作目标，实现了绿色食品原料标准化生产基地建设与农业标准化、农业产业化、农产品优势区域布局、农产品质量安全管理和生态环境建设等工作及项目有机结合，为基地建设工作的全面开展提供了可靠保障。

（二）加强农业生产全过程管理

各管理局制定并下发了统一的《绿色食品生产技术规程》，各基地农场结合实际情况均制定了《基地管理办法》《基地生产管理制度》《基地环境保护制度》，建立了统一的管理体系、三级技术管理簿册以及规范齐全的农户档案，为绿色食品原料标准化生产基地规范化生产奠定了基础；推进“双控一服务”管理制度，加大了管控农业投入品质量的力度，由农场统一供应种子、化肥、农药，从生产源头上进行控制。各基地农场都采取集中采购、定向采购、主渠道供应的办法保证投入品的质量，这对规范投入品的使用起到了重要作用；绿色食品原料标准化生产基地生产种植由农场统筹管理，采取统一轮作、统一技术标准、统一供应生产资料、统一大机械作业、统一销售产品等办法，实现了产前、产中、产后的全过程管理，产品品质得到了保障。

（三）强化科技在基地建设中的作用

结合垦区农业生产特点制定植保措施，农垦总局每年下发的《植保技术手册》明确了各作物的推荐使用农药配方及用量，以保证病虫害绿色防控技术的100%应用；农场成立了生产科—管理区农业助理—居民组农业技术员的三级技术服务网络，设技术指导热线电话，工作人员在绿色食品生产关键环节24小时值班，保证种植户按生产操作规程生产；依托北大荒种业集团、华疆

种业等科研力量，建立水稻、大豆、小麦良种繁育基地，引进优良品种，提高绿色食品原料标准化生产基地科技含量；每年都邀请中国绿色食品发展中心专家到垦区授课，传授绿色食品知识及技术要求，通过基层干部动员会、广播电视、新媒体、入户指导等多种形式，推广普及好经验、好做法。每年开展生产技术培训900多期，培训人数达5万余人次，确保了种植户科学种田水平不断提升。

（四）推进基地与产业化企业融合发展

实现绿色食品原料标准化生产基地与龙头企业对接，解决种植户后顾之忧，同时为绿色食品生产企业提供了长期稳定的可靠原料。北安管理局12个绿色食品原料（大豆）标准化生产基地多年一直为九三粮油工业集团提供优质大豆。一级大豆油和大豆色拉油获得绿色食品标志使用权，连续三次荣获中国农业博览会名牌产品称号；牡丹江管理局绿色食品原料标准化生产基地产业化经营以“龙头企业+技术部门+基地+农户”为模式，先订单后生产，做到了技术有保障、企业有原料，拓宽了流通渠道，延伸了基地产业化生产链条。7个基地的9个重点加工企业，创建国家级名牌农产品1个，省级名牌农产品1个，中国最具影响力品牌1个，省知名品牌产品4个，带动农户6 500户，促农增收1 200万元。

（五）调动农场申报创建的积极性

2017年底，农垦总局出台了《黑龙江省垦区农产品认证奖励暂行办法》，其中规定：“每新建设1个全国绿色食品原料标准化生产基地奖励4万元，每续报1个全国绿色食品原料标准化生产基地奖励2万元；每新获批或续展1个绿色食品产品奖励1.5万元，每个企业奖励累计不超过4万元。”通过奖励，促进和调动了农场申报创建的积极性，取得了较好效果。

二、问题与思考

黑龙江垦区从2007年首次申报，累计创建全国绿色食品原料标准化生产基地62个，基地总面积1 586.3万亩。但2019年底，基地总数降至51个，基地总面积1 015万亩。

（一）基地减少的主要原因

1. 部分基地放弃建设申请

2017 年《全国绿色食品原料标准化生产基地建设与管理办法（试行）》出台后，黑龙江垦区因为种植结构调整，个别作物种植面积达不到建设最低要求的基地提出放弃建设的申请。

2. 绿色食品原料标准化生产基地资金投入不足

由于垦区项目资金有限，各基地建设单位申请立项很困难，除了个别效益比较好的管理局每年能拿出小部分资金扶持辖区内的基地外，大部分管理局没有资金投入。

3. 绿色食品续报率下滑导致绿色食品原料标准化生产基地产品与绿色食品加工企业对接率下降

黑龙江垦区获证的绿色食品原料标准化生产基地大多生产水稻、玉米、大豆等大田作物，近些年受“稻强米弱”的影响，一些小型大米加工企业纷纷倒闭，玉米深加工企业也几乎全部转产，致使基地的玉米只能作为饲料销售，均降低了基地建设单位与绿色食品企业的对接率，影响了职工收入，使基地建设受到了很大冲击。

（二）对绿色食品原料标准化生产基地建设的思考和建议

目前黑龙江垦区正以习近平总书记的重要讲话和指示精神为指导，积极稳妥地推进垦区集团化、农场企业化改革，着力建设现代农业大基地、大企业、大产业，打造北大荒“绿色智慧厨房”，努力形成农业领域航母和新型国际粮商。

1. 基地建设要与垦区发展战略相适应

黑龙江垦区是国有农业经济的骨干和代表，是推进中国特色新型农业现代化的重要力量。为国家战略而生，与国家发展同步，是保障国家粮食安全的“国家队”和“压舱石”。以大基地、大企业、大产业作为支撑战略，以推进“绿色智慧厨房”建设为统领，以安全、生态、绿色、可追溯为标志，提供从田园到餐桌全产业链的绿色安全农产品，让“中国饭碗”装上质量最优、绿色安全、价格合理的“中国粮食”。

“绿色智慧厨房”基础材料是绿色食品，这为绿色食品原料标准化生产基地建设提供了广阔空间。黑龙江垦区在推进“绿色智慧厨房”工作中，要把绿色食品原料标准化生产基地建设纳入总体规划，作为整体推进的重要组成部分；要加大政策支持力度，从基地建设立项申报、资金、技术、人才多方面予以倾斜，扶持基地农场增加品种、扩大面积、提高产量、保证质量，水稻、大豆、玉米等主要农作物绿色食品原料标准化生产基地应占播种面积的2/3以上，才能满足“绿色智慧厨房”发展的需要，才能满足人们对绿色、放心食品的渴望和需求；打造一批“绿色智慧厨房”专属基地，实现产品订制化、可量化、绿色安全、全程可追溯，满足个性化、高端化需求。

2. 与产业化龙头企业发展相融合

作为中国农业现代化的领跑者，黑龙江垦区形成了组织化程度高、规模化特征突出、产业体系健全的独特优势，拥有九三粮油工业集团、完达山乳业集团等54家国家级和省级农业产业化龙头企业，规模和实力均居全国同行业领先地位。绿色食品原料标准化生产基地建设要与产业化龙头企业发展相融合，推进专业公司与基地之间形成以资本为纽带的母子公司体制，构建“产业公司+农场基地”的新模式，明确企业、农场、农户之间关系，真正形成利益联合体，充分调动三者的积极性，切实让企业、农场增效益，职工增收入，实现由“种得好”向“卖得好”转变；要充分发挥产业化龙头企业优势，构建种植、仓储、加工、销售于一体的生产经营模式，增强抵御市场、价格风险的能力，充分发挥绿色食品原料标准化生产基地

优势和产业优势，释放全产业链新动能，实现产业化龙头企业和基地共同高质量发展目标。

3. 以制度规范提升建设质量

经过十几年努力，黑龙江垦区绿色食品原料标准化生产基地建设工作已经步入规范化轨道，建设质量逐步提高。但从企业的长远发展和人民群众的需求来看，还需要进一步完善相关制度，提升基地建设水平，保障基地产品的质量安全。黑龙江垦区实施的“双控一服务”战略，就是要打破传统的生产资料供应方式、农产品销售方式和农业生产服务方式，发挥农场“统”和“控”的功能。在生产端控制种子、化肥、农药等生产资料采购渠道，不仅可以提高产品议价权，采购到优质价廉、符合绿色食品原料标准化生产基地使用标准的农业生产投入品，还可以降低采购成本和农户的生产成本，实现整体的节本增效，最关键的是从源头上控制了化肥、农药品种，从而在最基础的环节保障了基地建设质量；要进一步完善《垦区绿色食品有机食品基地建设管理办法》等政策规定，规范生产链全过程，建立环境有监测、生产有标准、操作有规程、产品有检测、应急有预案、品牌有诚信的农产品质量安全体系，实现绿色食品生产、管理全覆盖。黑龙江垦区要加快建立三级基地建设队伍，充实专职、兼职专业技术人员，要在学历、专业等方面提出要求，鼓励农业专业的复合型人才从事绿色食品原料标准化生产基地建设工作；要加强业务培训，特别是要突出实地培训工作，不断提升专职、兼职人员的专业和管理水平，提升他们的实际操作能力。

突出特色　融合共创
务实推进绿色食品原料标准化生产基地建设

郑永利　樊纪亮

（浙江省农产品质量安全中心）

浙江是习近平总书记“两山”理念的发源地，绿水青山是浙江的底色，具有发展绿色食品的先天条件。近年来，浙江省自觉践行“绿水青山就是金山银山”理念，积极创造条件，主动争取支持，扎实推动全国绿色食品原料标准化生产基地创建，取得了一定成效。截至 2019 年底，全省共建成安吉白茶、松阳茶叶、仙居杨梅和水稻、奉化雷笋 5 个全国绿色食品原料标准化生产基地，余杭径山茶、建德苞茶、兰溪杨梅正在积极申报创建全国绿色食品原料标准化生产基地，基地总面积将达到 56.61 万亩。通过实施基地创建，带来了显著的经济效益和社会效益。例如，安吉县创建全国绿色食品原料（茶叶）标准化生产基地，2019 年示范带动规模主体 62 家从事绿色食品生产，占全县白茶生产企业总数的 56%，安吉白茶品牌价值达到 40.92 亿元。在看到成绩的同时，也清醒地认识到了工作中存在的一些短板，特别是前期发展基础薄弱、系统规划不够、基地数量不多、总体规模偏小等。

下一步，浙江省将紧紧围绕习近平总书记对浙江赋予的“努力成为新时代全面展示中国特色社会主义制度优越性的重要窗口”的新目标、新定位，深入贯彻新时代浙江“三农”工作“369”行动部署，坚持“一标一品一产业”融合发展，系统谋划、科学布局、创新创业，组织实施绿色食品原料标准化生产基地建设三年行动，力争到2022年创建全国绿色食品原料标准化生产基地50个，不断增加绿色优质农产品供给，助力乡村振兴和农业绿色发展。

一、在产品选择上，更加突出优势特色产业

浙江省内山地和丘陵占70.4%，平原和盆地占23.2%，河流和湖泊占6.4%，耕地面积仅208.17万公顷，“七山一水二分田”的浙江大地孕育了丰富的特色优势农产品，主要有包括蔬菜、茶叶、果品、畜牧、水产养殖、竹木、花卉苗木、蚕桑、食用菌、中药材在内的十大农业主导产业。根据全国绿色食品原料标准化生产基地创建要求，创建工作主要在种植业。为此，应结合浙江省实际，坚持目标和结果导向，立足市场需求、资源禀赋、生态条件和现有基础，遴选种植业中优势农产品组织开展全国绿色食品原料标准化生产基地建设，着力提升区域特色农产品生产基地规模化、标准化、产业化生产水平，打造标准化的“原料车间”。一要更加注重产品特色，优先选择具有地方特色、历史文化传承的区域优势特色农产品，特别是已实施农产品地理标志登记保护的产品；二要更加注重产业基础，特色产业基础较好，种植规模较大，有较强的加工转化能力和较大发展潜力；三要更加注重主体培育，使产业经营主体活跃，区域内应有一家以上获得绿色食品认定的省级以上产业化龙头企业以及较多规模农业经营主体深度参与的区域优势特色农产品，如茶叶、杨梅、柑橘、葡萄等。

二、在创建方式上，更加注重融合共建共创

浙江省2018年启动省级精品绿色农产品基地创建，以区域特色农产品为重点，整县制实施省级精品绿色农产品基地创建，推动绿色食品集群化发展，目前全省已创建35个省级基地。同时，2019年起农业农村部实施国家地理标志农产品保护工程创建，更是成为推动区域特色产业发展、实现乡村产业振兴的重要载体。无论是省级精品基地，还是国家地理标志农产品保护工程，均能与全国绿色食品原料标准化生产基地创建的目标和路径上实现互联互通。

（一）基地创建上进一步融合

坚持以省级精品绿色农产品基地和地理标志农产品保护工程实施县（市、区）为基础，择优实施全国绿色食品原料标准化生产基地和全国绿色食品一二三产业融合发展园区同步创建。

（二）品质要求上进一步拉高

全国绿色食品原料标准化生产基地要求对接企业获得绿色食品证书产品产量所对应的原料量和覆盖面积不得低于基地总产量和总面积的30%。为此，在省级精品绿色农产品基地和地理标志农产品保护工程中，设置了规模生产主体绿色食品认定率80%以上，绿色食品监测面积占当地特色产业总面积的30%以上的要求，以保障绿色食品原料标准化生产基地创建目标实现。

（三）建设标准上进一步统一

注重创建标准统一性，纳入基地创建的县（市、区）整县制全产业推行应用绿色食品标准，加强绿色食品生产资料使用，倡导绿色生产理念，引领产业绿色发展。

（四）质量管控上进一步提升

依托省级精品绿色农产品基地项目资金，注重各类检测结果共享，实施产地环境统一检测，强化投入品使用监管，加强省级绿色食品产品质量抽检，开展绿色食品生产技术培训，确保纳入绿色食品原料标准化生产基地创建的产品安全优质。

三、在管理机制上，更加注重构建长效机制

聚焦激发绿色食品原料标准化生产基地创建县（市、区）的积极性和主动性，着力构建完善的全国绿色食品原料标准化生产基地长效管理机制。

（一）进一步加大要素集聚

资金上积极争取省级财政支农资金给予支持，以财政补助资金为杠杆撬动地方配套资金、社会资本以及金融资本多方共同投入，集聚资源、聚焦重点，合力打造绿色食品原料标准化生产基地。

（二）进一步强化技术保障

浙江省绿办牵头组织绿色优质农产品发展专家智库，并建立专家连基地制度，结合在建绿色食品原料标准化生产基地产业发展实际，邀请相关领域内专家开展结对帮扶，强化专业技术指导培训，培养一批当地技术骨干，破解绿色食品生产过程中的技术难题。

（三）进一步推进体制机制创新

进一步完善《浙江省精品绿色农产品基地创建办法》，构建项目绩效评价管理办法，省级精品绿色农产品基地以及地理标志农产品保护工程的项目资金支持的县（市、区），由市级农业农村局组织考核验收，浙江省绿办随机抽查，并鼓励有条件的同步开展全国绿色食品原料标准化生产基地创建。同时，优先推荐全国绿色食品原料标准化生产基地创建的产品参加中国绿色食品博览会、中国国际农产品交易会、浙江农业博览会等展示展销活动。

四、在创建成效上，更加凸显产业整体提升

开展全国绿色食品原料标准化生产基地创建，重在提升产业整体发展水平。

（一）突出特色农产品优质化提升

加强绿色食品原料标准化生产基地创建县（市、区）区域特色农产品绿色食品生产技术标准研究。选择杨梅、茶叶等区域特色优势农产品，开展区域性绿色食品生产技术操作规程制修订，积极开展绿色食品生产资料和绿色防控技术试验示范，全面推广绿色食品生产标准，着力提升产业标准化生产水平。

（二）注重原料转化延长产业链条

着力培育区域内产业化龙头企业主体，鼓励支持开展产品深加工技术研究，积极向二、三产业拓展，并引导企业实施绿色食品认定，建立健全“基地＋企业＋农户”生产经营模式，完善利益联结机制，有效对接绿色食品原料生产主体，强化产销对接能力，引领带动特色农产品产业。

（三）注重品牌赋能提升市场认同

发挥国家公用品牌优势推动全省绿色优质农产品发展。“全国绿色食品原料标准化生产基地”称号是国字号荣誉，可以在产品销售宣传推广过程中标注“全国绿色食品原料标准化生产基地”字样，提升原料产品品质形象，与农产品地理标志、绿色食品产品一起用好浙江精品绿色农产品微信公众号、浙江公共新闻频道《翠花牵线》栏目等宣传平台，切实增强产业市场竞争力和品牌影响力。

浅谈安徽省全国绿色食品原料标准化生产基地建设

谢陈国

（安徽省绿色食品管理办公室）

安徽地处中国华东腹地，近海邻江，区位优势明显，农业资源丰富，农产品比重大，是典型的农业大省。全省土地面积 13.96 万平方千米，其中耕地8 800万亩、林地 5 600 万亩、养殖水面 870 万亩。常年农作物种植面积超过 1.3 亿亩，其中粮食产量居全国第六至八位，油料产量居全国第六位，淡水水产品产量居内陆省份第四位，具备开展绿色食品原料标准化生产基地建设的良好资源条件。从 2005 年底开始，安徽省开始启动全国绿色食品原料标准化生产基地建设工作。截至 2019 年底，安徽省 41 县（市、区）创建全国绿色食品原料标准化生产基地 49 个，面积 879.9 万亩，原料产量 418 万吨，涉及水稻、小麦、茶叶、油菜、大豆、水果、花生、山核桃、毛竹笋等 10 余种区域优势农产品，与基地对接企业达 163 家，带动农户 252 万户，每年带动农民增收 1.2 亿元以上。

一、基地建设取得的主要成效

通过多年的努力和探索，安徽省在绿色食品原料标准化生产基地建设和管理中，逐步健全工作机构，建立工作制度，创新工作方法，绿色食品原料标准化生产基地创建工作取得了较为明显的成效。

（一）总结出绿色食品原料标准化生产基地建设管理模式并获得省级科技成果奖

2006 年开始，在中国绿色食品发展中心的组织和支持下，安徽省组织有关专家，结合安徽基地建设实践，开展了绿色食品原料标准化生产基地建设相关课题研究，对安徽省绿色食品原料标准化生产基地建设背景、基本特点、运行机制，与其他农业示范园、现代农业示范区的比较分析以及政府相关职能部门的作用等进行了探讨和分析。研究并总结出绿色食品原料标准化生产基地的建设管理模式，并将其总结概括为政府主导、标准适用、产销结合、规范管理，2010 年该模式获得省级科技成果奖。

（二）研制了绿色食品原料标准化生产基地管理准则并组织实施

2007 年以来，安徽省结合基地创建管理实践，开展了“绿色食品原料标准化生产基地管理准则”研制工作。在研究吸收体系认证及产品认证要求、基地建设规范、作物栽培技术、组织管理制度等核心内容的基础上，先后编制了安徽省绿色食品原料标准化水稻、小麦、茶叶、油菜、大豆、玉米 6 个生产基地管理准则，经审定成为地方标准，已由原安徽省质量技术监督局发布实施。

（三）探索了绿色食品原料标准化生产基地质量追溯体系

为进一步提升全省绿色食品原料标准化生产基地建设水平，提高基地产品公信力，做到基地监管工作的制度化、规范化、可操作和产品质量全程动态化管理，从 2008 年开始，安徽省依据农业部农垦系统产品质量追溯体系建设管理办法，借助其产品质量追溯查询平台，依托基地的农户情况、田块编码、生产管理等大量基础数据，在全省试点开展绿色食品原料标准化生产基地产品质量追溯体系建设。通过对产品生产过程、种植品种、投入品管理使用、生产技术规范、病虫害防治、收购等全程质量控制措施建立电子信息档案，初步实现以生产为基础，以产品为索引，从产地环境、生产过程、产品检测、包装标识等关键环节面向消费者的质量可追溯查询，并使之成为绿色食品全程质量控制的有效途径。追溯产品包括水稻、小麦、茶叶等，追溯面积 4 万亩，辐射带动蔬菜、水果产品开展质量追溯工作。

（四）推动了全省绿色食品产业发展

绿色食品原料标准化生产基地总量规模的不断增长，为企业提供了丰富的优质绿色食品原料，有力促进了安徽省绿色食品产业发展。开展绿色食品原料标准化生产基地建设以来，全省绿色食品企业总数从 2005 年的 176 家 273 个产品，发展到 2019 年的1 501家 3 355 个产品，年均增长率达到 14%和 16%，绿色食品获证总数处于全国领先位次。

（五）取得了显著的经济、社会、生态效益

通过实施标准化生产、产业化经营，实行基地原料订单生产，据统计，绿色食品原料标准化生产基地内亩均增收 150 元，252 万农户户均增收 500 元以上，有力地促进了农民增收。通过建立“公司 + 基地 + 农户”的模式，安徽省 46 个绿色食品原料标准化生产基地对接企业 163 家，其中，国家级产业化龙头企业 7 家，省级产业化龙头企业 78 家，基地与绿色食品生产企业对接率达到 90% 以上。基地建设按照绿色食品技术标准，落实了“五统一”生产管理制度和技术措施，严格执行绿色食品农药、肥料使用准则，实现了产地环境、生产过程、投入品使用、产品质量的有效监管，切实改善了农业生态环境，实现了农业可持续发展。

二、基地监督管理主要措施

（一）强化宣传发动，争取项目支持

绿色食品原料标准化生产基地建设是一项系统工程，需要多部门配合、多部门支持。安徽省采取拍摄专题片，利用新闻媒体、广播报纸、提案等进行广泛宣传发动。在安徽省政协的重视和支持下，2007 年以省政协主席 1 号督办件形式，争取省财政资金 220 万元，设立了“安徽省绿色食品原料标准化生产基地建设”项目，并纳入财政预算，采取“以奖代补”形式，扶持绿色食品原料标准化生产基地建设，资金主要用于基地创建、标准体系建设、技术培训以及基地监督管理工作等。2016 年起，该项目资金增加到 670 万元，同时绿色食品产业发展被纳入民生工程项目建设内容。为做好绿色食品原料标准化生产基地建设与管理，全省各地都加大了政策、资金扶持力度，如舒城县、黟县等政府出台政策，从资金、税收、新产品开发等方面加大了对接企业扶持力度。据统计，各地在基地建设管理中，直接投入基地建设管理资金 8 000 多万元，有力促进了绿色食品原料标准化生产基地的健康发展。

（二）强化计划管理，提早安排部署

绿色食品原料标准化生产基地监管工作内容多、涉及面广，强有力的组织领导和提早安排部署是基地有效监管的关键。为确保基地监督管理有序开展，安徽省在每年年初制订的绿色食品产业监管工作要点中，将全国绿色食品原料标准化生产基地监管作为重要内容，及时安排当年基地创建、验收、监督管理和续展等工作，并要求基地各建设单位提前安排部署，有计划、有目的地开展基地建设与管理。目前，全省绿色食品原料标准化生产基地续报率、年检率达 100%。

（三）强化现场检查，落实目标责任

安徽省在组织开展绿色食品原料标准化生产基地监管工作中，将基地年度现场检查工作安排各市级绿色食品办公室实施。各地绿色食品工作机构严格执行《全国绿色食品原料标准化生产基地监督管理办法》和安徽省实施办法，将建设管理工作纳入各基地乡镇和县级有关部门年度综合考核内容，签订目标责

任书，强化管理责任。在绿色食品原料标准化生产基地例行检查工作中，认真查阅基地组织管理、生产管理、农业投入品管理、技术服务、监督管理、基础设施及环境保护、产业化经营等七大体系建立的相关制度，重点检查基地产地环境、农业投入品、生产记录、质量控制体系、宣传培训、产业化经营等，注重解决实际问题，并全程跟踪记录，做好现场检查报告撰写，确保现场检查取得实际成效。

（四）强化技术培训，严格质量标准

结合现代农业基地建设、农产品质量安全、品牌农业建设，加大了对绿色食品原料标准化生产基地管理人员、基地农户的培训力度。一是连续多年开展绿色食品检查员、标志监管员培训。截至 2020 年，安徽省持证上岗绿色食品检查员达 187 人，监管员达 106 人，做到了每个绿色食品原料标准化生产基地至少配备 1 名绿色食品检查员和标志监管员，为基地监管工作的顺利开展提供了保障。二是各市县（市、区）开展绿色食品原料标准化生产基地开展培训。据统计，每年培训乡（镇）村、村民组基地管理人员4 000人次以上，乡（镇）村、民组管理人员培训农户 180 万人次以上，做到了每个农户有 1 名基本懂得绿色食品生产的明白人。三是通过培训，基地管理者具备了绿色食品生产管理的相关知识，形成了“严格质量标准作为基地监管核心”的观念。坚持生产操作规程、生产技术手册、农事田间记录、档案资料统一印刷发放，坚持投入品统一采购供应等“五统一”，确保绿色食品原料标准化生产基地建设管理规范化、标准化。

三、进一步推进发展的建议和措施

近年来，安徽省绿色食品原料标准化生产基地建设管理工作取得了一些成绩，但还存在不少问题。主要表现在：基地内少数农户标准化生产意识不强，存在投入品使用档案管理记录不完整、不规范等情况，给基地产品质量安全带来隐患；“重创建、轻管理”现象仍然存在，基地监督管理工作任务重、环节多、周期长，缺乏基地管理及运行的有效机制；市县级绿色食品管理机构工作力量薄弱，人员队伍不够稳定，管理手段相对落后，不能满足正常基地监管工作需要，导致许多基地日常监管工作无法正常开展。为此建议：结合农产品质量安全追溯体系建设，严格落实绿色食品原料标准化生产基地建设各项标准化生产要求，将农业标准化技术、质量安全可追溯化记录真正落实到农户和基地产品；探索绿色食品原料标准化生产基地建设监管工作新机制，将绿色食品原料标准化生产基地纳入产业监管内容，与绿色食品产业监管一起部署、一道落实，形成产业监管合力；制订绿色食品原料标准化生产基地管理人员培训计划，或在全国“两员”（绿色食品检查员、标志监管员培训班）培训班中增加基地建设管理内容，推动落实基地建设管理人员专业化。

因地制宜发展　品牌建设推进
打造福建特色的绿色食品原料标准化生产基地

陈　媛　郑歌忱　曾晓勇

（福建省绿色食品发展中心）

福建省地处我国东南沿海，境内多山，丘陵起伏，素有“八山一水一分田”之称。全省山地丘陵面积有1000万公顷左右，约占土地总面积的85%。现有的茶、果等多年生作物，绝大部分分布于山地丘陵。农业用地特别是耕地占比小，仅占总土地面积的10.64%，而且沿海地区耕地甚缺，后备资源有限，宜农荒地和滩涂可开垦为耕地的潜力也不大，使得农业生产发展受到一定限制。自2006年启动全国绿色食品原料标准化生产基地建设工作以来，福建省根据自然资源特点因地制宜，挖掘山地丘陵特色产品，主推“福茶”和“福果”这两张金字招牌，创建具有鲜明福建特色的全国绿色食品原料标准化生产基地。福安市人民政府创建了首批全国绿色食品原料（茶叶）标准化生产基地，截至2019年底，全省14县（市）创建全国绿色食品原料标准化生产基地15个，总面积126.57万亩，涉及茶叶、柑橘、枇杷、竹笋、橄榄、甘薯、平和琯溪蜜柚、李果和水稻9个区域优势农产品和特色产品，具体建设情况见下图。

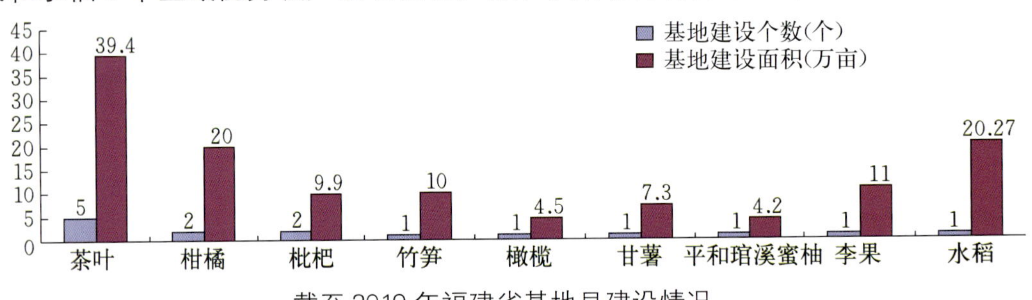

截至2019年福建省基地县建设情况

一、基地建设取得的主要成效

（一）提高农业标准化水平

通过绿色食品原料标准化生产基地建设，贯彻绿色发展理念，严格执行绿色食品标准化生产，建立七大管理体系，落实统一的绿色食品生产规程和规范化管理，提高了农业标准化生产水平。通过推行绿色食品标准化生产与全程质量控制制度，促进了农业生产方式的转变，实现了基地环境、生产管理、投入品管理、技术服务、基础设施和环境保护以及企业对接的有效监督和管理。深入实施茶产业绿色发展、化肥和农药减量化、畜禽粪污资源化利用等四大专项行动，有机肥替代化肥行动。提升农作物病虫害绿色防控，降低农药使用量，加大有机肥推广力度，促进农业可持续发展，绿色食品原料标准化生产基地已成为福建省农业新技术推广应用的平台。

（二）推动全省绿色食品产业发展

据统计，近年福建省有 100 多家绿色食品原料标准化生产基地内的对接企业已经申报或正在准备申报绿色食品标志。浦城县在创建全国绿色食品原料（水稻）标准化生产基地前，大米的绿色食品生产企业仅 1 家。南平市和浦城县绿色食品办公室积极指导对接，以创建 20.27 万亩绿色食品原料（水稻）标准化生产基地为契机，引导企业与基地对接申报绿色食品标志。到 2019 年验收时，大米绿色食品企业发展到 6 家，其中龙头企业 2 家，产量达到 24 932.91 吨。通过建设全国绿色食品原料标准化生产基地，一方面为企业提供了稳定优质的绿色食品原料，提高了企业产品质量和效益；另一方面，通过实施绿色食品标准化生产，建立了绿色食品生产意识和品牌意识，提高了基地对接企业申报绿色食品标志的积极性，有力推动了福建省绿色食品产业发展。

（三）推进产业化、规模化发展

在绿色食品原料标准化生产基地建设过程中，地方政府充分发挥了组织推动作用，调动龙头企业的积极性，带动基地农户发展，形成地方政府推动、龙头企业带动、基地农户参与标准化生产的合力。在推动农业产业融合发展的新形势下，福建省在漳平市永福台湾农民创业园试点高山茶地理标志登记保护+绿色食品基地+绿色食品整体申报发展模式，推动18家对接企业申报绿色食品标志。漳平市以优势产业茶叶为主导，依托特色樱花茶园，规模化推进茶产业，壮大产业规模，延长产业链条，推动了一二三产业融合发展。

（四）提高品牌影响力

品牌是农产品的核心竞争力，质量安全是维护品牌的基础。落实基地绿色食品标准化生产管理，通过标准化提高产品的质量，增强基地产品的竞争力，实现了“质量、品牌、效益”的良性发展机制。目前，福建省绿色食品原料标准化生产基地对接绿色食品企业61家，其中，15%是省级龙头企业，21%是地市县级龙头企业。自2017年开展福建省著名农业品牌评选认定工作后至2019年底，先后有4个绿色食品原料标准化生产基地的产品入选年度十大福建农产品区域公用品牌，7家对接企业的产品入选年度福建名牌农产品，充分体现了标准化生产和绿色食品品牌的价值。

二、基地管理采取的措施

（一）强化管理，落实主体责任

福建省把抓好绿色食品原料标准化生产基地建设作为发展“两品一标”的重要抓手，纳入省农业农村厅对各区市、各县（市、区）绩效考评项目内容。引起地方人民政府对绿色食品原料标准化生产基地建设的高度重视，提高了县人民政府主体责任意识，把绿色食品原料标准化生产基地建设纳入县（市、区）农业农村经济发展全局，有力地促进了长期存在不能解决的体系问题、队伍问题、资金问题，工作变被动为主动。按照政府主导、标准适用、产销结合、规范管理的基地管理模式，县人民政府发挥了基地建设中的组织推动作用，成立了专门的基地技术服务体系，指导企业和农户严格按照绿色食品标准和操作规程生产经营，形成了一套从上至下完整的组织体系。地方政府、企业和基地农户全部参与到基地的生产管理中，明确职责分工，压紧、压实各级人员的责任，有效地促进基地建设各项工作有人抓、有人管，真正地落到实处。浦城县为创建“浦城大米”品牌，做好全国绿色食品原料（水稻）标准化生产基地建设，县政府为基地管理办公室配3名工作人员，专司基地管理和品牌创建工作。

（二）强化监管，把好产品质量关

为解决基地建设中存在的“重创建，轻监管”问题，福建省创新监管机制，强化过程监管、抽检监管，贯彻监督就是服务的理念，着力全面提升质量安全水平。将全国绿色食品原料标准化生产基地作为每年监督管理的重要内容，年初制订全省基地年检、监督抽检的监管工作计划。加强了监督管理体系，建立基地年检档案，将监督抽检纳入全省例行监测范围，并且要求基地内的生产主体全部入驻省级农产品质量安全追溯监管信息平台，全面推行食用农产品合格证与一品一码追溯并行制度，有力推进基地监督工作。

（三）强化培训，提升技术服务

加强培训，提高绿色食品原料标准化生产基地管理人员和基地农户的管理水平和安全生产意识。每年争取省厅职能部门支持，开展全省绿色食品检查员业务培训班和绿色食品内检员培训班，将有机绿色农业培训与高素质农民培训结合起来，为企业免费培训技术管理人员，考试合格的颁发有机食品内检员或绿色食品内检员资格证书，深受企业欢迎。对正在筹备创建的基地进行培训和引导，组织专家对安溪县和福鼎市这两个正在筹备创建全国绿色食品原料（茶叶）标准化生产基地的业务骨干、乡镇分管领导、种植农户以及加工生产企业内检员开展专题培训，引导成立绿色食品茶叶生产技术指导小组，做好茶叶生产种植技术服务，确保创建工作有序推进。除此之外，对已创建基地的培训也不松懈，多层次、多途径地开展技术指导和业务培训，提升基地工作干部的业务能力和水平。

（四）强化宣传，扩大品牌影响力

从 2017 年至 2019 年，连续联合福建省林业局、福建省海洋与渔业局开展福建省著名农业品牌评选认定工作，每年评选 10 个农产品区域公用品牌、30 个名牌农产品。组织获奖主体在福建高速公路重要地段设立广告牌，在东南卫视制播“福茶、福果、福稻”等“福”字号福建著名农业品牌电视广告片。每年投入 1 600 多万品牌农业专项资金，以“生态福建、绿色农业”为主题，形成了东南卫视最佳时段、高速公路最佳路段、今日头条最佳频段的全方位、多媒体、高强度的宣传矩阵，显著提升了福建省农业品牌影响力。借助“春风万里 绿食有你”宣传月活动的东风，上下联动、因地制宜，贴近实际、贴近生活、贴近群众，普及知识、展示成就、产销对接，取得了很好的效果。

三、进一步推进基地建设的建议

近年来，福建省全国绿色食品原料标准化生产基地建设虽取得了一些成绩，但与其他省份相比还有较大差距，存在原料产品结构不均衡、基地建设发展速度减缓等问题。为推进福建省绿色食品原料标准化生产基地建设健康发展建议：争取政策扶持，把基地建设作为农业发展项目的优先条件，为基地建设创造有利条件，努力确保基地创建和续报工作有序开展；建立有效机制，完善基地管理制度，把基地管理当成常态化的工作；加强队伍体系建设，加强培训，提高基地管理人员的服务水平，建设一支能建好、管好基地的队伍；挖掘优势基地资源，扶持引导创建新基地，提高福建省基地建设水平，为推进乡村振兴战略，推进质量兴农、绿色兴农、品牌强农，推进福建特色现代农业高质量发展作出贡献。

发展绿色食品基地　促进农业高质量发展
——广东省绿色食品原料标准化生产基地发展报告

胡冠华　欧阳英

（广东省农产品质量安全中心）

一、发展现状

广东省绿色食品自1992年发展以来，全省有效使用绿色食品标志的企业总数达到350家，产品总数638个，总产量180万吨，监测面积约50万亩。绿色食品产品已从过去局限于水果、蔬菜、茶叶等初级种植业产品，向畜禽、水产等养殖业产品和初加工产品发展，产品涵盖大米、水果、蔬菜、畜禽品、水产品、茶叶、罐头、牛奶、白砂糖、果汁、猪肉、酒类、糕点制品等，加工产品的比例不断扩大。

根据2005年8月农业部绿色食品管理办公室印发《关于创建全国绿色食品标准化生产基地的意见》，广东省开启了绿色食品原料标准化生产基地的创建工作。经过十几年的发展，目前，广东省已通过验收的绿色食品原料标准化生产基地6个，总面积达57.41万亩，产量达72.8万吨。正在创建的有大埔县全国绿色食品原料（大埔乌龙茶）标准化生产基地 5.02 万亩和丰顺县全国绿色食品原料（茶叶）标准化生产基地 3.84 万亩。这两个基地若通过验收，基地建设总面积将达 66.27 万亩。绿色食品原料标准化生产基地的创建，有效推动了绿色食品企业和产品数量的发展。

绿色食品原料标准化生产基地创建工作，是农业标准化工作的重要组成部分，是推进农业标准化生产的重要措施，是新阶段农产品质量安全管理的重要内容，对深化农业结构调整、优化农业生产布局、发展优质高效生态安全农业起到了重要作用。同时，也是发挥区域比较优势、提高农业综合生产能力和农产品市场竞争力、增加农民收入的重要举措。近年来，广东省按照绿色食品原料标准化生产基地建设的整体思路，不断加强基地建设，取得了一定的成效，有效地促进了当地农业高质量发展。郁南沙糖橘，在广东省南方名牌农产品推进中心发布的“粤字号”区域公用品牌中，品牌价值达20.4 亿元。大埔蜜柚已列入中欧地理标志互认产品目录，产品出口欧盟，通过绿色食品原料标准化生产基地带动，蜜柚的种植面积已达 22 万亩，产值达 13.4 亿元。罗定市人民政府自 2008 年开始创建全国绿色食品原料（水稻）标准化生产基地，在 2010 年 3 月通过验收后，不断对水稻及稻米的产业升级，目前罗定稻米已家喻户晓，绿色食品大米的销售价格平均为 15.6 元/千克，比普通大米价格提高 70%以上，经济效益十分显著。徐闻县通过建设市场营销体系（建设协会 5 个、专业合作组织 15 个、参与果农3 000户），引进加工龙头企业（果汁加工、菠萝蛋白酶提取、菠萝纤维制作），发展服务型专业经济组织等手段，打通了产区和销区两个市场，提高了“徐闻菠萝”区域公用品牌的产品价值和市场竞争力，有效地促进了农民增收、企业增效，促进了当地县域经济高质量发展。

二、源头把控

绿色食品原料标准化生产基地要推行“从土地到餐桌”全程标准化生产模式，源头的把控尤为关键。

（一）领导重视、组织保证

绿色食品原料标准化生产基地建设由县级人民政府负责组织实施，县农业、林业、质监、环保、财政等有关部门负责人共同组成的基地建设领导小组统一指导基地建设工作。若要保证基地建设卓有成效，当地政府部门应高度重视，并协调各部门之间通力合作，同时通过基地建设领导小组，建立县、乡、村、户（或县、乡、企业）生产管理体系，逐级落实生产管理任务，保证基地建设资金到位。

（二）基地环境控制

绿色食品原料标准化生产基地应有良好的生态环境，其建设环境必须符合《绿色食品　产地环境质量》（NY/T 391）要求，基地周围5平方千米和上风向20千米范围内不得有污染源企业，远离工矿区和公路、铁路干线，避开污染源，若实在无法避开，可在绿色食品生产区域和常规生产区域之间设置有效的缓冲带或物理屏障；应有绿色食品工作基础（拥有绿色食品产品）；农业生产基础设施应配套齐全，农业技术推广服务体系健全；土地相对集中连片，并已实现区域化、规模化种植。因而在创建绿色食品原料标准化生产基地时应注意选点，最好把创建地点选在环境较好、以农业生产为主、无工业生产及矿产的区域。如罗定的水稻，其生产基地一直是广东水稻生产的主粮区之一，以农业生产为主；大埔的蜜柚，品质优良，基地山清水秀，且是富硒的农业县；徐闻的菠萝，大面积的连片种植，素有“菠萝的海”的美称。

（三）投入品的控制

保证农产品的质量，投入品监控是关键。广东省各基地县在创建绿色食品原料标准化生产基地的同时就建立了农业投入品管理制度、农业投入品公告制度；在各乡镇张贴农业投入品的公告，定期公布基地允许使用、禁用或限用的农药名单；在各个基地单元镇（乡）设定农业投入品专供点，对基地农业投入品实行连锁配送和服务。同时，县级农业部门会同工商、质监等部门，每年对农业投入品进行质量监测，以加大对农资市场的管理力度。大埔县蜜柚基地2019年组织集中执法行动16次，出动人员720人次，检查农资经营门店240间次。郁南县沙糖橘基地2019年出动执法人员582人次，检查农资经营单位172个次，抽检农药、肥料15批次，合格率100%。这些措施可从源头上有效控制农产品投入品的安全使用。

三、生产过程的控制

绿色食品原料标准化生产基地的重点是标准化生产。生产过程的控制，建立农产品质量追溯制度，严格按照绿色食品技术标准进行生产，是农业高质量发展的前提。

（一）抓好生产档案记录，建立追溯管理体制

2019年农业农村部要求农业系统认定的绿色食品、有机农产品和地理标志农产品100%纳入追溯管理，实现带证上网、带码上线、带标上市。广东省要求所有对接绿色食品原料标准化生产基地的产业化经营企业加入国家农产品质量安全追溯平台（外部追溯）。尽快实行“二维码”赋码技术应用与推广，实现消费者与企业“双向可追溯”。要求企业参与省农产品质量安全追溯管理信息平台运行（内部追溯），实现食用农产品“从农田到餐桌”全过程可追溯管理。要求经营企业做好生产档案记录：投入品购买，田间生产管理与投入品使用、收获、仓储、交售记录。并做好存档管理，以做到产品确实可追溯。在大埔蜜柚基地，绘制电子版本的大埔蜜柚基地生产分布图和农户地块分布图，建立健全统一的农户管理档案。农户地块分布图以村为单位进行统一编号；农户档案包括基地名称、地块编号、农户姓名、作物品种及种植面积；由农户如实填写田间生产管理记录，内容包括生产地块编号、农户姓名、作物名称、品种、种植面积、土壤耕作及施肥情况、病虫草害防治情况、收获记录、仓储记录、销售记录等；各经营企业建立的生产管理档案制度和质量可追溯制度，有效地实现了生产和销售过程的可追溯，进一步保证了产品质量。

（二）用最严的标准技术，抓好生产

绿色食品原料标准化生产基地的生产，靠的是绿色食品标准技术。绿色食品标准是依据中国国情，参照美国、欧盟、日本等发达国家和地区食品质量先进水平，按照全程质量控制技术路线，构建的一套技术标准体系，符合国家食品安全“四个最严”中最严谨的标准要求。

各绿色食品原料标准化生产基地县依托当地的农技推广服务体系，对各级管理人员、农技推广人员、对接企业生产管理人员及基地内所有农户的绿色食品知识、技术、基地建设管理制度专项培训，积极推广病虫害统防统治及绿色防控技术等。如郁南县沙糖橘基地建立“专家 + 农技指导员 + 科技示范户 + 种植大户”的农业技术推广机制，培训人数达 3 000 多人次。大埔县蜜柚基地各镇配备 3～5 名绿色食品大埔蜜柚生产技术推广员，培训农民达到 7 500 多人次。

生产的管理上，一是对品种的控制，要求种植产品为非转基因产品；二是对生产资料的控制，主要是农药和肥料的使用，必须按照《绿色食品　农药使用准则》(NY/T 393)、《绿色食品　肥料使用准则》(NY/T 394) 要求。有限制地使用农药，选择对主要防治对象有效的低风险农药品种，提倡兼治和不同作用机理农药交替使用。多用植物和动物源农药、微生物源农药、矿物源农药等生物源农药，少用化学农药。肥料提倡以施用农家肥料、有机肥料、微生物肥料为主，化学肥料为辅。控制无机氮肥的施用，无机氮肥用量不得高于当季作物需求量的 1/2。

丰顺甘薯基地从科研院校引进优良品种，基地良种普及率达 97% 以上，按绿色食品标准要求实施测土配方施肥技术 3.4 万亩，进行生物有机肥示范推广 2.6 万亩，以生物防治和物理防治为主，推广病虫害综合防治技术 2.6 万亩，大大减少了农药化肥的施用，保护了环境，提高了产品质量。

罗定市水稻基地每年坚持做引种、品比试验。2019 年进行了 25 个水稻品比试验，开展 3 个水稻新品种生产试验，通过试验选择产值高、效益好、抗病性和抗逆性较强的优质稻新品种。结合广东农业面源污染治理项目，抓基地水稻三控施肥技术对比示范，有效地减少了投入品的使用，增加了产量。据统计，示范田平均亩产量达 462.5 千克，同比增产 11.5 千克，平均每亩减施氮肥（折尿素）4.5 千克、磷肥（折过磷酸钙）6 千克。

四、基地监督与管理

绿色食品原料标准化生产基地涉及的范围较广，面积较大，验收后 5 年的有效期，保证质量不容忽视。

（一）建立基地环境保护机制

第一，要建立基地保护区。对生产基地，划出红线，标出范围，设置基地标识牌，防止基地污染。第二，基地内的畜禽养殖场粪水要经无害化处理，施用的农家肥必须经过高温发酵处理。第三，每年各基地县级环保部门要按要求对基地进行环境检测，并出具基地环境现状证明报告，达到基地环境保护的作用。如罗定市在太平、罗平、泗纶等镇建立农业环境监测点，密切监控基地环境变化。

（二）建立年检制度

每年在广东省基地作物生长期内，组织绿色食品检查员及有关专家对基地进行现场检查，其内容包括基地内现场检查、资料查阅、走访经营企业、走访农户等。对基地生产管理体系进行一一核查，督促当地政府建立健全质量管理体系，规范使用基地生产的外包装样式，做到环境有监测、操作有规程、生产有记录、产品质量有保证，形成产品质量的追溯体制，建立产品标识管理制度，保证产品质量。

（三）监督抽检

广东省绿色食品原料标准化生产基地的监督管理纳入全省“三品一标”监督管理的范畴，每年安排财政资金到绿色食品原料标准化生产基地县，每个基地安排 5 万～10 万元，保证基地的管理监督。省里每年对绿色食品原料标准化生产基地的产品进行 100%抽检，近几年的合格率达 100%。

五、品牌建设

品牌效应体现的是优质优价，是实现农业高质量发展的最终目的。绿色食品品牌是我国农业农村部推行的生态环保、安全优质的质量品牌，绿色食品原料标准化生产基地是对绿色食品品牌使用的进一步扩展。农业农村部和中国绿色食品发展中心把全力打造绿色食品精品品牌作为工作主线，将提升品牌的认知度和公信度、提升品牌的竞争力和影响力作为重要工作任务。

绿色食品原料标准化生产基地要求验收时对接企业获得绿色食品证书产品产量所对应的原料量和覆盖面积不得低于基地总产量和总面积的 30%；第一次续报，增加为基地原料产品总量的 50%；第二次续报起，持续增加为基地原料产品总量的 70%。对接绿色食品原料标准化生产基地经营企业通过申请绿色食品标志许可加强品牌建设。

近年来，广东省农产品质量安全中心（广东省绿色食品发展中心）通过网络、微信、组织企业参加各种展示展销活动、下基层进行绿色食品相关知识培训，协同各个绿色食品原料标准化生产基地举办产品的宣传推介工作，不断宣传绿色食品及其基地建设，构建贸易平台，促进产销对接，推动绿色食品发展。平远县、大埔县等地每年举办产品推介会，通过多个报刊、电视电台进行有效的宣传。罗定市每年举办“罗定稻米节”，更好地提升了产于全国绿色食品基地罗定稻米区域的公用品牌形象。通过南方日报、南方农村报、农民日报等进行宣传报道，引导生产者提高对发展绿色食品的现实和深远意义的认识，引导消费者进行绿色消费，实现产销对接，提升绿色食品产品的价值，实现优质优价。

六、存在的问题、对策及建议

（一）存在问题

1. 组织工作不到位

全国绿色食品原料标准化生产基地建设主体是县（市）人民政府，但最后的工作落到了各地农业农村局，由于农业农村局开展工作具有局限性，有些工作难以落实。

2. 财政奖补政策不到位

2019 年起因财政资金支付方式改变，省里只能转移支付，不能指定用途，只能靠当地政府的资金安排开展工作。

3. 产品种类限制了对接发展

全国绿色食品原料标准化生产基地原则上是为农产品加工提供原料，但由于农产品加工具有局限性，可用于加工产品的种类少，导致能申报或可申报的产品不多。

4. 宣传不够

目前主要是绿色食品产品的宣传，对绿色食品原料标准化生产基地的宣传不够，很多地市对这一业务不了解。

（二）对策及建议

加强宣传，在各类培训和资料上增加全国绿色食品原料标准化生产基地的内容，加强宣传、引导；全国绿色食品原料标准化生产基地的选点，一定要选择当地政府重视、环境条件良好的市县，有利于工作的开展及资金的支持保证。

科技支撑　品牌引领
提高绿色食品原料标准化生产基地建设水平

王　璋

（陕西省农产品质量安全中心）

陕西省在推进全国绿色食品原料标准化生产基地创建工作过程中，以质量兴农、绿色兴农、品牌强农为核心，以保障农产品质量安全为抓手，以现代农业科技为支撑，以品牌建设为引领，坚持绿色创建和规范管理并重原则，不断提高基地建设水平，促进农业产业健康持续发展、农民持续增收。

一、立足资源禀赋，推进绿色创建

（一）依托优势产业建基地

陕西地处中国西北内陆，黄河中游，横跨中温带、暖温带和亚热带三个气候带，有明显的季风性气候特征。陕西北部长城沿线风沙区和黄土高原丘陵沟壑区占全省土地面积的40%，该地区日照充足、昼夜温差大、土地资源丰富，适合多种作物生长发育，为绿色食品原料标准化生产基地创建奠定了良好的基础，洛川县、宝塔区已创建共100万亩全国绿色食品原料（苹果）标准化生产基地。白水县地处渭北黄土高原，海拔较高，其气候、土壤和地理位置与生产优质苹果的生态环境完全吻合，属世界公认的苹果优生区，已创建55万亩全国绿色食品原料（苹果）标准化生产基地。宝鸡眉县南依秦岭，北跨渭河，气候温和，降水量适中，土层深厚肥沃，是猕猴桃最佳优生区，已创建30万亩全国绿色食品原料（猕猴桃）标准化生产基地。

（二）推进特色产业求发展

围绕陕西省提出的“3＋X”特色产业工程建设，突出发展具有地域本色的名、特、优、新产业。在继续发展苹果、猕猴桃产业的基础上，发展多种粮食作物和经济作物。陕西南部秦巴山区约占全省土地面积的36%，该地区横跨长江流域，属暖温带半湿润气候，土地肥沃、雨水充沛。区域内生态环境良好，茶叶产业、食用菌产业发展都具有独特的资源优势，有利于绿色食品原料标准化生产基地创建和发展。陕西关中平原面积约占全省土地面积的24%，是陕西省农业相对发达地区，农耕文化水平相对较高。麟游、武功、长武等地的玉米、小麦均连片大面积种植，发展绿色食品原料标准化生产基地具有得天独厚的条件。

二、科学统筹规划，提升产品质量

目前，全省已建成洛川县、白水县两个全国绿色食品原料（苹果）标准化生产基地，眉县绿色食品原料（猕猴桃）标准化生产基地，延安市宝塔区全国绿色食品原料（苹果）标准化生产基地正在建设之中，也开展了卓有成效的工作。

（一）开展科技引领，推广绿色食品原料标准化生产基地发展新技术

1. 政府牵头，校县合作，组建高精尖科研团队

依托西北农林科技大学，分别建成了洛川县西农延安洛川苹果试验站、眉县猕猴桃试验站、白水县白水苹果试验站。试验站坚持用现代科学技术引领果树产业发展，紧密围绕“果园—餐桌”全产业链中的关键技术需求，集成

多学科专业优势，组成研发团队。试验站具备科学研究、教学培训、示范推广、人才培养、野外观测等职能。每个试验站都配备教授（研究员）、副教授（副研究员）、科研助理等数十人，重点对苹果、猕猴桃开展种质资源保存与利用、遗传育种、抗逆生理、果园病虫害、果园土壤与营养、果实品质与储藏保鲜等方向的科学研究。

2. 研究配套，示范引导，推广现代绿色果业技术

充分发挥前沿农业科技优势，各试验站专家团队结合当地产业实际组织协作攻关，配套组装最新果业生产技术进行示范引导，迅速转化成各产业的主推技术普及推广。以洛川县西农延安洛川苹果试验站为例，该试验站针对黄土高原苹果生产特点，先后开展了容器大苗繁育及大苗重茬建园研究示范，矮砧栽培不同砧穗组合及不同树形的栽培试验示范，肥水高效利用及土壤管理技术研究，果业气象研究等科研项目，为生产高品质苹果提供技术依据。在此基础上提出了苹果基地建设“育、挖、建、提、创”五字方针，即以培育优质苹果大苗为支撑、挖除低效益残败老园、推广新型栽培模式、改造提升密闭中低产园、创建苹果标准园，促进果业技术改造和转型升级，推动绿色食品原料标准化生产基地向高质量、高效益发展。

3. 培训宣传，科技入户，提高技术推广应用效率

以建设标准化示范园为突破口，把新技术转化成绿色食品生产操作规程，试验站科研人员和地方政府、农技体系、生产企业、果农密切合作，全方位开展培训宣传，进村入户。以农业综合防治、物理防治、生物防治为主的果园病虫害绿色防控技术，水肥一体化技术，果园生草覆盖、农药肥料减量使用、苹果双矮苗木繁育、猕猴桃果实套袋技术，建设“果、畜、沼”配套循环利用生态果园等一大批配套实用节能增效新技术得到广泛应用，县域内果品产业呈现高标准、高质量、高效益态势。技术进步驱动产业发展，也带动了信息

技术、电商平台、物流等现代服务业的发展，基地产业水平又提升了一个新高度。眉县制定了《眉县猕猴桃标准化生产技术规程》《标准化生产十大关键技术》等技术规范并进行全面普及推广，建立了二十名专家、百名农技干部、千名乡土人才为骨干的技术队伍，每年抓建科技示范园 10 个，建成标准化示范园 10 万亩，实施科技入户 1 000 户，有力推进了绿色食品原料标准化生产基地产业发展。

（二）创新监管方式，提高绿色食品原料标准化生产基地追溯管理水平

1. 强化投入品管控，推广绿色食品生资

在投入品管控上实行各基地县统一管制，积极推广绿色生资。一是依托农业综合行政执法机构，对县域内所有农业投入品经营单位的经营资格、经营条件、管理制度、服务质量等方面进行全面整顿，严格农业投入品经营标准。二是实行农药专柜定点销售制度，要求经营企业对《绿色食品生产允许使用农药清单》中的农药进行分类销售，对目录外农药实行定点专柜销售，并必须对购买者信息、用途进行登记；其他农业投入品经营单位不得经营销售。三是要求绿色投入品门店营业面积达到规定标准，店面使用绿色农业投入品销售专营店标识、牌匾、横幅，一般门店设立绿色生资经营专柜，销售商品贴有标签，门店经营人员要求具备初级职业农民以上职称。

2. 健全投入品销售备案制度

规范农药经营单位进货渠道，要求各农业投入品经营企业要按照《绿色食品生产允许使用农药清单》进货，优先选择绿色食品生产资料。农业投入品经营单位购进的农药品种必须在县农业行政综合执法大队登记备案，其他单位和社会组织自行购买向农民发放的农药也必须在县农业综合行政执法大队登记备案，在销售农药时通过向购买者提供书面使用指导或告知等形式，提供农药使用的作物范围、使用方法和注意事项，指导农民科学用药。

3. 探索建立示范引导机制

下面以洛川苹果为例。

（1）示范推广绿色农资服务管理系统。示范果园在日常生产管理的同时，建立规范统一的生产档案记录，记录数据上传到绿色农资服务管理系统，实现生产动态消息在网站及其他相关媒体实时发布。生产过程结束后，绿色农资服务管理系统的数据也完成收集汇总，并与苹果质量安全追溯系统实现数据共

享，生成对应的二维码，做到苹果质量安全追溯到每一户果园。示范果园在投入品价格上享受一定优惠。

（2）试行农资购买一卡通会员制。绿色食品原料标准化生产基地在实行统一优良品种、统一生产操作规程、统一投入品供应和使用、统一田间管理、统一收获的“五统一”生产管理的基础上，农户实名注册获得会员卡，农户持农资一卡通会员卡购买投入品，并做到了投入品购买、使用、生产环节、收获、销售、农户信息等网上查询和追溯，逐步实现生产的网络化、信息化管理。

（三）规程进企入户，提升绿色食品原料标准化生产基地建设水平

1. 推行标准，确保行之有据

2019 年，陕西承担了绿色食品生产操作规程进企入户示范行动试点工作，结合全国绿色食品原料标准化生产基地创建工作，大大提高了基地县的标准化生产水平。开展示范行动的 3 个县区都以绿色食品生产操作规程为依据，制定了内容简洁清晰、通俗易懂、可操作性强的种植、加工技术规程。眉县编制了《眉县猕猴桃绿色标准化栽培技术周年历》《果园管理操作手册》，并在各示范企业及基地显著位置张贴宣传；宝塔区印发了《宝塔区绿色食品苹果生产技术操作规程》《创建绿色食品苹果生产基地县区周年管理历》，累计为农户发放印制 6 万多份。

2. 鼓励认证，实现标准化生产

围绕绿色食品生产操作规程进企入户示范行动，全年带动各基地县（区）积极申报绿色食品，截至 2019 年底，眉县有 12 家生产经营主体，宝塔区有 16 家生产经营主体，洛川 5 家生产经营主体开展了绿色食品产品申报，有多家提供材料上报申请。同时，坚持证前审查和证后监管并重，严格基地年度检查和企业年检、基地内产品抽检、市场监察等监管制度。

3. 以点带面，做优做强产业

为充分发挥“两品一标”在产业发展中的作用，多措并举，建设绿色食品原料标准化生产基

地、标准化园区。眉县在指导猕猴桃生产中重点增加有机肥的施用量，减少化肥施用量，禁止施用未经腐熟的农家肥、不合格和假冒伪劣的商品有机肥和化肥，病虫害防治以预防为主，以农业防治为基础，综合利用物理、生物、化学等防治措施，减少农药的施用。宝塔区制定了符合山地发展的技术操作规程，重点在全区 14 个果业乡镇（街道）43 个示范点推进，在每个乡（镇）确定示范村和企业作为示范行动的实施主体，全区共培育示范户 300 余户，示范带动生产操作规程进企 20 多家，入户达 8 万余户。

三、实施品牌引领，提高产品竞争力

绿色食品原料标准化生产基地立足本地实际，遵循品牌经济规律，以提高质量和效益为中心，以发挥品牌引领作用为切入点，充分发挥市场、企业、政府、社会在品牌建设中的决定作用、主体作用、推动作用和参与作用，加大政府财政支持力度，多措并举、聚力突破。

（一）制定战略规划，全力打造区域公用品牌

眉县县政府制定了《眉县猕猴桃产业发展规划》，重点实施眉县猕猴桃区域公用品牌战略，聘请专业机构制定了《眉县猕猴桃区域公用品牌战略规划》，确立了“眉县猕猴桃　酸甜刚刚好”的公用品牌价值支撑，出台了《关于眉县猕猴桃品牌建设的意见》等系列文件，高点定位发展，区域公用品牌价值 98.28 亿；洛川县出台了《洛川苹果“百亿产业”建设规划》，叫响了“中国第一，世界品牌”的口号，品牌价值达到 687.27 亿元；同时，各基地县积极开展各项全国性果业示范创建活动，不断增加品牌内涵，提升影响力。

（二）培育市场主体，做优做强企业品牌

充分发挥农业产业化龙头企业在品牌建设中的主体作用，支持企业品牌发展，打造了一大批品质优、形象佳、信誉好，在国内外市场上有一定知名度的企业品牌。美域高洛川苹果，以其“果形美、口感美、生态美”“来自革命老区、黄土高原”“营养价值高、品牌价值高、社会评价高”“带皮吃的苹果”等标志性推介享誉国内外；眉县齐峰、金桥、秦旺等猕猴桃企业品牌快速壮大，齐峰果业注册的齐峰缘牌猕猴桃获中国果品百强品牌，覆盖了全国 20 多个大

中城市，被认定为国家级农业产业化龙头企业、中国果业百强品牌企业。公用品牌带动了其他产品品牌的蓬勃发展，全县注册猕猴桃鲜果及加工品商标 85 个，其中省级著名商标 7 个，眉香金果、秦旺、鹏盛达、合德堂、秦美源等猕猴桃鲜果和加工产品商标享誉国内外。扶持企业“造船出海”引领品牌向纵深拓展，绿色食品原料标准化生产基地产品身价倍增。

（三）开展品牌营销，产业综合效益显著提升

陕西充分利用各种媒体、会展、会议等宣传资源，通过投放大屏广告、制作宣传片、举办大型推介活动等手段，政府搭台，企业唱戏，组织开展形式多样、丰富多彩的品牌推介和产品营销活动。组织绿色食品原料标准化生产基地企业产品参加中国国际农产品交易博览会、中国绿色食品博览会、中国杭州茶叶博览会和西安茶叶博览会；白水苹果连续多年请影视明星代言，广告全方位投放，举办中国白水蒲城国际苹果酥梨文化节等活动；洛川苹果远销 30 多个国家和地区，获得“北京奥运会专供苹果”“上海世博会指定苹果”“广州亚运会专用苹果”等 30 多项冠名权，并多次作为“国礼”赠送外国元首；眉县连续 8 年承办“中国·陕西（眉县）猕猴桃产业发展大会”，2017 年成功举办了世界猕猴桃产业发展大会，“眉县猕猴桃”鲜果销售已经覆盖全国所有省会城市和 80% 的中小城市，出口 20 多个国家和地区；延安宝塔区苹果主走红色革命圣地路线，策划开展的“延安有我一棵（亩）苹果树”等主题推介系列活动，在延安红色景点轮番“上映”。这些活动有效提高了陕西特色产品的知名度、品牌效应、综合效益，为打造绿色品牌奠定了坚实的基础。

关于水果和蔬菜类全国绿色食品原料标准化生产基地质量安全监管体制改革的探讨

陈　曦

（中国绿色食品发展中心）

全国绿色食品原料标准化生产基地（以下简称绿色食品基地）建设工作于2005年8月由农业部正式批准启动，历经十余年，以推行绿色食品标准化生产和全程质量控制的技术标准和制度为目的，逐渐形成了一个促进农产品区域化布局、标准化生产、产业化经营、市场化发展的良性循环体系。在一定程度上实现了以市场需求为导向，县级政府组织推进，产业化龙头企业引领拉动，合作社和农民全面参与的标准化、规模化发展。

统计数据显示，2016年底绿色食品基地总数已达696个，种植总面积1.73亿亩，产品产量1.095亿吨。绿色食品基地已经成为绿色食品事业一项重要的基础性工作，同时还担负起创新绿色食品发展模式，在更大范围内示范绿色食品标准化生产方式，为绿色食品流通、加工企业提供安全、优质、稳定的原料，扩大绿色食品品牌影响力的重要任务。鉴于此，认真分析绿色食品基地建设中存在的各种问题，并结合全程质量安全监管体系开展有效管控意义尤为重大。本文着重对以鲜食、鲜销为目的水果和蔬菜类绿色食品基地存在的有关问题进行讨论，并进一步提出解决方案。

一、水果和蔬菜类绿色食品基地存在的主要问题

（一）绿色食品基地产品鲜食用途较为普遍

绿色食品基地的水果和蔬菜一般以鲜销鲜食的形式参与到市场流通环节

中。按照绿色食品产品类别统计，目前获得绿色食品标志使用权的鲜果和蔬菜分别为3 445个和 7 090 个，占产品总数（24 027 个）的 14.3% 和 29.5%。这部分产品在新鲜采摘后经清洗、分级、包装等方式初加工处理后，以 99%的比例进入商场、超市等直接消费渠道。究其根本，主要有以下两方面原因：一是现有生产绿色食品果（蔬）酱、植物蛋白饮料（杏仁、核桃、椰子等)、果蔬汁饮料、水果（蔬菜）脆片、蜜饯、酱腌菜、干果、脱水蔬菜、速冻蔬菜、水果（蔬菜）罐头、果酒、果蔬粉等以新鲜果蔬为原料的加工企业大多有自建的种植基地；二是大部分绿色食品蔬菜、水果加工企业生产能力有限，因此对原料的需求有限。以绿色食品获证企业重庆派森佰橙汁有限公司生产 NFC（非浓缩还原）橙汁为例，该企业建立了 3.3 万余亩的柑橘合同供应基地，占重庆市忠县长江柑橘带种植总面积 33 万亩的 10%，产量 10 万余吨，但仅有3.8 万吨用于橙汁的生产，不足总种植产量的 38%，其他大部分则用于鲜果销售。新疆的红枣绿色食品基地问题相似，2016 年新疆绿色食品基地统计情况表明，由于对接加工企业市场竞争激烈、品牌意识不足、维持正常运营困难以及跨区域产业化对接企业少等原因，造成大部分原料以鲜食水果的形式进入流通环节。

（二）水果和蔬菜生产管控难度大、风险高

水果和蔬菜的种植生产过程中容易出现以投入品的使用来控制长势、病虫草害和产量的情况。如存在多茬生产的蔬菜，需要每一茬的生长过程均喷施相应的农药以防治病虫害的发生；果树、茄果类蔬菜在保花坐果过程中有时会使用对应的生长调节剂来确保花果率进而影响产量；除草剂在水果和蔬菜类作物的生产过程中使用较为普遍。在以企业为单位申请绿色食品标志许可审查的过程中，往往会出现因掌握现行绿色食品标准时间滞后，新旧标准交替过程中没有及时更新投入品使用标准，因传统用药效果好、依赖度高而忽略绿色食品相关准则要求，导致不符合《绿色食品　农药使用准则》(NY/T 393) 的要求而不予

通过审查的情况。而对于水果和蔬菜类绿色食品基地，动辄几万亩规模、上千农户参与，从投入品管控和使用这个角度进行评估，难度较大，存在较高风险。

（三）水果蔬菜类在绿色食品基地占比较大

根据 2016 年数据统计，绿色食品基地 696 个，总面积 17 300.9 万亩，总产量 10 952.2 万吨。蔬菜类绿色食品基地 80 个，生产面积1 202.5万亩，产量 2 064 万吨，分别占基地总数、总面积和总产量的 11.49%、6.95% 和 18.85%。其中薯芋类蔬菜基地 33 个，生产面积 642.2 万亩，产量1 052万吨，根据薯芋类作为生产淀粉的主要原料来源和马铃薯主粮化的趋势增强这一现状，可将薯芋类蔬菜排除在鲜食蔬菜范围之外。因此，其他蔬菜基地实际占绿色食品基地总数的 6.75%，生产面积占 3.24%，产量占 9.24%。

水果类绿色食品基地 95 个，占基地总数的 13.6%；生产面积 1 050.8 万亩，占总面积的 6.07%；产量 1 382.1 万吨，占总产量的 12.62%。由此可见，以鲜食为主要消费方式的水果在绿色食品基地的比例在数量和产量都超过了 13%，但作为原料消化的比例几乎可以忽略不计。

项目	原料基地数量/个	原料基地数量占比/%	面积/万亩	面积占比/%	产量/万吨	产量占比/%
基地总量	696	100	17 300.9	100	10 952.2	100
其他蔬菜	47	6.75	560.3	3.24	1 012	9.24
薯芋类蔬菜	33	4.74	642.2	3.71	1 052	9.6
水果	95	13.6	1 050.8	6.07	1 382.1	12.62

二、具有针对性的解决方法

（一）制度先行，保障绿色食品基地建设管理有效实施

目前，最新修订的制度文件《全国绿色食品原料标准化生产基地建设与管

理办法（试行）》已经正式发布实施，从绿色食品基地建设所需的核心技术要求入手，完善了包括组织管理、生产管理、农业投入品管理、技术服务、基础设施、监督管理和产业化经营在内的“七个体系”的内容，将绿色食品基地从创建、验收、续报及监管等工作阶段形成完整的体系约束链条，在绿色食品基地建设新时期、新要求的环境背景下，设定相应门槛，提出明确目标，强化绿色食品基地监督和管理，推行绿色食品标准化生产和全程质量控制进程，以此巩固绿色食品产业基础，进而更有利于绿色食品事业持续健康发展。绿色食品基地建设核心技术主要体现在以下几个方面。

1. 以落实县乡村目标责任制为保障的组织管理体系

绿色食品基地建设的主体是县级人民政府，下设多个职能部门，因此是一项涉及面广、工作环节多的系统工程。为充分体现部门间的联动能力，须由县级政府统一指导和协调，设立县、乡、村三级管理机构，明确职责分工。根据实际情况在各县级人民政府行政层面建立健全绿色食品基地建设目标责任制度，将绿色食品基地建设管理工作纳入各部门绩效考核体系，以此保障和激励按照绿色食品相关要求开展绿色食品基地建设工作。

2. 以实施标准化生产和质量可追溯制度为基础的生产管理体系

通过建立县、乡、村、户生产管理体系，完善农户生产档案制度，以电子化手段收集、录入农户信息并编号分组，形成完整的可查询系统，便于联系和掌握农户生产现状；不支持“大比例、小规模”农户分散生产经营模式纳入绿色食品基地建设体系中。鼓励企业通过土地流转或统一管理、合作经营等形式实现与绿色食品基地的产业化对接，并参与绿色食品基地日常生产管理、监督与营销工作，开展“基地＋企业＋农户”生产经营模式。统一制定、实施绿色食品生产技术规程，统一田间管理，统一填写田间生产记录，为实现标准化生产和绿色食品基地产品质量可追溯奠定基础。

3. 以市场准入和监督检查为手段的投入品管理体系

借助地方农业行政主管部门力量，制定绿色食品基地农业投入品公告制度、监督管理制度，建立农业投入品准入制，从源头控制、强化日常巡查监督投入品的使用，及时发现和纠正包括农户、合作社、龙头企业在内的各类生产主体破坏绿色食品基地生产环境和有损产品质量安全的行为。对于绿色食品基地生产范围内所需化肥、农药、生长调节剂等的供应，采取设立专供点宣传和指导生产主体购买使用符合绿色食品生产要求的农资，销售环节进行台账登记管理；与生产主体签订协议，实行定点配送服务；设置绿色食品生产资料专柜；农业主管部门通过与专业防治单位签订协议形成购买服务、外包服务、技术服务部门有偿激励制度，农资经销店作为供应责任主体一方参与其中；建设农业投入品网上监管平台，将县域内投入品供应点全部纳入平台管理，并建立奖惩制度进行严格管理。从源头杜绝不符合绿色食品生产要求的农资进入基地范围流通和使用，最终实现统购统销、统防统治的规模化、标准化生产，为后续的点、面、链条式监管工作分担一部分压力。

4. 以农技推广和农户培训为主要内容的技术服务体系

与高等院校、科研机构合作，侧重研究、引进先进生产技术，运用科研成果，提高绿色食品基地建设的科技含量，如在县域内建立技术工作站，引入品种研究推广、试验示范、检验检测、成果宣传展示等工作力量；财政支持和企业投资并行，实现基础共建、技术共用、利益共享的多赢局面；利用地方农技部门力量，组建基地建设技术指导小组，指导农户生产，建立县、乡、村农业技术推广服务体系架构，通过专职人员力量让技术“落地”，真正有效运用到绿色食品基地生产中；定期组织农户、生产技术人员参加培训，完成对绿色食品基地各级管理人员、农技推广人员、对接企业生产管理人员及绿色食品基地内所有农户的绿色食品基本知识以及生产技术标准的专项培训，确保绿色食品基地的各级管理者和生产者均能得到普惠。

5. 以综合治理为方式的基础设施和环境保护体系

按照可持续发展原则，绿色食品基地环境符合《绿色食品　产地环境质量》(NY/T 391) 的要求，配套设施齐备，生态环境优良；通过县级及以上的地方力量，建立检验检测体系，加强对绿色食品基地投入品、产品和环境质量的检验检测，引入的检测机构可以从绿色食品检测机构、国家级（部级）检测机构或获得实验室认可证书及计量认可证书的检测单位中选取，目的是将第三方检测数据作为确保绿色食品基地有效运行的重要依据；通过要求县级环境保护部门每年提供县域环境现状背景材料和数据，增加与农田、水利部门间的联动作用，由绿色食品基地建设主管部门将数据与绿色食品产地环境标准进行比对，以确认生产环境的可持续性。

6. 以产地环境、生产过程、产品质量、包装标识为重点的监督管理体系

通过县级农业、质量监督、卫生等相关部门，建立绿色食品基地监管队伍，落实监督管理制度，对绿色食品基地环境、生产投入品使用、生产记录、产品质量和基地产品包装等内容开展经常性监察。省级工作机构采取定期年检和不定期抽检相结合的方式进行监管，保留实施监管行为的记录备查，每年形成辖区内的监管工作总结备案，确保绿色食品基地合规运行。

7. 以“基地＋企业＋农户”为模式的产业化经营体系

充分发挥产业化对接企业拉动作用，通过合作联结手段促进企业与绿色食品基地农户结成利益共同体，带动农户产品进入流通领域；促使产业化对接企业与农户间形成对接监管模式，以利益激发农户的生产积极性，规范生产的标准性；在绿色食品基地建设过程中设置阶段性目标，要求产业化对接企业获得绿色食品证书产品产量达到消耗绿色食品基地产品总产量的一定比例作为阶段性考核通过的重要衡量指标之一，从而促使绿色食品基地成为绿色食品加工(养殖)企业优质、稳定的原料来源，提高品牌化农产品的市场竞争力，解决加工型企业产业链延伸过长，不能专精于产品加工、研发、品牌建设、市场营销，资金链过长等问题。

（二）专攻难题，多手段促进绿色食品基地产品质量安全监管体制建设

从蔬菜和水果绿色食品基地建设和监管改革入手，在申请创建初期，要求有对接企业收购绿色食品基地原料并开发出绿色食品产品，将水果和蔬菜从初级农产品向深加工产品转型升级。此外，供港澳蔬菜种植基地、备案的出口蔬菜种植基地可申请创建绿色食品基地。从出口植物源性食品原料需进行检验检疫备案的角度进行把控，对于对接绿色食品基地的出口加工企业资质、企业管理能力、农业化学品残留控制措施，绿色食品基地环境状况、绿色食品基地自我管理能力、采收运输控制措施、种植计划、种植规程、病虫害防治、投入品

管理和清单标准公示、可追溯性与产品召回、绿色食品基地管理机构及岗位职责等方面明确要求，充分发挥地方监管部门的作用。

蔬菜类绿色食品基地提供各基地单元作物种类、种植面积、轮作计划等详细情况说明。监管部门每年对辖区内蔬菜类绿色食品基地产品进行监督抽检并出具报告，抽检范围覆盖绿色食品基地核准的全部种类，有计划地将不符合要求的原料基地淘汰出局。

（三）试验示范，进一步提高绿色食品基地管理水平

绿色食品基地建设需要合理设置试验田，组织开展绿色食品生产资料、绿色防控技术、优势种植技术等相关大田试验，开展示范及数据收集和比对分析工作，对效果良好的技术及产品进行推广普及，利用试验田对绿色食品生产技术、绿色食品生产资料、绿色防控技术等开展充分试验示范工作。绿色食品提倡“安全、优质”的理念，需要丰富的科研数据作为理论基础，在绿色食品基地开展农业生产数据收集、整理、分析工作，更有利于提高农田管理水平，在较大规模的生产范围内示范绿色食品标准化生产方式，为绿色食品流通加工企业提供优质原料，从而满足百姓日益提高的生活需要，真正实现农产品的优质优价。

三、结语

以水果和蔬菜类绿色食品基地产品产生的影响和风险为切入点探讨绿色食品基地产品监管体制改革的变化和创新，有助于推动绿色食品事业全面发展，促进农业增效、农民增收和县域经济发展。只要坚持维护绿色食品品牌公信力、保护生态环境、落实标准化生产、强化品牌经营、坚持市场拉动，绿色食品基地建设就一定能够在促进农业发展方式转变和农业提质增效方面收到更为显著的成效。

发挥农业绿色发展示范带动作用 夯实绿色食品高质量发展基础

张君红[1]　刘海军[1]　张　涵[1]　单东东[1]　孙玉出[2]　王玉斌[2]　付　星[3]

（1. 围场满族蒙古族自治县农业农村局　2. 承德市农产品加工服务中心　3. 承德市农机技术推广站）

围场满族蒙古族自治县全国绿色食品原料标准化生产基地建设管理工作，是该县现代农业的重要组成部分，是农产品质量安全管理的重要内容，是深化农业结构调整、优化农业生产布局、发展高产优质高效生态安全农业的重要手段，是提高农业综合生产能力和农产品竞争力、增加农民收入的重要举措。围场现有马铃薯、胡萝卜两个绿色食品原料标准化生产基地，全国绿色食品原料（胡萝卜）标准化生产基地 11 万亩，全年总产量 35 万吨，总产值 6.3 亿元。围场是“河北蔬菜之乡”，主要种植的品种有红映二号、映山红、旭光春红、早生红冠、明珠珍品、黑田系列等 18 个品种，平均亩产值3 500元，共有 6 万农户种植胡萝卜，户均收入 9 300 元。胡萝卜产业已成为富民富县的支柱产业。围场全国绿色食品原料（马铃薯）标准化生产基地 14.2 万亩，全年总产量 17 万吨，总产值 3 亿元。围场马铃薯及其衍生产品畅销国内北京、天津、山东、安徽、山西等 30 多个省份，远销国外韩国、新西兰、美国、加拿大、塞内加尔、埃及、孟加拉国、印度等多个国家和地区，销售网络遍及五大洲。独特的生态环境是优质薯菜生长的基础。

一、发展优势

（一）区位优势

围场位于河北省最北部，自古以来就是一处水草丰美、禽兽繁衍的高原草

原，是著名的清代皇家猎苑，清代皇帝举行“木兰秋狝”之所，历史悠久。这里空气质量常年优于国家二级空气质量标准，气候寒冷，冬长、春秋短，夏季不明显，属寒温带大陆性季风气候。水资源丰富，年降水 500 毫米，75%以上的降水在农作物生长期，可满足农作物生长需求，年平均气温 -1.5～4.7 ℃，无霜期 80～130 天。属暖温带半干旱半湿润大陆性季风型燕山山地气候，光照充足，昼夜温差大。独特的气候和优质的空气、水环境可满足马铃薯、胡萝卜、玉米等农作物生长的需要。

围场地貌由中低山地貌类型组成，整体地势由平地、缓坡地和陡坡地组成，夹有河谷平坝，四周有高山环绕。土壤中性偏酸，速效钾含量在 100 毫克/千克以上，有机质含量丰富。

境内无大型工厂，无“三废”排放和空气污染，也没有重金属污染历史，根据环境监测部门监测，围场境内地表水达到国家《地表水环境质量标准》的Ⅱ类水质标准；水质感观良好，无色、无臭、无味、透明，pH 在 4.5～8.5，砷≤0.05 mg/L，镉≤0.005 mg/L，铅≤0.05 mg/L，有关指标符合我国和世界卫生组织制定的饮用水质准则，为创建绿色食品、有机食品生产基地奠定了良好的生态基础。

（二）产业优势

农业商品化、市场化程度大大提高，农产品商品率达 90%以上，农产品达到绿色或有机食品标准，形成了具有市场竞争力的知名品牌以及县域农业主导产业。近三年，产品农药残留监测合格率稳定在 100%，产品质量总体上是安全、放心的。净菜整理、分级、包装、预冷等商品化处理数量逐年增加，薯菜加工业发展迅速，特色优势明显，促进了出口贸易。目前全县蔬菜专业合作社有 506 家，蔬菜保鲜库有 31 家，深加工企业有福袁、旭日、巨野富康、魁仙、富龙、味来食品等 6 家，粗加工企业有新鑫、元昌、冀鑫等 14 家企业，依托全国绿色食品原料标准化生产基地建设，现有绿色、有机食品初加工企业

25家、深加工企业8家。

二、科技支撑

（一）充分利用科研院所技术支撑

围场胡萝卜基地是中国农业科学院、河北农业大学等大专院校及科研单位的科研、教学基地，并建立了长期稳定的技术合作关系；为实现绿色食品基地标准化生产，围场成立了蔬菜专家团，培养了一批农业科技人员，增加农民培训机会，保证该县蔬菜产业发展；多数农民已掌握了胡萝卜种植生产技能，种植水平不断提高，胡萝卜产量和品质有了保证，显著提高了产业科技含量和生产技术水平。

（二）组建专业技术队伍

马铃薯基地专门成立了围场马铃薯产业发展办公室，拥有马铃薯研究所等专门科研机构，11个农业技术推广区域站，县农业农村局有正高级技术人员10人、副高级技术人员16人、中级技术人员68人；累计完成科技成果38个，制定地方标准7项，示范推广新技术13项。围场已经处于全国马铃薯科技研发、技术规程制定、标准化生产的领先地位。

（三）开展新品种试验示范

在胡萝卜主产区新拨镇建设新品种试验示范区，2017年引进胡萝卜新品种170个进行筛选，示范优良新品种6个，为胡萝卜生产储备新品种；按照绿色食品生产标准进行新型农药胡萝卜病虫害综合防治示范；引进胡萝卜绳播技术和膜下滴灌节水灌溉技术，2017年推广20 000亩以上。

（四）建立科技示范园区

在马铃薯主产区建科技示范园区30个，面积10 000亩，其中500亩以上的5个，200亩以上的25个。以克新1号、荷兰15、大西洋、冀张薯8号、夏坡蒂为主导品种，2个马铃薯高产创建示范片，经省农业农村厅专家组现场测产，平均亩产3 245.65千克，比一般生产田亩产高出1 000千克左右。

（五）推广先进栽培技术

落实胡萝卜标准化生产，按照科学实用的技术操作规程及《绿色食品　农药使用准则》（NY/T 393）进行生产，建立绿色食品原料（胡萝卜）标准化生产基地，重点推广胡萝卜的优种优法配套栽培技术和以“三节一增”（节水、节肥、节药、增效）技术为主要内容的膜下微滴灌节水、防虫网、诱杀虫板、频振式杀虫灯等无公害集成技术，控制病虫害发生，减少化肥农药用量。

（六）科学开展病虫害防治

围场以农业标准化生产为基础，以绿色食品生产为重点，建立了农业投入品管理制度、农产品质量检验和检测制度、农户田间档案管理制度等多项规章制度，规范绿色食品原料标准化生产基地内的生产操作过程，采取“统一组织、统一购药、统一防治、统一施肥”的方式对生产关键点进行控制，确保基地产品质量安全。综合集成脱毒种薯应用、地膜覆盖、机械化栽培、配方施肥、以晚疫病为中心的病虫草害综合防治技术以及储藏保鲜技术作为主推技术。

三、体制机制

（一）特色农产品的运行机制

胡萝卜、马铃薯绿色食品原料生产是围场的主导产业之一，特色农产品发展实行“政府引导、科技引领、项目带动、企业经营”的运行机制。第一，企业独资经营模式。由企业租（征）用农户的土地，集中成片、规模经营，发展现代种植业和加工、营销企业等。第二，专业合作社模式。根据《中华人民共和国农民专业合作社法》的规定，通过引导、帮助，成立各类型园区、农民专业合作社，从事相关生产和经营活动。第三，家庭农场模式。利用当地或引进外地农业致富带头人、种田能手等，通过土地流转、资产流转等形式，形成适度规模的种植专业大户经营。第四，农企合作经营模式。形成“农民专业社＋龙头企业＋农户”生产经营模式，农民出土地，业主出资金，专业合作社管理，收益共享。

（二）加强领导，进一步完善组织管理体系

在组织管理方面，首先，建立了绿色食品原料标准化生产基地领导小组，由县政府主管副县长任组长，农业农村局、质监局、科技局、环保局、水务局、供销总社、食品药品监督管理局等部门负责同志为成员。其次，健全了乡、镇、村领导组织结构，明确了乡（镇）长为基地建设负责人、领导小组组长，主管农业的副乡（镇）长为副组长，各村委会主任、乡村农业技术员为具体工作人员、生产管理和技术服务人员，并建立了相应的岗位责任制，进行了目标考核。县、乡、村三级层层签订了责任书，细化量化了考核指标。

（三）严格标准，确保产品质量安全

在绿色食品原料标准化生产基地生产实践中，按照“集中连片、规模种植、优化优法、安全绿色”的原则，区域化布局，专业化生产和推广应用新技术、新成果、新品种，使基地良种普及率达到100%，科技普及率达到100%。一是全面推广地膜覆盖、机械化栽培、测土配方等新种植技术，使两个绿色食品原料标准化生产基地地膜覆盖达到40万亩，机械化播种18万亩，测土配方施肥40万亩；另外，以农业防治、生物防治和物理防治为主，推广病虫草害综合防治技术40万亩。二是强化生产管理，建立健全县、乡、村、户四级生产管理体系，实施产品质量追溯制度，统一印制绿色食品原料标准化生产基地农户管理档案5万多份，使档案齐全、规范。三是以优惠的补贴政策为引导，建立了统一优良品种、统一生产操作技术规程、统一投入品种供应和使用、统一田间管理、统一收购的“五统一”生产管理制度，有效组织农户生产。

（四）加强执法，严格农业投入品管理

按照绿色食品原料标准化生产基地建设领导小组的要求，进一步完善了基地《农业投入品管理制度》《农业投入品公告制度》等，定期公布基地允许使用、推荐使用、禁用限用的农药名单。自基地创建以来，农牧局农业行政综合执法大队每年在基地内生产投入品市场进行监督检查和抽查达10次以上，对基地周围的农资经营网点实行拉网式检查，从源头上有效控制投入品的使用，

确保了基地生产安全。

（五）狠抓培训，建立健全技术服务体系

建立健全县、乡、村技术服务体系，每个村都配备一名技术指导员，以指导绿色食品原料标准化生产基地生产，确保生产质量。结合“农业科技入户工程”“绿色增收计划”等项目的实施，将绿色食品生产管理技术培训纳入培训内容，制订培训计划，采取聘请专家授课、现场指导等形式，对基地生产管理人员、技术推广人员、生产者、合作社社员、中介流通组织购销人员进行绿色食品知识培训。2015—2019 年，全县共举办各类培训班 165 场次，其中县级 5 次，乡镇级 31 场次，村级 129 场次，培训人数达 5 万多人次，达到了一户一个技术明白人。

（六）加大扶持力度，充分发挥绿色食品原料标准化生产基地农产品产业带动作用

县委、县政府高度重视绿色食品原料标准化生产基地建设，并将其作为促进社会主义新农村建设的重要手段，对基地建设出台了许多优惠扶持政策。一是实施了项目资金整合，有效增加投入，为提高绿色食品原料标准化生产基地建设水平，围场将测土配方施肥、基层农技推广体系建设、良种补贴、农机补贴、薯菜示范园区等支农项目资金向基地建设倾斜。二是龙头带动，在产业化经营上，围场积极拓展服务领域，在马铃薯上组织乡镇与承德味来食品有限公司、承德富龙现代农业发展有限公司签订了购销合同，实行订单生产，加强产销衔接。在胡萝卜上组织乡镇与元昌蔬菜保鲜有限公司、冀鑫农副产品经销有限公司、新鑫胡萝卜生产经营合作社签订了购销合同，实行订单生产，加强产销衔接。三是服务促动，在加强技术服务、严格各类技术标准及规范、建立健全绿色食品质量安全追溯制度的同时，积极转变政府职能，带领广大农户建协会、合作社。闯市场、促营销、活流通，围绕深加工发展产业，促进经济发展。四是绿色食品原料标准化生产基地的建立提高了产品竞争力，形成了稳定

的销售市场，提高了产品价格，使农民增加了收入，企业增加了效益。

四、资源环保

为围场胡萝卜可持续发展，抓标准化生产不放松，在提高产品质量上下功夫，先后采取了测土配方施肥、改善土壤结构、膜下滴灌、糯米绳播种、封杀高毒高残留农药等措施，使薯菜品质始终符合绿色食品标准。实行农业清洁生产，建设废旧农膜加工厂，农膜回收加工再利用，鼓励农民使用0.008毫米的环保农膜，降低农膜对环境的污染。

五、市场流通

马铃薯、胡萝卜市场建设得到快速发展，产地批发市场26家，农贸市场12家，产品销往日本、韩国、马来西亚等国家和地区，以及国内北京、天津、上海、香港、澳门等大中城市，覆盖国内外的市场体系已基本形成，在保障市场供应、促进农民增收、引导生产发展等方面发挥了积极作用。据不完全统计，85%胡萝卜、马铃薯经产地批发市场销售，在县内农贸市场零售的占15%，并保持着快速发展的势头。在胡萝卜、马铃薯质量安全水平提高的同时，商品质量也明显提高，产品整理、分级、包装、预冷等商品化处理数量逐年增加，商品化处理率达到86%。

六、项目带动

（一）胡萝卜绳播技术投资

胡萝卜绳播技术和膜下滴灌节水灌溉技术，不仅实现了水肥药一体化，而且有省种、省工、商品率好、产量高等特点，围场县政府投入40万元，购进机械6台。

（二）发展功能农业

随着功能农业的不断推进，围场率先启动了国内首个“十万亩功能农业示范区”，2016 年和 2017 年分别发展功能胡萝卜 5 000 亩，打造京津冀区域功能胡萝卜“单品”冠军，这是适应供给侧结构性改革，生产营养、健康、高端农业产品的重大举措。

（三）繁育能力强劲

拥有 1 家国家级脱毒马铃薯繁育中心，12 家现代化种薯繁育企业分布围场周边，15 万亩标准化脱毒种薯扩繁基地，1 亿粒微型种薯（占全国种薯产能的 7%）。围场，已经成为中国北方重要的马铃薯种薯研发基地和繁育中心。

（四）水利设施配套政策

流转土地面积在 500 亩以上种植大户配套打井、安装管网、膜下滴灌、水肥一体化基础设施，降低大户种植投入成本，提高产量和品质。

在围场的实践中，已经有很多薯农充分认识到了轮作的重要性，开始合理安排茬口进行轮作。但由于马铃薯种植利润较高，一些种植户即使知道重茬的危害，但是在利益面前仍选择重茬。市场经济不能实行行政命令，这种现象必须通过宣传教育、示范带动来改变，用倒茬、轮作、休耕所带来的实实在在的好处教育薯农。

七、发展思路及推进措施

围场作为河北省农业特色产业发展先进县，在打造“五大中心”的基础上，要实现马铃薯、胡萝卜产业健康发展，应当率先做到四个突破。一是率先突破品牌意识，完善品牌发展机制。必须认真处理好区域公用品牌和企业商业品牌的关系。二是率先突破绿色发展，走高质量发展之路。必须认真处理好提高产量和提高品质的关系。三是率先突破核心关键环节，实现产业高效发展。必须认真处理好重茬、倒茬、轮作、休耕的关系。在种植的实践中，已经有很多农户充分认识到了轮作的重要性，开始合理安排茬口进行轮作。四是率先突破随从心态，引导农民合理有序发展。必须认真处理好产业发展与区域布局的关系。合理布局是由农业地域性、综合性、季节性等自身特点决定的。合理的农业布局有利于充分发挥自然资源和经济资源的潜力，有利于保持良好的生态环境，有利于满足日常人们对农产品多种多样的需求，有利于提高农业经济效益。

以马铃薯、胡萝卜为主的裸地蔬菜是围场农业两大主导产业，以牛羊为主的草食畜牧业、中药材、林果业是围场农业三个特色产业，共同构建了围场农业“2+3”产业体系，已经得到农业农村部领导的充分肯定，不需要进行大的结构调整，但需要合理的整体布局。创建围场万亩胡萝卜优势区，全面实施农业标准化生产，劳动者素质明显提高。通过不懈努力，将围场马铃薯、胡萝卜优势区建成新技术、新品种、新成果试验、示范的基地，现代科技的辐射源，科普培训基地，休闲观光景地，努力把围场马铃薯、胡萝卜打造成为全国知名的特色优势农产品。

围场大力推进马铃薯、胡萝卜绿色食品原料标准化生产技术，提高产品品位，积极探索政府推动、政策引导、大户带动的基地建设新机制，充分运用生物工程技术和生态农业技术推进马铃薯、胡萝卜产业的科技进步。“围场胡萝卜”是中国地理标志产品，促进了环境、经济的双赢共进。

构建“四位一体”
推动绿色食品原料标准化生产基地稳步发展

刘春发

（黑龙江省八五〇农场绿色食品办公室）

黑龙江省八五〇农场始建于 1954 年，是王震将军（后任国家副主席）在北大荒创建的第一个铁道兵军垦农场。位于虎林市境内，北依完达山南麓、南临兴凯湖畔，东滨乌苏里江，地处世界三大黑土带之一的三江平原腹地，土地资源丰富。区位优势明显，哈东铁路、方虎公路贯穿农场境内，建鸡高速公路在这里设有出口，气候属大陆性季风型气候，年平均气温为 3.2 ℃，大于 10 ℃的活动积温2 616.5 ℃，无霜期 144 天。植物资源丰富，有 18 类 800 余种。水系丰富，有 2 条河流流经场域，境内有 3 座水库，交通优势和资源优势明显。农场常住人口 2 万人，土地面积 527 平方千米，下设 7 个管理区和近 30 个工商运建服企业。拥有耕地 50.1 万亩（其中，水稻面积 36.4 万亩），林地 13.5 万亩，保有大中型拖拉机及收获机械 1 778 台，机械总动力达 14.6 万千瓦，农业机械化程度和科学管理水平已处于全国领先地位，是全国农业标准化示范农场。全农场水泥道路总里程达到 115.76 千米，高标准绿色大通道 41.3 千米。小城镇建设初具规模，基础设施完备、服务功能齐全，绿化覆盖率达到 45% 以上，先后荣获“国家级生态乡镇（农场）”、首批“黑龙江垦区卫生小城镇”“全国文明单位”等荣誉称号。同时，农场工业园区内的内陆港是黑龙江省牡丹江以东唯一可开办国际、国内 20 英尺* 和 40 英尺集装箱多式

* 1 英尺 = 0.304 8 米，全书同。

联运业务场站。

多年来，农场始终将保障国家粮食安全、提高产品品质作为奋斗目标，注重农业标准化作业水平并不断完善农田设施建设，2014 年，35 万亩水稻被批准为全国绿色食品原料（水稻）标准化生产基地。农场将绿色食品原料标准化生产基地建设作为水稻标准化生产、产业化经营工作的抓手，以基地与龙头、绿标企业同步发展、相互促进为发展思路，建立起农产品产业化发展的格局。新时期，为不断提升农产品品质和加强品牌建设，满足供给侧结构性改革需要，农场以“粮头食尾、农头工尾”为抓手，加大基地结构调整力度，以“低碳、环保、可持续”为发展理念，开展以结合“三减”为主题的品种更优、品质更好的优质水稻种植，引入农产品质量追溯系统和食品安全追溯系统，通过线上、线下联动销售，逐步构建起养、种、加、销“四位一体”的绿色产业体系。

一、利用小蚯蚓，构建循环生态

有机肥料的使用是绿色食品原料标准化生产基地生产的前提，在基地生产过程中，农场通过深翻耕作、秸秆还田、外源商品有机肥、畜禽粪便堆制等措施增加耕地地力保护，但有机肥堆制往往会因腐熟不到位和畜牧粪便不能及时处理掉而产生污染。2013 年，经过农场党委多次考察和研究，与四川师范大学合作开展蚯蚓粪生物有机肥建设项目，使奶牛干物质粪便在蚯蚓消化系统蛋白酶、脂肪酶、纤维酶和淀粉酶的作用下，迅速分

解、转化为易被作物吸收利用的营养物质，经排泄后成为蚯蚓粪。以蚯蚓粪作为添加剂生产精制螯合肥，用蚯蚓体生产蚯蚓酵素，通过卫星生物科技有限公司产业化生产后，蚯蚓粪直接或经过造粒后形成商品有机肥料。既解决了畜牧养殖小区畜禽排泄物污染环境的难题，又为绿色食品原料标准化生产基地水稻种植提供了部分优质的蚯蚓粪肥。同时，用蚯蚓体可用于生产优质的畜禽饲料和鱼饵，饲养高端的禽类、蛋类、鱼类，设施农业特色果蔬种植等。目前，黑龙江省八五〇农场蚯蚓养殖基地占地面积 50 000 平方米，自然养殖面积12 000 平方米，越冬棚面积 1 600 平方米。年可产蚯蚓 10 吨，生产蚯蚓粪有机肥 1 000立方米。应用蚯蚓粪有机肥种植水稻试验示范表明，不仅可降低肥料的施用，而且水稻还表现出抗旱能力强、根系发达的优势，在水稻壮苗、抗倒伏和抗病等方面表现突出。2017—2019 年，农场累计应用蚯蚓粪生物有机肥种植的 3.1 万亩优质水稻种植，平均亩产为 500 千克，较常规种植田亩增效益 305 元，亩增纯效益 106.6 元（施用蚯蚓粪肥等亩增加投入 198.4 元），取得了很好的生态效益和经济效益。

二、加强生产管理，构建基地核心

农场将绿色食品原料标准化生产基地作为转方式、调结构、落实农业“三减”的示范样板，重点推进三项管理措施。一是强化基地监管。将绿色食品原料标准化生产基地建设纳入农业工作绩效考核，考核结果与管理人员工资挂钩；管理部门不定期对基地进行巡查，尤其是在秸秆禁烧和农业投入品废弃物等环境治理方面，采取环保、林业、农业、农机、公安等部门联合监督机制并严格考核，秋季每 5 天通报一次，对发现有焚烧秸秆现象的单位，全农场通报并处以罚金。发现“焚烧秸秆”现象两次以上，农场党委对管理区主任进行诚勉谈话。二是严格按照绿色标准种植。严格按照绿色食品原料（水稻）标准化生产基地七大体系建设要求进行管理，配备专人负责基地的生产指导和监督，并在农事关键环节召开质量定标会，确保标准化生产。三是在绿色食品原料标准化生产基地种植环节严把产品质量关。每年通过农业农村部认定的检测机构和瑞士 SGS 国际通标检测机构对土壤、灌溉水、稻谷等样品进行检测，以保证基地产品质量。

技术措施是绿色食品原料标准化生产基地建设的保障。农场一方面加强与科研院所、高校合作，开展绿色水稻生产模式，分别与中国农业大学、四川师范大学、黑龙江省农垦科学院合作开展水稻新型生物制剂研发应用，改善品质，通过产学研结合，提高新技术、成果的转化率。同时，加快农业“三减”技术推广，在化肥减量增效方面推广应用新型高效控释缓释肥料及水溶肥料、水稻侧深施肥技术、蚯蚓有机肥替代部分化肥、机械施肥及种肥同播、秸秆还田、轮作休耕等。在农药减量增效方面采用飞机航化统防统治、生物农药和植物源类农药、高效农药机械装备（高压弥雾机、植保无人机等）更新及应用、高效助剂及安全剂使用、人工割除“五边”杂草和池埂草等。2019 年落实农业“三减”面积 9.4 万亩，其中，水稻侧深施肥 1 万亩，应用蚯蚓系列有机肥替代化肥 1 万亩，应用生物农药替代 4.6 万亩，高效低用量药剂示范 2 万亩，全面落实节水控灌。

通过以上管理措施的实施，强化了生产管理全过程，规范了基地生产行为，节约了生态资源，使种植户逐步认识到产品质量安全和生态可持续发展的意义，并自觉按照技术规程规范操作，明确自身的安全责任，抵制不安全农业投入品的使用。

三、利用信息技术，构建追溯体系

八五〇农场从 2011 年开始实施农垦农产品质量追溯系统建设项目，经过几年的建设，追溯体系已日臻完善。追溯种植规模已实现水稻全覆盖，追溯精度到作业站、追溯深度到初级分销商，实现绿色产品生产有记录、质量有检测、产品有标识、消费有信心。农场累计投资 600 余万元开展“物联网＋农业”示范基地建设，通过田间摄像头、农田气象站等媒介将气象信息、作物长势、病虫害、土壤墒情等监控数据实时自动上传到信息中心进行分析，为管理决策、智能预警、安全生产提供保障。农场科技人员通过物联网信息及时掌握农作物的生长状态，快速决策绿色食品原料标准化生产基地病虫害防治。同时，农场针对高端优质稻米开展追溯精度到户、图文并茂的精准追溯体系建设。应用家庭农场土地承包系统对农户身份、承包信息、家庭成员等信息进行采集，并将种植户信息与所承包的土地信息捆绑、关联。信息采集员通过移动智能采集设备进行定位，利用 App 软件对农业投入品、水稻长势、田间环境采集信息及影像资料进行采集。加工厂通过高清球机摄像头对原粮入厂等信息进行监控，应用食品追溯加工厂管理系统对稻谷入厂检测、入库、加工、包装等信息进行采集。在加工的过程中，应用追溯码生成系统，设置包装规格后自动生成产品追溯码，每件产品形成唯一的二维码，消费者通过扫描二维码，即可查询到全流程的信息。为把控产品质量，管控人员应用质量巡视系统，在水稻生育期内对生长过程、生长环境等内容进行巡检并通过叶绿素测定给出评定结果。农场管理人员应用食品追溯过程跟踪系统对绿色食品原料标准化生产基地所有追溯农户的信息采集情况、巡检情况及产地环境检测情况进行实时查看、监督管理。2019 年在农场的 6 个管理区 10 个作业站开展优质香稻精准追溯面积 1.8 万亩。追溯系统的建立，进一步健全了田间档案记录和计算机数据资料库，加强了农业投入品管理，推进了基地标准化、信息化建设，使生产管理的基础工作和技术手段整体显著的提高。

四、利用网络新媒体，构建营销体系

多年来，八五〇农场始终将绿色食品原料标准化生产基地建设与绿色食品企业的发展协调稳步推进，截至 2019 年底，获批绿色食品原料（水稻）标准化生产基地 35 万亩，绿色大米加工企业 4 家，绿色食品大米产品获证 17 个。

绿色食品原料标准化生产基地与企业对接面积 28 万亩，重点培育出“八五〇”“圣丹”等品牌，以实现由“种得好”向“卖得好”转变。八五〇农场逐步在全国开展销售布局，重点开拓西南、长三角、珠三角市场，并在上海、昆山设线下美食体验店，提高产品美誉度。从 2016 年开始，农场通过补贴奖励的方式，鼓励辖区企业积极参加全国性各区域市场展销会。组织企业参加了“黑龙江省好粮油中国行——走进上海”品牌推广活动、上海中国国际食品和饮料博览会、黑龙江省首届“农担杯”农产品营销大赛等活动，营销手段不断丰富。2017 年，对接企业黑龙江农垦华彬粮油经贸有限公司在黑龙江省首届“农担杯”营销大赛决赛中获得单项品类第一名的好成绩，与上海禾润公司签订了销售合同，“八五〇”品牌系列产品成功进入大润发、华联吉卖等华东地区 165 家连锁超市。江苏昆山“禾沐农业”的八五〇农场首家社区米仓、健康绿色农产品体验店正式营业，不断赢得了消费者的认可。同时，“八五〇”品牌系列米在淘宝、京东商城、天猫商城开办店铺进行线上销售，在基地水稻生长期间开展绿色产品的销售、预售。如将黑龙江农垦华彬粮油经贸有限公司的淘宝分销商——2016 年度花椒直播江苏第一“网红”和广州“小侬粮仓”请到田间地头进行现场直播，起到了很好的宣传作用，对开展私人订制土地、订购产品，基地产品的销售起到了推动作用。

通过绿色食品原料（水稻）标准化生产基地建设，农场水稻种植产业链进一步延伸，种植户质量安全意识得到显著提高，生态环境得到优化，社会效益和经济效益显著提高。通过传统模式、电子商务模式、新零售模式的立体销售，使农场的优质农产品走向全国，促进了一二三产业的融合发展。今后，农场将进一步继续完善基地建设，加强质量管理，加快基地品牌推广，争取更大的市场销售份额。

狠抓七大体系建设 打造高质量绿色食品原料标准化生产基地*

路 辉

（江苏省农垦集团公司）

江苏省农垦农业发展股份有限公司（苏垦农发公司）是江苏省农垦集团公司控股子公司，是江苏目前规模最大、现代化水平最高的农业类公司和商品粮生产基地，具有明显的规模、资源、技术、装备、管理及绿色产品优势。公司规模化经营100万亩高标准农田，拥有东辛农场等19家分公司，大华种业、苏垦米业、苏垦农服等5家子公司和1所农科院，员工1.3万余人。公司是集优质商品粮（良种）种植生产、农产品加工销售、农资经营、农业技术研发等于一体的大型综合农业企业。公司狠抓七大体系建设，以组织管理体系为保障，以生产管理体系为基础，以农业投入品管理体系为前提，以技术服务体系为依托，以监督管理体系为抓手，以基础设施和环保体系为构架，以产业化经营体系为支撑，成功创建全国绿色食品原料（小麦、水稻）标准化生产基地，为打造最具质量与安全优

* 本文原载于《中国农垦》2020年第1期，25-27；本文略有改动。

势的商品粮基地筑牢基础。

一、强化领导，明确责任，建立健全组织管理体系

集团公司成立了由总经理为组长，相关人员组成的绿色食品原料标准化生产基地建设领导小组，并以文件形式下发到各有关单位和基地生产区。文件明确了领导小组工作职责，并多次召开基地建设领导小组会议，对基地建设进行了全面的安排部署，同时在苏垦农发公司设立了全国绿色食品原料（小麦、水稻）标准化生产基地建设办公室（以下简称基地办），由公司总裁兼任办公室主任，并以文件形式下发了《关于开展全国绿色食品原料（小麦、水稻）标准化生产基地创建工作的通知》《关于印发〈全国绿色食品原料标准化生产基地建设规划〉的通知》《关于成立全国绿色食品原料（小麦、水稻）标准化生产基地建设领导小组的通知》《关于印发全国绿色食品原料（小麦、水稻）标准化生产基地各项管理制度的通知》《关于印发绿色食品生产操作规程的通知》《全国绿色食品原料（小麦、水稻）标准化生产基地试验田成果推广制度》等文件，制定了《基地环境保护制度》《生产技术指导和推广制度》《绿色食品专项培训制度》《生产档案管理和质量可追溯制度》《农业投入品管理制度》《综合监督管理及检验检测制度》，明确了基地领导小组、成员部门和基地办的工作职责。同时按照文件要求，健全公司、分公司、生产区、大队组织机构，明确了相关单位负责人为基地建设负责人，明确具体工作人员，并建立相应的岗位责任制。建立健全基地建设目标责任制度考核办法，在每个基地配备3名专职工作人员的基础上，明确要求分公司、生产区、大队层层签订责任书，做到任务分解到人、责任落实到人，细化量化考核指标。

二、强化管理，规范执行，建立健全标准化生产管理体系

按照集中连片、合理规划、规模发展的原则，在统一农作物品种布局、统一优良品种的种子供应、统一生产操作技术规程和农艺栽培措施、统一生产资料等投入品供应和使用、统一农机作业标准和田间管理、统一农产品购销的绿色食品“六统一”生产管理制度下，小麦、水稻品种实行区域化种植，小麦主要选择宁麦13、扬麦系列、淮麦系列等品种，水稻主要选择华粳系列、连粳

系列等品种，所有种植品种均为优良品种，纯度达到98%，绿色食品原料标准化生产基地良种普及率达到了100%。在生产操作上，严格按照《绿色食品原料（小麦、水稻）生产栽培技术规程》操作。强化了生产管理，建立健全公司、分公司、生产区、大队四级生产管理体系，以基地单元为单位，绘制基地分布图和地块分布图，对地块进行统一编号，编制了基地农户名册，立卷归档，各创建单元均在基地显要位置竖立了项目标识牌，领导小组、工作职责和各项管理制度上墙。实施产品质量追溯制度，统一印发投入品购买记录、田间生产管理与投入品使用记录、收货记录、仓储记录、交售记录、生产作业指导书。通过举办技术培训班，对职工进行了系统培训，要求基地管理人员将生产、销售全过程进行记录，其中生产管理记录在产品出售后10天内提交给分公司基地办，并保存5年。

三、强化监管，掌控源头，建立健全农业投入品管理体系

建立市场准入制度，建立健全农业投入品管理体系，按照绿色食品相关技术标准和要求，公司制订绿色食品农资采购目录，由公司种植业管理中心定期公布绿色食品原料标准化生产基地允许使用、禁用、限用的农业投入品

目录，制订基地允许使用的农药清单及肥料使用准则，所有农药和肥料必须在基地允许使用的目录中采购。实行基地允许使用农业投入品公告制度，定期公布基地允许使用、禁用或限用的农药名单。严把投入品准入关，实施公司、分公司、生产区联动，开展专题试验，筛选高效低毒低残留新型药肥和生物药肥，大力推广应用农业防治、生物防治、物理防治等生态防控技术措施，大力推广使用优质高产多抗良种。建立投入品使用监督检查制度，加大投入品使用的监督抽查力度，基地办、苏垦农服、各分公司定期组织人员到基地指导投入品使用并开展巡查。基地单元设立专门的农资供应和保管场所，配备专用的农药喷用器具及其他农用器具。每年基地办组织对基地投入品销售和使用情况开展专项监督检查不少于4次，各基地均能严格按照要求执行和操作。大力推广应用新技术、新机械，特别是绿色防控技术，采用农业、物理、生物、化学等综合措施开展病虫草害防治，实施基地范围内专业化统防统治，依托各基地单元专业的植保队伍，在农药统一供应的基础上，实行生产过程的标准化操作。规范田间作业行为，全面推广植保机械化，提高雾化效果，减少农药用量。普遍使用大包装农药，减少农药包装废弃物对环境的污染。田间作业时，及时将包装和废弃物回收处理，避免对农田生态环境造成破坏。

四、强化培训，试验示范，建立健全技术服务体系

成立技术指导与推广小组，公司基地办依托种植业管理中心和相关科研院所的技术力量，成立绿色食品技术指导和推广小组，引进先进的生产技术和科研成果，明确主体品种和主推技术，加大先进适用技术的组装集成，提高绿色食品原料标准化生产基地建设的科技含量。配备绿色食品生产技术推广员，建立健全公司、分公司、生产区、大队技术服务体系，结合农业高产建设示范区等项目的实施，将绿色食品生产管理技术培训纳入培训内容，制订培训计划，采取聘请专家授课、技术

人员入户宣讲、深入田间地头指导等形式，对基地生产管理人员、技术推广员和基地职工进行绿色食品知识培训。积极选派相关人员参加国家、省有关绿色食品知识培训，公司每年举办专题培训不少于 4 次，培训人员达 3 000 人次以上，发放绿色食品相关材料 2 万余份。基地根据各单位实际情况科学合理地设立了试验田，确保能够辐射覆盖全部基地生产单元，并明确了管理人员、职责分工、运行管理要求，制定了《全国绿色食品原料（小麦、水稻）标准化生产基地试验田成果推广制度》，2018 年试验田共开展植保无人机在农田病虫草害防治中的应用、稻麦绿色农药的筛选等绿色食品相关试验示范 26 项，形成试验示范总结 26 份，其中计划推广技术 5 项，充分发挥了绿色食品生产技术、绿色食品生产资料、绿色防控技术等示范推广作用。

五、强化监督，监管结合，建立健全监督管理体系

为了强化落实，实现管理环节无漏洞，公司制定了较为完善的《苏垦农发全国绿色食品原料（小麦、水稻）标准化生产基地综合监督管理及检验检测制度》，组建了基地监督管理队伍，基地办会同公司相关单位、部门人员，定期对基地环境、生产过程、投入品使用、产品质量、档案记录等内容实施监督检查。各基地单元明确专人负责档案记录，负责田间生产管理记录的收集和集中保管。建立基地内部监督机制，鼓励基地管理人员相互监督，发现违规生产情况及时向基地办汇报，基地建设领导小组将根据违规情节严重程度对汇报人员和违规操作人员给予适当的奖惩。每年基地办组织对基地大规模检查不少于 4 次，小规模抽查不少于 10 次。依托农产品质量检测中心和自检机构，各分公司和龙头企业对基地环境质量、产品及时进行自检、抽检和送检。公司严格实行分阶段检查汇报制度和信息发布制度，监管人员及时向基地建设领导小组汇报阶段性监督检查情况，发现问题及时纠正整改。

六、强化投入，巩牢基础，建立健全基础设施和环保体系

公司绿色食品原料标准化生产基地建设区内，农业生态环境保护较好，位于沿海、沿江、沿湖区域，均具备了天然的生产条件，基地方圆 5 千米范围内和上风向 20 千米范围没有新建的有污染源的工矿企业，空气、灌溉水、土壤

环境质量符合《绿色食品　产地环境质量》（NY/T 391）要求，肥力水平中等，耕地连片，实现秸秆全量还田，麦稻生产实现全程机械化。基地施肥、施药严格遵照《绿色食品　肥料使用准则》（NY/T 394）、《绿色食品　农药使用准则》（NY/T 393）执行，主要以有机肥为主，所有施用的农家肥全部经过高温发酵，确保无害。在良好的自然环境基础上，公司继续加强基础设施建设，增加有效投入，提高基地基础建设水平，公司每年投入基地建设资金近亿元，目前基地基础设施配套齐全，现有水泥晒场 592.6 万平方米，水泥渠道 1 406 千米，烘干线 26 984 吨/天，各类农水闸 24 936 座，各类电灌站 1 107 余座，各种大小涵洞 24 936 座，各类农桥 1 037 座。

七、强化订单，产销对接，建立健全产业化经营体系

苏垦米业是省内综合实力最强的大型国有粮食加工企业，作为农业产业化国家重点龙头企业，公司在 2006 年、2007 年先后获得“中国名牌农产品”“中国名牌产品”荣誉。同时拥有中国驰名商标、江苏省重点名牌、江苏省名牌和江苏省著名商标等荣誉。连续多年被中国粮食行业协会评为中国大米加工企业 50 强，成为全省首批“中国好粮油示范企业”，先后获得绿色食品大米标志许可 14.86 万吨。绿色食品原料标准化生产基地依托龙头企业，建立了“龙头企业 + 基地 + 农户”的运作模式，各分公司基地与苏垦米业分别签订了收购合同，产生了显著的经济效益。2019 年，集团公司通过中国绿色食品发展中心审批进入创建期与通过验收的绿色食品原料（水稻、小麦）标准化生产基地达 14 个，占全省 24%（达 77.56 万亩）。通过该模式的带动，水稻亩节约成本 53 元，小麦亩节约成本 38 元，成品销售价格分别上涨 0.15 元/千克、0.2 元/千克，基地年亩平均增加产值达 476 元。

政府性引导　科学化管理 打造高标准绿色食品原料标准化生产基地

孙玉民

（庆安县绿色食品办公室）

庆安县地处黑龙江省中部，小兴安岭与松嫩平原的交汇地带，全县总耕地面积 285.7 万亩，是寒地黑土物产地带，具有发展绿色食品生产得天独厚的优越条件。庆安县曾先后被授予国家级生态示范区、全国“三绿”工程示范县、中国绿色食品之乡、全国农产品加工示范基地、全省绿色食品先进县、全国首家绿色农业示范区、中国绿色名县等称号。目前，全县绿色食品原料标准化生产基地建设面积 130 万亩，占全县农作物种植面积的 45%，其中，绿色食品原料（水稻）标准化生产基地建设面积 50 万亩，绿色食品原料（大豆、玉米）标准化生产基地建设面积 80 万亩。县委、县政府坚持高标准建设大基地，全力将庆安县打造成绿色食品产业之县，将深化农业结构调整、优化绿色食品生

产布局、发展高产优质高效生态安全农业有机结合起来，重点建设了一批区域特色明显、产业化经营条件良好、标准化生产体系健全、市场化发育程度高、产品市场竞争优势明显的绿色食品原料标准化生产基地。

一、强化组织领导，明确责任与工作任务

为了建设好绿色食品原料标准化生产基地，积极发挥政府的主导作用、部门的指导作用，明确各部门职能，上下联动，齐抓共管，高质量抓好各项工作。

（一）成立领导组织

为搞好绿色食品原料标准化生产基地建设，确保领导到位、组织到位，县里成立了以县长亲自挂帅的庆安县绿色食品原料标准化生产基地建设领导小组，并下发文件到各部门、各乡镇，明确了县委、县政府的领导分工，县长主抓产品和市场开发，县委副书记抓龙头企业建设，主管领导抓基地建设，推行县级领导包乡镇，涉农部门领导包乡村，乡村干部包农户，技术人员包地块的包保责任制。

（二）明确工作责任

进一步明确了相关部门的工作责任。即县绿办负责制定生产技术操作规程、基地档案建设和日常工作；财政、金融部门负责资金落实；县农业技术推广中心负责技术培训和指导：生资部门负责种、肥、药等农资的采购、供应；工商局、技术监督局和农业执法大队负责标识、质量、生资市场的监管；水务部门负责农田水利设施建设；农机部门负责农机具的供应和作业指导；林业部门负责农防林、护路林、护屯林建设；县环保局、县绿色食品检测中心负责基地环境、原料和产品的全程质量监测。

（三）统筹推进工作

领导小组每年至少召开 3 次以上的绿色食品原料标准化生产基地建设专题会议和 2 次以上的现场办公会议，研究和部署基地的标准化建设工作。同时，为保障绿色食品原料标准化生产基地建设扎实推进和高质量发展，经会议研

究，制定下发了基地建设实施方案和基地管理办法，并下设基地建设办公室，简称基地办。基地办以县绿色食品办公室为主体，由主任、副主任和工作人员组成，负责基地技术服务体系和质量保障体系的建立，具体承担基地的日常管理和协调工作。各乡镇也成立了相应的基地建设领导组织，确定了具体的工作人员，做到名单上墙、有效工作。

（四）强化目标考核

为了增强各单位、各级干部对绿色食品原料标准化生产基地建设的责任感和紧迫感，建立健全了基地建设目标考核责任制度，由县领导小组牵头与各部门、各乡镇签订目标责任状，各乡镇与各村签订目标责任书，每年跟踪考核3次，年终总考核评比，对各部门、各乡镇的工作状况实行基地建设一票否决制。实现了任务到人、责任到人、考核到人、奖惩到人的考核机制，从而在全县形成了上下联动、各司其职、各负其责、齐抓共管的良好态势。

二、强化生产标准，健全档案与规章制度

实践中把绿色食品原料标准化生产基地建设作为标准化生产与广泛应用科技的一项综合配套工程来抓，坚持全方位、全过程、全系统地实施标准化生产。

（一）制定生产标准

结合庆安县实际，水稻、大豆、玉米三大作物的绿色食品原料标准化生产基地分别打破了乡村界线，实行了集中连片、规模种植，并在显要位置设立了内容详尽的基地标识牌，全面推行了“八个标准化”生产模式和“五统一”生产管理制度。“八个标准化”生产模式：综合整地标准化、良种选用标准化、生资使用标准化、田间管理标准化、生产操作标准化、收获储运标准化、产品加工标准化、商品包装标准化。“五统一”生产管理制度：统一优良品种、统一生产操作规程、统一投入品供应和使用、统一田间管理、统一收获。

（二）推广农业技术

建立了一整套的耕作、轮作制度，广泛地应用模式化栽培技术，大力推

广水稻超早钵育育秧、水稻三膜覆盖育秧、水稻侧深施肥栽培、水稻地膜覆盖、稻鸭和稻鱼等有机栽培、大豆大垄双行、套复种、生物防控等技术 20 多项。

（三）强化技术服务

全县共印制三大作物的种植规程及绿色食品原料标准化生产基地生产管理记录手册 3 万册，无偿下发到基地农户手中。全县有高中级技术职称的农业技术人员 163 人，常年活跃在生产第一线，为农户提供全程技术指导和服务。

（四）加强科技示范

为了提高绿色食品原料标准化生产基地的科技含量，在基地内共建设市级绿色科技示范园区 36 个，引领带动面积达到 100 万亩以上，与科技示范园区相结合建设“互联网 + 农业”示范基地 26 个，引领带动农业生产标准化提升。

（五）实行档案管理

为保证标准实施和生产质量，建立健全了档案管理体系。县基地办有基地种植分布示意图、面积分解表、实施方案、各项管理制度、栽培模式图、农户姓名、种植面积及地块编号清单、农业经济合作组织清单、农资经营者清单等，乡有种植分布示意图、种植操作规程、栽培模式图、实施方案、各项制度、农业经济合作组织名单等。企业有收购合同，收购、仓储、加工、销售记录和基地分布图等。农户有生产者使用手册（包括地块编号、种植者姓名、作物名称、品种及来源、种植面积、播种移栽时间、土壤耕作、肥药使用情况、收获记录、仓储记录、交售记录等），种植操作规程，交售合同等。

（六）建立监管制度

充分利用县绿色食品检测中心的作用，建立了肥药检测制度，化肥完全符合《绿色食品　肥料使用准则》，农药完全符合《绿色食品　农药使用准则》，生产中在大量使用农家肥的基础上，广泛应用配方施肥，大力推广绿色食品专用肥药，使基地内的测土配方施肥面积达到 60 万亩。

三、强化源头控制，健全技术与监管队伍

为了抓好源头控制和做到全程监管，制定并出台了《庆安县绿色食品原料标准化生产基地投入品管理制度》，建立了投入品专供点，指定专门的生资经营户对基地所用肥药进行配送和服务，同时建立健全了技术与监管队伍。

（一）建立健全农业投入品管理体系

在投入品使用和管理上，做到了一许可、二公开、三禁止、四保证、五检查。“一许可”，即庆安县从 2002 年起就实行了生产资料许可证制度，每年县农业局都对生资业户的生资经营许可证进行审核年检。“二公开”，即对绿色食品生产禁用和推荐使用的投入品，每年春耕前县电视台都进行为期一个月的公告，同时基地办还向生资业户和基地农户发放禁用品和推荐品使用清单。“三禁止”，即禁止从非正规进货渠道进货，禁止在县农资批发市场以外经营农资，禁止经销假种、假药、假肥。“四保证”，即保证农资质量，保证满足生产的需要，保证监管检查到位，保证禁用品不进入市场和农田。“五检查”，即县农业综合执法大队对生资市场查证件、查来源、查质量、查价格、查手续。此外，基地办每年都对基地农户使用的投入品进行三次以上的抽查或检查。在投入品使用上，做到了三杜绝、四允许。“三杜绝”，即杜绝超次、超量和杜绝在安全期内重复使用。“四允许”，即明确允许使用的品种、使用的剂量、使用的时间和使用的次数。

（二）建立健全技术服务队伍

全县形成了县、乡、村三级技术服务体系，县有推广中心、乡有农技服务

站、村有技术员。县里每年都从中抽调出具有高中级职称的技术人员组成专家组，按培训制度，制订培训计划，在产前对基地农户进行技术普训、分训和专训，年累计培训6.2万人次，技术人员常年活跃在生产第一线，产中进行现场讲解和指导，在产后进行技术总结和种类技术咨询，使农户每家至少有一个绿色食品生产的明白人。

（三）建立健全监管队伍

形成了县、乡、村三级监管体系，县由基地办、农业综合执法大队、技术监督等部门组成，乡由主管农业的副书记、副乡镇长和农业综合服务站组成，村由村委会和各屯屯长组成。除了对生资市场进行监管外，还实现了对育苗、播种、施肥、用药、田间管理、收获、交售及档案记录等各环节进行有效检查和监管。并在基地内建立了相互制约的监督奖惩机制，对不按标准要求生产的农户，取消其基地生产者资格，废止与企业签订的产销合同，把生产绿色食品积极性高、种植技术好的农户充实到基地生产者的行列。

四、强化基础建设，健全检测与信息体系

生产是过程，质量是保证，效益是目的。因此，为保证原料和产品的质量，广泛及时地掌握和发布信息，获得最大效益，在执行标准化生产的同时，建立健全了检测与信息体系。在绿色食品原料标准化生产基地建设上，始终坚持农业标准化与生态环境优良化有机结合，加大基地调入设施建设和环境优化力度。截至2019年底，全县大型农机合作社发展到23个，全县农机保有量达到4.5万台（套），全县农业机械化水平不断提高，达到96%。同时，大力开展农田水利工程建设，修复拦河大坝2座、进水闸3座，新建节水渠道2

条，配套机井灌溉设备 60 台（套），完成农田水利基建土方 83.8 万立方米，新增灌溉面积 6.8 万亩，堤防保护面积 3 万亩，节水控灌面积增加 25 万亩。农田全部达到土地平整、土地肥沃、田成方、林成网。在生态环境建设上，除遵守政府制定颁布的《庆安县绿色食品原料标准化生产基地环境保护区管理办法》以保护基地现有环境和设施外，还应进一步加强治理。在造林绿化上，做到了“四个突破”，即在基地新修的通乡、通村、通屯水泥路及沿路绿化上搞突破；在基地乡镇及基地村绿化上搞突破；在基地更新林及护路林上搞突破；在基地所属能源林建设上搞突破。通过大搞基础设施建设和环境整治，硬化了道路，绿化了村庄，美化了环境，净化了空气，生态村建设达到 80%，不仅为绿色食品生产创造了良好环境，也为农民营造了温馨舒适的生活空间，极大促进了社会主义新农村的建设步伐。在检测体系建设上，除了常年接受国家指定的检测部门的检测并与其建立长期密切的联系与合作外，庆安县于 2001 年还投资 305 万元组建了庆安县绿色食品检测中心。该中心有 240 平方米的实验室，内设药残检测室、元素检测室、常规检测室等，配置了气相色谱仪、液相色谱仪、原子吸收分光光度计、原子吸收仪、农药残留快速检测仪等检测设备，配备有高中级技术职称的化验检测人员 12 名，具体承担县内基地原料和产品的质量检测及配方施肥等技术项目。在信息网络建设上，庆安县的基地概况、企业概况、农业经济合作组织概况、原料与产品的种类和产量、生产技术与管理等内容，除了在县、乡、企实现微机网络化外，还加入了中国绿色食品网。不仅可以及时准确地了解外部的需求信息，还可以广泛迅速地向外发布庆安县的购销信息，为新理念、新模式、新技术的吸取，以及产品销售和招商引资搭建了方便快捷的平台，创造了良好的窗口，也大大地提高了庆安县绿色产业的知名度。

五、强化企业参与，健全牵动与利益机制

积极发挥现有龙头企业作用，通过“企业＋基地＋合作社＋农户”“合作社＋农户”等多种合作方式，采取规模化经营种植，并探索进一步合作，建立合作共同体，建立健全利益联结机制，逐步形成政府、企业及农户等多渠道投入机制，扩大高标准基地面积，提升基地标准，带动全县标准化基地建设。

（一）制定企业标准，提升基地生产水平

现有龙头企业按照市场需求，打造企业自主品牌，以绿色食品种植加工操作规程为起点，按照品牌标准制订了企业的种植标准和加工标准，采取统一标准、统一品种、统一采购、统一收购、统一加工、统一品牌的“六统一”经营模式进行生产，提升了企业基地的生产水平。

（二）实施规模经营，强化基地建设标准

企业通过流转农户土地和聘请专业生产人员，按照企业种植标准由企业自主经营土地，打造高标准示范基地，引领带动企业基地提档升级，久宏、民族两个省级样板示范园区就是由企业自主打造的高标准基地，在企业基地提档升级中发挥了极大作用。

（三）完善联结机制，引领基地融合发展

为了保证粮源供应，企业通过与农户签订回收订单，建立利益联结机制，农户完全按照企业种植标准进行种植，在产品符合企业要求后定价回收，通过龙头企业引领带动全县基地订单覆盖面积达到 90% 以上。东禾农业集团通过组建联社，实行二次分红，把农户、合作社、企业连在一起，把种植、加工、销售串成一线，把一二三产业融为一体，推动“销得好”引导倒逼“种得更好”，引领带动企业标准化生产。2017 年，企业为农户二次分红 1 026 万元，促进了农民增收，直接引领带动企业牵动的基地规模不断扩大，现入社农户发展到 2 858 户，入社土地 15.6 万亩。

推动绿色崛起　共享创绿成果 高质量打造绿色标准化生产“昆山模式”

王志斌　吉海龙　沈　刚

（昆山市农业农村局）

创建全国绿色食品原料（稻麦）标准化生产基地简称创绿，是近年来农业标准化建设的一个突出亮点，其核心就是在基地建设过程中把标准化和品牌化有机结合，把基地建设与龙头企业有效对接，较好地实现生态效益、经济效益和社会效益的统一，为实施农业标准化发挥重要示范作用。昆山市作为第十七批全国绿色食品原料（稻麦）标准化生产基地创建单位，积极以生产要素和生产进程的标准化提升标准化基地的含金量。自2018年昆山成功创建全国绿色食品原料（稻麦）标准化生产基地以来，便以绿色食品事业全面高质量发展为目标，加快推进农业供给侧结构性改革，落实质量兴农、绿色兴农、品牌强农，在夯实组织管理、基础设施、生产管理、农业投入品管理、科技支撑、技术服务、产业化经营“七大体系”基础上，强化担当、继续奋斗，敢闯敢试、砥砺奋进，逐步打造绿色食品原料标准化生产基地高质

量发展的“昆山模式”。

一、农村土地流转为创绿奠定组织基础

1998 年第二轮农村承包土地确权以来，昆山市根据中央、省、市有关文件精神，认真贯彻落实《中华人民共和国土地承包法》和《江苏省农村土地承包经营权保护条例》，借鉴外地经验，结合昆山实际，积极探索，加强引导，不断推进农村承包土地经营权规范、有序流转，有力地促进了农业增效、农民增收，为提高农业规模经营水平、发展现代都市农业创造了条件。2003 年 3 月，昆山市第一家土地股份合作社诞生。2007 年，中共昆山市委先后下发《关于加快发展我市现代都市农业的意见》和《关于推进全市富民强村和现代都市农业的若干政策》，对土地流转和规模经营提出了要求。通过加强引导、积极鼓励、规范管理，昆山市土地规模流转率达 99%。全市稻麦规模经营面积从 2008 年的 4 万亩增长到 2018 年的 10 万亩；同时，围绕习近平总书记关于“确保重要农产品特别是粮食供给”指示精神，昆山市创新实施农田连片整治工程，在全市域范围开展以治农田环境、治闲置地块、提升农业环境水平、提升生产设施水平、提升规模经营水平为主要内容的“二整治三提升”行动，力争从连片中提升规模，从规模中提升供给，从供给中提升效益，2019 年完成农田连片面积 8 674 亩。为昆山市创建全国绿色食品原料（稻麦）标准化生产基地提供了有效保障。

二、主要农作物农药价格补贴为创绿的投入品监管奠定管理基础

认真贯彻《市政府办公室关于印发昆山市农药价格补贴实施办法的通知》(昆政办发〔2015〕26 号）通知精神，实行“一张方子、一个漏斗”经营模式。由市农委统一“开方子”，供销总社农资部门统一供货。实行市、区镇两级财政共同补贴，综合价格补贴差率为采购中标价的 46%（市财政负担 26%、区镇财政负担 20%）。同时实行“三统一”管理。统一配送：由市供销总社委托市农业生产资料有限公司，将所采购的农药及时配送到基层农资连锁店（庄稼医院），并由基层农资连锁点负责台账登记和销售。统一登记：农药经营单位对配送农药进货批号实行登记，实施配送农药的全过程追溯和统一监督管

理。统一价格：对本市规模经营户销售的农药让利零售价格按采购中标价格的80%确定，报物价局备案。目前，农药集中配送率达到87%，其中稻麦农药集中配送率达95%以上。下一步，昆山市将探索研究提高绿色食品生产允许使用的农药价格补贴比例。

三、农药废弃包装物回收为创绿奠定环境基础

根据昆山市人民政府办公室《市政府办公室转发市财政局农委供销总社关于昆山市农药废弃包装物回收处置实施意见的通知》（昆政办发〔2015〕159号）文件精神，由市农业生产资料有限公司于2016年5月开始全市范围内开展农药废弃包装物的回收、归集和无害化处置工作。采取农资各销售网点折价回收的模式，将昆山市范围内因农业生产、绿化养护等产生的农药废弃包装物（包括农药直接接触的袋、瓶、桶、罐）进行统一回收、集中、分类，并进行无害化处理，全市设立统一管理的回收网点55家，2018年财政补贴225万元，回收率超75%，无害化处理达100%。有效降低农业面源污染，保护昆山市生态环境安全。

四、培育高素质农民为创绿奠定人才基础

作为全国首批高素质农民培育试点县市，强化“谁来种地”问题导向和“种好地”结果导向，率先出台高素质农民认定管理办法，专门新设市高素质

农民培育指导站，引导成立高素质农民协会，形成政府重视、部门主抓、行业自治的良好氛围和教育有资助、社保有补贴、创业有扶持的发展机制。培育稻麦生产类高素质农民 67 名，逐步成为绿色标准化生产的“代言人”。同时，探索推进新型合作农场改革，实施“新型合作农场 + 高素质农民 + 社会化服务”的生产经营模式，通过在统一规划、自主经营、考核奖惩、责任意识、合同管理、财务管理上做到“六个强化”，逐步实现新型合作农场高效、规模、优质发展。

五、生态种养新模式为创绿奠定技术基础

休耕是让耕地休养生息，实现用地养地相结合、保护和提升地力、增强粮食和农业发展后劲。昆山市是轮作休耕先行先试地区，早在 2015 年农业部和江苏省启动耕地轮作休耕试点前，就率先制订冬春生态休耕方案，在新型合作农场试点；2016 年，市政府出台了《昆山市耕地轮作休耕试点实施办法》（昆政发〔2016〕90 号），全市范围内全面开展耕地轮作休耕；2018 年，市政府办公室印发了《关于加快推进农业供给侧结构性改革的扶持政策》（昆政发〔2018〕22 号），进一步加大补贴力度，轮作换茬每亩 400 元、深耕晒垡每亩 300 元。当前，昆山每年实施耕地轮作休耕 4 万亩，通过轮作换茬或深耕晒垡，实现当季每亩减少使用化肥 23 千克、农药 0.38 千克，为土地休养提供“营养”。

同时，将耕地轮作休耕与稻田综合种养模式结合起来，开展“稻 + 休耕 + N”生产模式，全市稻田综合种养面积 2 000 亩，包括稻 + 鸭、稻 + 虾、稻 + 蟹等，实现了“一田多用，一田多收”。

六、优质稻米“全程不落地”为创绿奠定装备基础

水稻方面：加快烘干中心和大米加工中心建设，开发优质稻米生产全过程无缝转运、自动控制的标准化流水线，淀山湖、花桥等稻米“全程不落地”生产，全市绿色食品大米面积 6.1 万亩，转化率达 58%。

小麦方面：构建“公司 + 基地 + 农户”产业化经营模式，7.4 万亩小麦全部由农业龙头企业订单收购。

七、区域公用品牌为创绿奠定平台基础

充分发挥绿色食品原料标准化生产基地优质稻麦品牌引领作用，不断提高品牌知名效应，推动供给结构和需求结构提档升级。在“昆味到”农产品区域公用品牌的统领下，“昆牌大米”“巴城大米”“谷中来”“淀小爱”“商鞅湖”等大米品牌越来越受欢迎，2019 年，“巴城大米”获“杨巷杯”江苏好大米—粳米组银奖，“昆牌大米”获“苏州大米十大价值品牌”。同时，深入挖掘昆山稻米文创潜力，以品牌故事和包装设计等提升稻米商品形象。

全社会参与　全环节联动 建设绿色食品原料标准化生产基地

杨小龙

（四川眉山市农业农村局）

近年来，眉山市东坡区将绿色食品作为做响“东坡泡菜”品牌、保障农产品质量安全的重要载体，大力推进绿色食品原料标准化基地建设，政府、企业、业主、农户全社会参与，培育、推广、使用、监管全环节联动，取得了较好的成效。全区创建绿色食品原料（豇豆、榨菜、萝卜、辣椒）标准化生产基地18.4万亩，对接绿色食品企业面积14.72万亩，对接率达80%。

一、强产业，夯实培育根基

坚持产业为基，充分发挥东坡区生态、技术、市场优势，做大做强泡菜产业，为培育绿色食品企业及绿色食品原料标准化生产基地奠定坚实基础。以东坡区为核心的泡菜产业创造了“六个全国第一”，拥有泡菜企业 64 家、绿色食品泡菜企业 8 家、泡菜类绿色食品 59 个、泡菜类绿色食品原料标准化生产基地 46 万亩，年销售收入超过 180 亿元，其中绿色食品销售收入超过 25 亿元。围绕建全国最优园区、产全球最好泡菜这一目标，建成面积 10 余平方千米的中国泡菜城，聚集形成以李记、吉香居、味聚特三大亿元级绿色食品泡菜企业为核心的工业园，对接 60% 以上面积的泡菜类绿色食品原料标准化生产基地。2018 年，中国泡菜城成功创建全国首批国家现代农业产业园。

二、重环保，推进绿色生产

坚持生态为重，围绕优质绿色食品原料生产要求，加大基地范围内畜禽养殖排污管理，扎实推进农业投入品减量增效行动。在绿色食品原料标准化生产基地建设化肥农药减量示范点 25 个，全面推行水肥一体化、测土配方施肥、专业化统防统治、绿色防控等技术，广泛推广猪-沼-菜、秸秆还田等循环农业模式。基地内畜禽养殖场粪水全部经过无害化处理，施用的农家肥全部经过高温发酵和腐熟。全区绿色食品原料标准化生产基地化肥、农药使用量连续两年实现负增长，秸秆综合利用率达 96%，农药包装废弃物回收率达 62%，废旧农膜回收率达 84%，规模养殖场粪污处理设施装备配套率达 93.64%，畜禽粪污综合利用率达 85%，茂华、万家好、华诚等企业的种养循环模式获评省级典范。

三、严监管，构建质控体系

坚持质量为根，构建标准主导、示范引领、全程监管的绿色食品原料标准化生产基地监管体系。全区制定了豇豆、萝卜、榨菜、辣椒等生产技术规程 8 个，制定的泡菜生产标准经商务部审核后颁布为全国第一个泡菜行业标准。创建生产示范村 26 个，占基地总村数的 30%。制定生产管理、投入品使用、产地环境管理等制度 3 个，实行农资、技术、管理、收获、销售“五统一”的生产模式。建立违规使用农业投入品发现一户取消一组、发现一组取消一村、发现一村取消一乡镇的绿色食品原料生产资格的处罚机制。依托乡镇农业站所设立绿色食品原料标准化生产基地监管员和协管员，对从事绿色食品原料生产的主体开展跟踪检查和动态管理，健全生产档案，实施质量监测。全区绿色食品原料标准化生产基地农产品质量安全监测合格率一直保持在98%以上，东坡区于2018年成功创建为“四川省农产品质量安全监管示范县（区）”。

四、办会节，扩大品牌影响

坚持会节为媒，搭建强有力的绿色食品展示推介、交流合作、招商引资、市场营销平台，不断增强品牌影响。眉山市连续10年举办全国性泡菜展会，展示绿色食品的泡菜产品，中国泡菜食品国际博览会成为眉山特有的会节品牌，东坡泡菜借助这个平台享誉全国，跨出国门远销日本、韩国、新加坡、美国、英国等国家和地区。东坡区大力开展泡菜全国行、全球行、“七进”活动，连续3年组织泡菜绿色食品企业参加绿博会、四川农业博览会，同时借助国家和省级媒体强化宣传。东坡泡菜连续3年荣登中国品牌价值榜，品牌价值113.85亿元。

五、联主体，带动农户增收

坚持以人为本，加强政策扶持引导，激发农业主体活力，不断提升绿色食品原料标准化生产基地对接企业率，带动农民增收致富。眉山市每年安排2 000万元泡菜产业发展专项资金、1 000万元现代农业园区建设专项资金、3 000万元现代服务业创新创业发展专项资金，对绿色食品原料标准化生产基地建设、品牌创建、市场拓展给予奖补，对龙头企业、农民合作社、家庭农场等绿色食品原料生产主体给予扶持。建立“订单+保单”风险防控机制，全区绿色食品原料订单率达70%以上、保险覆盖率达50%以上。目前，全区绿色食品原料销售收入总额突破3.86亿元，助农增收2.58亿元，带动基地农户人均增收985元。

绿色食品原料标准化生产基地建设助推现代农业发展

庄　宇

（库车市农业检验检测中心）

库车，地处天山中部南麓、塔里木盆地北缘，属暖温带大陆性干旱气候，日照充足，全年日照时数达 2 915.9 小时。地形北高南低，自西北向东南倾斜，南部为冲积平原，面积 7 648.39 平方千米，地势平坦，土壤肥沃，境内主要河流有库车河（苏巴什河）、渭干河和塔里木河，属于积雪融化和泉水汇集而成的河流，年径流量 3.31 亿立方米，灌溉面积 15 333.3 公顷。

库车市是农业大县，历年来政府对农业发展高度重视，工业区规划与农业区远离，农业耕作区域水质、大气、土壤清洁纯净，为绿色食品发展提供了理想之地。县域内冬季平均气温 −4.4℃，全年封冻日数 92 天，最大冻土层深度达 120 厘米，有效抑制了病虫害的积累，减轻了农药的使用以及对环境的污染，种植基地土质肥沃，农户种植习惯施用农家肥，田边地头防护林网健全，苦豆子等杂草生长茂盛，为农家肥沤制提供了丰富的资源。年均 2 亿元左右农田基础设施建设投入，形成健全的路、桥、涵、站、闸等基础配套设施。2014 年和 2016 年开始，库车市在林果、粮油作物上推行绿色食品原料标准化生产基地创建和绿色食品申报，通过建立健全县乡村三级生产管理、技术服务体系队伍和各项管理办法及管理制度，建立新技术推广示范区和示范点，形成对农业投入品的有效监管，保障了种植区域农产品的质量安全。

一、主要成效

（一）绿色食品产品申报和绿色食品原料标准化生产基地创建协调发展

2015 年底至 2016 年，博斯坦核桃、龟兹红枣、阿合布亚葡萄、环疆特制一等粉、标准粉等 5 个产品先后获得绿色食品标志使用权，库车市核桃、红枣、葡萄、小麦 4 个基地获批创建全国绿色食品原料标准化生产基地，实现了库车绿色食品申报和绿色食品原料标准化生产基地创建的新突破。2019 年，库车市根据农业产业发展实际，再次在小白杏、香梨上开展绿色食品原料标准化生产基地创建申报，绿色食品申报和基地创建工作持续发展。

（二）县乡村三级科技支撑体系建立完善

开展创建工作以来，基地办以县农技、林管技术单位及农业广播电视学校等为依托，以乡镇农业综合服务中心为重点，以村级科技特派员、科技示范户为基础，县乡技术人员分片包干，村级技术人员服务到户，建立完善了县乡村三级绿色食品生产技术推广人员队伍。

（三）建设以绿色食品原料标准化生产基地为重点的农业标准化生产格局

将林果业发展“百十一”基地建设、小麦高产示范区建设与绿色食品原料标准化生产基地建设有机结合，在全市农业生产中大力推广统一品种、统一技术规程、统一配方施肥、统一病虫害防治的农业标准化生产，建立核桃、红枣等林果业示范基地 9.58 万亩，小麦高产示范田 15 万亩次，形成以绿色食品原料标准化生产基地建设为重点，稳定农产品质量安全为中心目标的农业生产大格局。

（四）农业生态环境不断改善

农业面源污染治理，农田残膜回收，畜禽养殖场地设施无害化处理，乡镇污水、垃圾集中处理等一系列保护农业耕作区域环境质量水平的措施持续实施，极大改善了绿色食品原料标准化生产基地生产环境。

（五）绿色防控技术得到大面积推广

2016 年以来，库车全县林果业生产开展石硫合剂绿色防控面积累计达 237

万亩次，打防水圈近70万亩次，挂黄板350万张，悬挂杀虫灯12万余盏；建设小麦高产优质示范基地25万亩次，全市各乡镇进行绿肥沤制，累计沤制绿肥500余万立方米。工作的落实推动了全市农业生产病虫害绿色防控技术的推广应用，降低了化学投入品的使用，改善了农业生态环境，促进了农产品质量安全的持续稳定。

二、主要做法

（一）加强领导，健全组织管理体系

一是成立由县分管农业领导任组长，农业农村局、林业和草原局主要领导任副组长，市场监管局、财政、环保、农技及各乡镇基地创建单元等相关单位主要领导为成员的库车市创建全国绿色食品原料标准化生产基地工作领导小组，对创建工作统一协调、统一部署。共计召开协调部署会议11次。二是成立技术指导小组，负责基地小麦、红枣、核桃、葡萄生产的技术指导、技术培训，涉及的12个乡镇也成立相应组织，确定专人负责小麦、红枣、核桃、葡萄绿色食品原料标准化生产基地申报工作。累计开展培训300余场次，累计培训人数7.5万人次。三是制订了《库车县创建全国绿色食品原料（红枣、核桃、葡萄、小麦）标准化生产基地建设实施方案》，将基地建设工作作为对各乡镇及县直单位工作的考核内容，层层签订责任书，制定基地生产管理、技术指导及培训等制度，为基地建设各项工作的开展提供了组织和制度保障。

（二）加强农业生产管理，确保绿色食品技术规程的有效落实

一是建立由县农林部门、乡镇农办、林管站、农技站和村主管农业生产的主任、队长等人组成的县、乡、村三级生产管理体系，确保了县级农业生产各项措施能够顺利落实到基层。二是建立绿色食品原料标准化生产基地创建农户清单，开展有针对性的技术指导和服务，向基地创建单元内农户发放绿色食品生产者使用手册，绿色食品推荐用药用肥宣传资料及小麦、红枣、核桃、葡萄

等的生产技术规程3万余份，指导监督农户按照绿色食品生产要求选用农业投入品270余场次，有效落实了基地生产各项技术措施。三是做好基地原料的收获、储存。按照绿色食品生产加工对基地原料收获、储存的要求，指导农户分类分时采收、储存，对容易出现混淆的运输、交售等环节，由对接企业与各村安排专门人员进行监督。四是做好档案资料的收集归档，提高产品质量的可追溯性。各基地单元创建村指定专人负责相关档案资料的收集整理，在指导农户如实填写田间生产记录的同时，对产品储存、出入库及运输、交售各个环节具体工作责任人均要求按照工作实际开展情况填写相关记录，在一个生产周期结束后统一上交乡镇基地办归档，确保了产品质量的追溯性。

（三）加强宣传培训，提高农业投入品监管力度

1. 加强宣传培训

举办农药及农资销售管理专题培训班，累计开展针对全县农资经销商、经营人员的培训13期，发放绿色食品基础知识、相关生产技术规程、国家禁限用农药宣传单及绿色食品农药肥料使用准则等8 000余份；结合“3·15”、食品安全宣传周及执法检查等工作的进行，开展农业法律法规、农资经营知识宣传，发放各类法律法规宣传单1万余份。

2. 加大农资市场管理力度

结合春季、三夏、秋播等农资销售关键节点开展联合执法检查，先后对县域内化肥生产企业生产的16个批次的样品进行抽样送检，对农资市场16个批次的肥料、10个批次的地膜、2个批次的农药进行抽检。没收过期及劣质农药19.9千克、75瓶、28袋，没收过期春麦种子3 120千克，清退不符合地区品种布局种子55.7吨，共查处案件30件，真正从源头上杜绝了影响果品和小麦品质安全的问题。

（四）落实扶持政策，增强基地建设发展后劲

为推动绿色食品原料标准化生产基地建设持续发展，库车市通过加强政策性扶持体系建设，充分发挥了政策扶持的引导、激励和推动作用。一是积极争取各类资金200余万元，用于支持75.3万亩全国绿色食品原料标准化生产基地建设。鼓励金融部门推行小额信贷，加大信贷支持力度，有效促进了全国绿色食品原料标准化生产基地建设。二是因地制宜制定各基地乡（镇）土地流转

优惠政策，通过租赁、转包、互换等土地合理流转形式，鼓励科技能人、致富强人承包经营基地，最大化发展基地规模效益，为基地标准化生产、集约化经营创造条件。

（五）加强企业带动，提升农产品产业化经营水平

库车市在小麦、红枣、核桃、葡萄等产业发展中，坚持推行龙头企业为主体，绿色食品原料标准化生产基地为依托，农户参与为基础的产业化发展模式，依托“十城百店”工程，鼓励企业、合作社积极与绿色食品原料标准化生产基地建立供货关系，与农户形成有效的利益联结机制。同时，积极推行“公司＋基地＋农户”的产业化经营，由政府组织生产，企业收购，形成了有效的订单运作模式，企业、合作社与基地农户签订的购销合同所覆盖的面积达到基地总面积的70%以上。

三、工作发展思路

全国绿色食品原料标准化生产基地是适应现代化农业发展的必经之路，是解决农产品质量安全问题的治本之策，也是推进乡村振兴发展的重要抓手。在今后的工作中，库车市将结合本地实际，抓好基地建设的科学规划，加大对基地建设的资金投入。一是继续加大宣传工作力度，大力普及绿色食品知识和技术，深入扎实开展“绿色食品生产进农户”活动，努力提高全社会对绿色食品生产的认知。二是进一步加强对农业生产者的技术指导和监督，切实将绿色食品生产各项技术措施落实到位，同时加强档案资料的建立收集工作，在确保农产品质量安全的同时，增强产品质量的可追溯性。三是加大对产业龙头企业的扶持，增强“企业＋基地＋农户”的利益联结，通过效益共享，风险共担机制的有效建立，切实提高农户自觉运用绿色食品技术规程进行生产管理的意识。

绿色生资在绿色食品基地推广应用的现状与思考

穆建华[1]　陈　泓[1]　丛晓娜[1]　陈　曦[2]

（1. 中国绿色食品协会　2. 中国绿色食品发展中心）

为满足蓬勃发展的绿色食品产业对安全、优质、环保投入品的需求，促进绿色食品标准化生产，从源头保障绿色食品产品质量，1996 年中国绿色食品发展中心开创性地提出了绿色食品生产资料（以下简称绿色生资）这一全新概念。绿色生资是安全、优质、环保生产投入品的代名词，适用于绿色食品生产，许可范围包含绿色食品原料标准化生产基地（以下简称绿色食品基地）种养殖过程中所需的几乎所有生产资料。在农业绿色发展的形势下，绿色食品事业的全面提升，特别是绿色食品基地的稳步开拓，迎来了新的机遇和挑战，而绿色生资产品种类和数量的不断增多、增长，切实为绿色食品基地提供了更多优质的生产资料选择、更加可靠的物质支撑以及更加多样的服务保障。

一、绿色生资与绿色食品基地有效对接的意义

党的十九届四中全会对坚持和完善生态文明的制度体系提出了明确目标，核心思想就是要严格保护生态环境，实现人与自然和谐共生，这是一个重要的政策与制度导向，预示着今后的农业发展必须是尊重自然、注重环保的发展，是低碳节能的发展，是资源循环利用的发展。这一重要规律在绿色食品基地的种养殖过程中同样得到充分的展现，肥料、农药与基地中农作物的生长，饲料、兽药与基地中畜禽水产的饲养，是紧密相连、相互依存的共同体。

绿色食品基地建设涉及面广、环节较多、监管任务重，基地管理主体的专业技术和知识储备将直接影响整个基地的安全程度和风险隐患，特别是在选用、使用、管理农药、肥料等百姓特别关注的农业投入品时的管理压力凸显。绿色生资，严格遵循绿色食品系列技术标准和规范要求，与绿色食品基地建设与管理制度的要求完全一致，因而尤其凸显了使用和推广绿色生资产品的必要性和重要性。在基地建设中加大绿色生资的推广应用，向管理人员以及基地农户推荐选用或集中采购优质安全投入品，可以从源头上确保基地清洁生产，有利于规范投入品使用行为，减少基地生产的安全隐患。

推动绿色生资企业与绿色食品基地对接，达成长期合作协议，使经过权威第三方加持的绿色生资好产品直接供应基地，在加强企业与基地交流的同时，也为基地产品销路的拓宽提供更多可能，更使得基地产品成为绿色生资企业竞相追逐的优质原料，无形中形成了原料供应与产品销售的循环产业链。例如，合乎标准要求的饲料原料较少是绿色食品水产养殖业发展受限的最主要原因，

不少绿色生资饲料产品以绿色食品基地种植玉米、小麦、大豆为原料，严格按照绿色食品标准化要求进行加工，备受绿色食品养殖企业追捧，在云南、黑龙江等多个省份，已成功建立起多个基地产品与绿色生资饲料企业的信息互通渠道，不仅充分发挥出绿色食品玉米的品牌价值，还能够疏通绿色生资原料供应障碍，形成产销合作双赢模式。

二、绿色生资在绿色食品基地推广应用情况

在农业高质量发展的大背景下，绿色食品事业蒸蒸日上，绿色生资品牌影响力和知名度也不断提升，各级农业农村部门已逐步重视绿色生资在绿色食品基地的推广应用和产业对接，企业也积极参与到绿色生资的开发与市场对接中来，形成了“共同推进、共享成果”的良性循环。

（一）发挥地方政府在区域政策制定和导向方面的积极作用

黑龙江、湖南、青海等省份先后推出绿色生资奖补政策，上海、浙江和江苏等地将绿色生资纳入绿色防控或者政府招标名单，有力推动了绿色生资在绿色食品企业和绿色食品基地的循环应用。例如 2018 年，青海省在化肥减量行动中将绿色生资获证产品纳入政府采购目录，并集中供给全省绿色食品基地和绿色食品种植企业，解决了该省绿色生资企业有机肥的销售出路，吸引了大批企业积极申请加入绿色生资队伍，同时，获得利好的绿色生资企业也积极进行产能升级改造，为来年春播供肥打好基础。

（二）探索政府推动、企业参与、项目拉动的综合发展模式

多地农业农村部门还通过各种市场推广活动推进绿色生资与绿色食品基地的有效联结，主要做法是为本地绿色食品（种、养、加）企业、基地和省内外绿色生资企业牵线搭桥，以宣讲会、品鉴会、洽商会等形式进行无缝对接，鼓励农户优先使用绿色生资产品，推动绿色食品企业、基地和绿色生资融合发展。青海南迦生物科技有限公司、青海荣泽农业生物科技有限责任公司等绿色生资企业经过农业农村部门的支持和沟通，将生产的绿色生资肥料供应给青海、陕西等地的绿色食品基地，有效地改善了绿色食品产品品质，同时提高了绿色生资品牌的认知度。

（三）充分借助社会组织的行业影响力和大型企业的资源优势

中国绿色食品协会联合、指导西安鼎天集团等多个成员单位，在加大绿色生资在绿色食品基地示范推广的同时，结合信息化、区块链、新零售、追溯体系、大数据等现代化手段，初步构建出全新市场化的绿色生资流通供应体系，配合绿色防控技术，保障绿色农业健康发展。目前已完成新疆新和、四川蒲江、内蒙古丰镇、陕西洛川和延川等多地的绿色生资专营店的规划建设。

（四）搭建全国绿色生资产品数据库和专门供需平台

为方便配合绿色食品基地选用合适的绿色生资产品，中国绿色食品协会集中统计汇总了所有绿色生资产品的适用范围，明确了适用作物和动物范围，方便绿色食品基地管理者根据需求迅速查询、挑选合适投入品。近年来，协会协同省级工作机构通过“线上线下”的方式一齐发力，探索建立线上共享交流服务渠道，借助专门的“绿色生资 & 绿色食品交流对接天地”微信群，随时发布产销对接活动信息、供应和采购需求，为绿色产业链上的企业提供稳定、合格的原料和产品来源。此外，协会官网定期更新发布获证绿色生资企业名单、产品信息、联系方式等，为绿色食品企业和绿色食品基地提供了安全、有效、便捷的信息渠道。

（五）积极争取项目支持开展绿色生资专项示范推广

在中国绿色食品发展中心的支持下，中国绿色食品协会和四川省绿色食品发展中心在广元等地的绿色食品基地首次建立了专门的绿色生资试验示范基地，并由绿色生资企业提供配套服务，以探索绿色生资产品在绿色食品基地开展应用效果试验。该试验得到企业的欢迎和支持，陕西鼎天济农腐殖酸制品有限公司召开区域观摩会、农民会，设立鼎天济农、珍佰农、珍佰粮品牌立体施肥基地示范牌，通过“农才济济”直播间等多种线上渠道对基地种植管理要点进行全面技术服务和指导。在河南省绿色食品发展中心的指导下，河南省龙腾高科实业有限公司成立绿色生资推广示范技术团队，在河南省平顶山市所辖县区的数万亩优质小麦绿色种植基地对其绿色生资获证肥料产品进行示范试验，均得到很好的效果。

三、推广应用中存在的问题

绿色生资与绿色食品基地对接工作虽然取得了一定的成效，但应该看到当前还面临着一些问题。

（一）绿色生资总量规模不大，产品结构不平衡

近年来，我国绿色生资尽管有了很大发展，绿色生资企业数达到了170家，产品有558个，但与近700个绿色食品原料标准化生产基地、1亿多吨产量的发展相比差别仍是巨大的，不能满足全国基地对生产资料的需求量。

（二）在绿色食品基地的使用量和应用比例不高

目前，绿色生资品牌的影响力仍较弱，未能在绿色食品基地形成优先选择采购的局面，加上大部分地区仍依靠传统的农资经销渠道，使得绿色食品基地有需求而绿色生资货源难找、供需信息不对称，限制了绿色生资在基地的应用。

（三）在绿色食品基地推广的政策机制不够健全

尽管 2017 年绿色生资被纳入绿色食品原料标准化生产基地创建、验收的要求，但该制度还未真正落地，造成绿色生资与绿色食品基地有效的对接政策机制始终未真正建立，直接影响了绿色生资在基地的示范和推广。

四、推进发展的工作建议

（一）扩大绿色生资队伍

鼓励、支持、指导符合条件的生产资料企业申报绿色生资。进一步优化产业结构，对发展缓慢、数量薄弱的种类进行点对点指导和服务，加大扶持力度，适度降低认定费用，促进绿色生资产业平衡发展，为绿色食品基地提供物质保障和更多选择。

（二）推动政策落地

建立健全对接机制，推进绿色生资被纳入绿色食品基地创建、验收相关制度落地，将绿色生资纳入绿色食品基地投入品管理和使用的范围中来使两者形成一个完全的整体链条，以利于绿色生资有更广泛的输出，让绿色食品基地能用上放心的投入品，从而形成绿色食品品牌自身的叠加效应，既确保安全又规避风险。

（三）加强宣传引导

利用互联网新媒体和地方政府等渠道全方位、多层次宣传绿色生资优质安全的基本理念，进一步提高知名度和美誉度；鼓励广大绿色生资企业组织专业技术培训，配套技术人员深入农户指导；提升绿色食品基地管理人员和种植大户对绿色生资的认识，引导其选购、使用绿色生资，从源头上保障绿色食品全产业链“绿”的属性。

（四）加强试验示范

绿色生资的推广应用对推动绿色食品基地标准化生产、保障农业高质量发展发挥着积极作用，应督促管理部门在基地设立试验田并开展比对试验，做到有数据、有分析、有图片、有成果；要形成中心和协会统筹、各级农业部门助力、企业加盟的绿色生资推广体系，支持和鼓励绿色食品基地开展绿色生资的试验示范，逐步拓展试验示范的广度和深度。

（五）推进供应体系建设

支持并推广“线上＋线下”的绿色生资专营或专柜供应体系建设，借助电子信息化手段建立“线上”平台，实现绿色生资企业、产品、效果、价格的透明化，同时展示各个绿色食品基地情况和需求情况，真正实现线上供需信息的对接；鼓励支持较大的绿色生资生产企业和合作经销商建设“线下”绿色生资专营店，根据绿色食品基地优势作物的种植需求构建较为完整的绿色生资供应体系，进一步延伸解决基地建设中的投入品选购问题。

绿色生资一肩挑两头，既保证绿色食品生产出安全优质的产品，又为保护和改善生态环境贡献力量。2019 年国家发展改革委将绿色生资所有类别纳入新修订的《产业结构调整指导目录（2019 年本)》，涵盖了绿色生资标志使用许可的所有范围，体现了国家对绿色生资的重视，表明发展绿色生资代表了农业投入品开发的方向。推动绿色生资在绿色食品基地的推广应用，将从源头提升绿色食品质量安全水平，进一步夯实绿色食品事业高质量发展的基础，是大势所趋，市场前景值得期待。

3

SHIJIANPIAN

实践篇

充分发挥优势 全力打造绿色食品原料标准化生产基地*

张　涛　王　诺

（黑龙江省农垦绿色食品办公室）

作为国家重要商品粮基地，2016 年黑龙江垦区粮食总产量达到 205.95 亿千克，综合亩产达到 488 千克，实现了“十三连丰”，为维护国家粮食安全作出了新贡献。

黑龙江垦区现有土地总面积 543 万公顷，其中耕地 4 500 多万亩，林地 1 305 万亩，草原 549 万亩，水面 411 万亩。垦区位居世界仅有的三大黑土带之一，垦区的河流分属黑龙江、松花江和乌苏里江三大水系，流经垦区汇水面积 1 000 平方千米以上的河流近 50 条，河流入境水量 3 000 亿立方米以上。在充分发挥这些生态优势的基础上，垦区加大了环境治理力度，通过保护生态环境、落实生产标准等一系列措施，大力发展有机、绿色、无公害粮食作物生产。2016 年，垦区绿色食品种植面积达到 3 300 万亩，有机农作物面积达到 245.5 万亩，绿色食品原料标准

* 本文原载于《现代化农业》2017 年第 4 期，48－49；本文略有改动，发表时篇名为《充分发挥生态资源优势 全力打造绿色食品标准化生产基地》

化生产基地 62 个，面积1 586.3万亩，绿色食品生产企业 112 家，获证产品 292 个。

当前，面对农业表现出的阶段性供过于求和供给不足共存的矛盾，习近平总书记明确指出："推进农业供给侧结构性改革，提高农业综合效益和竞争力，是当前和今后一个时期我国农业政策改革和完善的主要方向。"而农业供给侧结构性改革，主攻方向就是提高供给质量，基本支撑则是发展绿色农业。为此，农垦牡丹江管理局在全力打造绿色食品原料标准化生产基地，发展绿色、特色、品牌农业，促进农业供给侧结构性改革上做出了有益的实践。

一、牡丹江管理局建设绿色食品原料标准化生产基地的优势

（一）生态资源优势

牡丹江管理局地处兴凯湖流域，属于寒温带大陆性季风气候。四季分明，昼夜温差≥13 ℃。年平均气温 2.7～4.0 ℃，平均降水量为 500～600 毫米，平均日照时数为 2 286.3～2 525.4 小时，≥10 ℃的有效积温为 2 500～2 650 ℃。无霜期一般在 125～140 天。由于开发建设时间较晚，大气、水、土壤、生物等要素构成的生态环境污染和破坏程度较轻。全局有林地面积 16.4 万公顷，草原 5.1 万公顷，水面 7.5 万公顷，人流、物流相对偏少，无重工业产业，空气污染轻。境内大小河流 41 条，还有大、小兴凯湖，水资源极其丰富，土壤有机质含量高达 3.8%～4%。"兴凯湖自然保护区""虎口湿地自然保护区"位于基地内，具备了发展绿色食品原料（水稻）标准化生产基地得天独厚的生态资源条件。

（二）科技发展优势

借助黑龙江垦区 15 家科研院所、9 个技术推广中心、103 个农业技术推广站和 7 万多科技人员的优势，牡丹江管理局先后与中国农业大学、黑龙江八一农垦大学、东北农业大学、中国农业科学院等院校建立了科技合作关系，还与黑龙江省农垦科学院

签订了长期的局院项目对接协议。各基地农场也与水稻研究所建立起场所合作关系，先后引进专家教授30余名，带进科技示范项目50余项，有效提高了绿色食品原料标准化生产基地科技创新能力。水稻基地种植以“北大荒水稻之父”徐一戎创新研究的“寒地水稻旱育稀植三化栽培”为主导栽培技术，建立起品种优质化、旱育壮秧模式化、全程机械化和本田叶龄诊断技术管理为内容的“三化一管”技术体系。全面推广应用叶龄诊断、测土配方施肥、侧深施肥和航化健身防病技术，能够最大限度地避免病虫害的发生和保证充足的营养物质积累。与此同时，标准体系的建立和推广也是绿色食品原料标准化生产基地不可或缺的科技支撑。管理局出台了绿色食品水稻生产技术规程和管理办法，建立了绿色食品水稻农业科技示范园区，在绿色食品农药、化肥等试验示范和科技推广及培训方面取得了显著的成效，为绿色农产品实行全程质量控制起到了积极作用。

（三）先进管理优势

提标准、上档次、增效益、保安全与加大绿色食品原料标准化生产基地管理工作力度息息相关，为此，在基地建设过程中，严格各项标准化管理。一是依托国家优质粮工程项目，购置大中型农业机械，实现水稻生产全程机械化，大幅度提高农时、农艺和农机作业标准。二是以低产田改造、土地整理项目为契机，对基地进行土地整理，修建桥、涵、闸、田间路等水利基础设施，使基地水田干、支、斗渠成网。三是做到“三个坚持”和“五个统一”。“三个坚持”，即坚持标准化种植、坚持标准化管理、坚持全程质量控制。严格控制污染源，严格执行农药、肥料使用准则。建立绿色食品原料标准化生产基地田间管理档案，从种管到收，随时进行监督检查。“五个统一”，即统一优质品种供应，统一技术规程，统一生产资料供应，统一技术指导和服务，统一品牌效应。每年管理局都制定绿色食品水稻开发的工作目标、发展重点、发展思路和推进措施，这标志着绿色食品水稻标准化生产进入新的发展阶段。

二、牡丹江管理局发展绿色食品原料标准化生产基地的措施

绿色食品原料（水稻）标准化生产基地开发建设是一项系统工程，涉及诸多部门和内容。管理局利用发展绿色食品产业的诸多优势，进行统筹安排，重点突出，采取有效措施，切实提高牡丹江管理局农产品质量安全水平，加速培育龙头企业和市场竞争力，抢占国内和国际两个市场。

（一）围绕保护环境，健全标准体系

1. 严格制定生产标准和操作规程

按照绿色食品水稻标准化生产各项标准和生产技术规程进行生产，重点解决滥用禁止使用农业投入品问题，全面推进生产记录档案化管理，严格监督，使农业生产者从传统的无约束、随机生产转向标准化操作、规范化生产。

2. 加强对绿色食品原料（水稻）标准化生产基地环境的保护和改善

合理规范产业布局，加强农业投入品治理，以规模化、标准化、产业化组织生产、加工和流通，认真贯彻《环境保护法》《食品安全法》《农产品质量安全法》《草原法》，切实加强对农产品质量安全和绿色食品原料（水稻）标准化生产基地及周边环境的有效监控，促进农业的可持续发展。

（二）围绕提高质量，健全保障体系

1. 建立健全农产品质量安全检验检测体系

以垦区内建的部级食品质检机构为中心，以省内各地建的省级农产品检测机构为依托，以龙头企业和基地农场自检检测为基础，建立起农产品质量安全检验检测体系，保障农产品质量安全体系和生产基地与消费市场的监测网络。

2. 建立农产品质量追溯体系

依托农垦农产品质量追溯系统建设项目的实施，牡丹江管理局现有 11 个基地农场建立起农产品追溯制度，追溯产品种植规模 130.3 万亩，可追溯产品

14 个。追溯的过程使得绿色食品原料标准化生产基地质量安全责任落实到位，管理水平不断提高，产品竞争力蓄势提高。

3. 实施农产品质量安全人才培养计划

依托大专院校、科研单位、专业协会、产品检验认证等，组织开展对生产技术人员和管理人员的生产技术培训以及对质检人员的岗位培训，培养和造就一支高素质农产品质量安全人才队伍，搞好农产品质量安全生产与管理知识普及和技术推广工作，加快建立完善农业社会化服务管理体系。

三、牡丹江管理局绿色食品原料标准化生产基地建设取得的成效

通过几年的努力，农垦牡丹江管理局全国绿色食品原料标准化生产基地面积达到 291.5 万亩，其中水稻 200.5 万亩、玉米 81 万亩、大豆 10 万亩。这些绿色食品原料标准化生产基地的发展建设，有效提高了管理局农业生产水平和农产品品牌竞争力。

（一）安全责任落实到位，管理水平不断提高

为保证绿色食品原料标准化生产基地农产品质量安全，让农产品质量安全管理经得住消费者的考验，牡丹江管理局将绿色食品原料标准化生产基地建设工作列入每年经济和社会发展计划和转方式、调结构的农业重点工作中，以大力发展绿色有机农业、落实“三减”任务等具体目标落实农产品质量安全的领导责任。通过制度体系、标准体系、生产档案管理等措施，提高基地管理和生产管理水平，形成人人懂安全、守规程的良好氛围。农产品质量安全控制制度落实到各个关键点，生产操作规程等标准落实到户，生产档案进一步规范。

（二）品牌建设多样化，产品竞争力蓄势提高

1. “三品一标”树立起安全农产品品质品牌

依托全局 290 万亩绿色食品原料标准化生产基地建设成效，农产品生产者的质量意识和品牌观念逐步增强。全局“三品一标”产品总量 148 个，其中，无公害农产品 68 个、绿色食品 45 个、有机食品 34 个、农产品地理标志产品 1 个。

2. “绿色食品＋优质米”提高了农产品商品价值

八五〇、八五四、八五六、八五七、八五八、庆丰、兴凯湖、云山等 8 个稻米质量追溯建设单位中，注重优化产品品种结构，扩大长粒、香型的优质米种植面积 30 万亩。建立起种子公司管供种、农业部门管技术、加工企业管加工的优质米生产模式，全力打造出绿色优质安全农产品的品牌形象。

3. “互联网＋销售”拓宽了销售渠道

通过进驻电商平台、开办品牌旗舰店、搭建微信平台等方式，八五〇、八五八、八五一一农场、富坤公司的稻米产品走进“北大荒智慧农场电商平台”，在央视商城、京东、天猫、淘宝等电商平台上开办了品牌直营店，通过微信平台层出叠见于广大消费者的视野中，为绿色食品原料标准化生产基地建设增添了发展新动力。

发展绿色食品一二三产业融合助力乡村振兴的实践探索[*]

张会影

（中国绿色食品发展中心）

促进农村一二三产业融合发展，是助力乡村产业振兴、发展彰显地域特色和乡村价值产业体系的必然要求，也是培育农业农村新产业、新业态，打造农村产业融合发展新载体、新模式的有效途径。产业发展是激发乡村活力的基础所在，促进农村一二三产业融合发展，有助于激发农业农村经济发展的创造力、竞争力，改造提升农业农村传统发展动能，加快形成农业农村发展新动能，为产业兴旺提供动力支撑。绿色食品以安全优质特色，突出农业发展与资源环境承载力更加匹配的优势和作用促进一二三产业融合。这不仅拓展了绿色食品产业功能和发展空间，也放大了绿色食品的优势，进一步示范引领农业标准化生产、产业化经营和品牌化发展，助力乡村全面振兴。

一、绿色食品发展一二三产业融合的含义与优势

绿色食品一二三产业融合是指以绿色食品生产为基础，融合绿色食品种植(或养殖)、加工、休闲、消费、旅游于一体，充分展现环境保护、可持续发展理念以及标准化生产模式，具有一定规模、管理规范、运营良好、效益显著、示范带动性强的绿色食品产业园区。绿色食品一二三产业融合发展的重点是一

* 本文原载于《安徽农业科学》，第 47 卷第 8 期，259－261。

二产业与第三产业之间的融合，使绿色食品不单局限在种养业生产环节和生产加工环节，更要前后延伸、左右拓展，形成与贸易流通、生资服务、休闲旅游、金融服务和电子商务等有机整合、紧密相连、协同发展的生产经营方式。融合发展的园区既能提供绿色优质产品，也能功能多样、业态丰富、产业间利益联结紧密，在这个过程中绿色食品充分发挥了其自身优势。

生态环境好是一二三产业融合发展的先决条件。“产自优良生态环境”是绿色食品的基本内涵，绿色食品发展融入了“绿水青山就是金山银山”的发展理念，并对产地环境进行了严格监测和科学评价。

产品质量高是保证是一二三产业融合持续、健康、稳定发展的根本保证。产品质量一直都是绿色食品发展的“魂”之所在，绿色食品强调投入品减量化、生产操作标准化、过程管理精细化、生产模式生态化。

经营主体强是推动一二三产业融合的内生动力。参与绿色食品开发的企业，大多具有雄厚的经济实力、坚实的技术支撑、精细化的科学管理机制、立足长远的品牌经营战略。

市场影响力大是做强一二三产业融合的品牌基础。绿色食品有1万多家生产企业，3万多种食用农产品及加工食品，年销售额约4 000亿元，消费者认知度超过80%，已经形成具有较高知名度和美誉度的农业公用品牌。

绿色食品依托这些优势发展一二三产业融合，不但可以挖掘绿色食品在农业发展中的多种功能，整合优化各种农业资源、提高资源综合利用效率，而且可以培育更多效益增长点，使之形成具有绿色食品鲜明特色的一二三产业融合发展园区。

二、绿色食品发展一二三产业融合的主要做法和成效

绿色食品一二三产业融合园区于 2016 年在全国 9 个园区启动试点创建工作。园区涵盖蔬菜、水果、茶叶、食用菌类的种植、加工、旅游、文化、销售，一二三产业总值合计 19.37 亿元。通过近些年的实践探索，在助力乡村振兴、拓展产能空间、延伸产业链、丰富业态、推广标准化等方面进行了有益尝试。

（一）壮大了绿色食品产业规模，拓展了产能空间

绿色食品发展一二三产业融合是推动绿色食品本身由产品发展向产业升级转变，由扩大产品总量向延伸产业链条转变，从而构建绿色食品全产业链、全价值链。因此，发展融合必须以绿色食品产业为基础，将农业新业态有机地整合在一起，使综合效益高于每个单独的产业之和，从而实现产业链延伸、产业范围扩展和农民增收，让农民更有参与感和获得感。

河北省鸡泽绿色食品（辣椒）一二三产业融合发展园构建“农业产业化联合体”，以省级农业产业化龙头企业为核心，吸收下游企业、合作社和家庭农场 19 家经营主体组建了“鸡泽辣椒产业联合体”。通过联合经营、风险共担的模式，建立了由合作社、家庭农场辣椒种植，辣椒加工企业收购加工，上下游企业（农资经营）负责农业投入品及产品销售的利益联结机制，促进一二三产业的紧密结合，保障了椒农种植收益。带动农户 19 831 户，带动农民增收 4 200万元。

山东省兰陵绿色食品（蔬菜）一二三产业融合发展园在完成规模化生产、推广先进管理模式、提高土地效益的基础上，逐步拓展延伸农业功能，重点以普及农业科技培训教育，新品种、新设施、新型材料、生物防治、生物肥料的引进示范为主，建成 3 万多平方米的智能温室，发展立体栽培和多种类型的无土栽培，展示农业新成果、新技术、新品种、农业物联网、水肥一体化、机器人劳作等技术，建设了 4 类设施蔬菜基地、面积6 000亩，展示不同季节、不

同蔬菜高效栽培模式，示范引进了 100 多个蔬菜品种。兰陵县通过走绿色食品一二三产业融合之路，壮大了绿色食品产业的规模，拓展了产能空间。

（二）绿色食品新业态、新模式不断涌现

推进绿色食品发展一二三产业融合，拓宽了绿色食品企业狭窄的发展领域。这其中促进农业与工业嫁接融合催生出农产品加工业，与旅游业嫁接融合催生出休闲农业，与信息产业嫁接融合催生出农村电商，与养生养老产业嫁接融合催生出康养农业，与文化产业嫁接融合催生出创意农业，与教育产业嫁接融合催生出亲子体验等大量的新产业、新业态、新模式。

浙江松阳绿色食品（茶叶）一二三产业融合发展园以绿色食品原料标准化生产基地为依托，全力做一二三产业融合项目和其他产业规划的衔接，重点打造“茶园基地 + 养生度假”为核心的生态产品体系和以“文化创意 + 运动休闲”为核心的文化产品体系两大核心体系，形成了“一线（一二三产业融合发展主线）、一城（松阳古城）、一镇（茶香小镇）、一村（100 多座风貌完整古色古香的传统村落）、一带（松阴溪绿道慢行带）、一心（大木山景区为核心）、+N（302 家茶宿、农家乐）”的茶旅产业融合发展格局。这种新型产业模式把茶产业与乡村旅游、生态文化串联在一起，既推进松阳老城省级旅游风情小镇和茶香小镇建设，打造茶购茶食茶演综合体，又是茶资源、茶产品综合利用的新方式，催生新的产业和新的经济增长极，实现农业“接二连三、隔二连三”全产业链发展，获得更大的产业链增值空间。

（三）推广了绿色食品理念及技术标准

近年来，绿色食品发展以落实绿色食品标准化生产技术要求，加强生态环境保护，积极推广绿色生产技术，严格管控农业投入品，规范使用产品标识，让消费者真实地感受到绿色食品从田头到餐桌、全程质量控制的品牌文化与管

理机制，增强了消费者对绿色食品品质的信任度，更好地树立起绿色食品的精品形象。

江苏宝应绿色食品（莲藕）一二三产业融合发展园紧紧围绕生产经营标准化，大力推进绿色标准化生产，制定绿色食品生产规程，完善各项管理制度，将标准化落实到生产经营的全过程，全程实行环境有监测、操作有规程、生产有记录、产品有检验、上市有标识的标准化生产，不断扩大绿色食品生产的示范带动作用；大力推行藕田套养鱼虾等绿色循环种养模式，完善绿色食品生产记录，推进生物防治，督促种植户优选品种、合理施肥、科学用药，提高标准化生产能力和水平。

（四）促进农民增收，助力产业扶贫、行业就业

将发展绿色食品一二三产业融合相关的资金投入、项目开发、人员培训、设施建设等扶持政策，与精准扶贫紧密结合，发展特色产业，增加就业岗位，不但可以有效开发和利用贫困地区的资源优势、特色优势，“变绿水青山为金山银山”，而且还可以从根本上找到产业扶贫、产业脱贫的着力点和突破口，改变贫困地区特别是深度贫困地区脱贫致富的环境条件，从而奠定了贫困地区产业兴旺的基础，激发了贫困人口脱贫的内生动力，扩大了扶贫成果，提高了脱贫质量。首批建设试点也在这方面做了有益尝试。

安徽舒城绿色食品（蔬菜）一二三产业融合发展园以科研培训、科技孵化、试验示范为特点，为县域农业发展储备了大量的先进技术资源，园区所在区域舒城县为国家重点贫困县，园区通过带动贫困村和贫困户发展特色蔬菜等产业，有力地推动了贫困村集体经济收入增加，促进了贫困户增收，破解了产业扶贫的难题。2017 年培训贫困户培训 290 人次，累计为贫困村提供种苗 160 万株。直接带动贫困户 128 户 211 人，每年从产业收入中拿出 17.75 万元资金用于特定贫困户收益分红。园区提供就业岗位 190 个，园区已与项目所在村签订优先用工协议，鼓励和支持贫困户优先进入园区就业，农民通过流转土地，在园区内打工就业，实现人均年收入 18 000 元。

吉林敦化绿色食品（黑木耳）一二三产业发展园的建设是在面对天然林停伐、国有林场改革等诸多不利的因素下，立足自身优势，利用林场的自然条件，调动广大林业职工的积极性，采用入股等方式，创建了现代农业种植园区、绿色食品加工区、月牙湾森林生态旅游区三大产业融合发展的园区，通过

一二三产业融合发展模式推动了产业转型、单位转制，破解了林场职工再就业的难题。

（五）保护生态环境，促进了农业可持续发展

生态循环农业是现代农业发展的根本方向和重要标志，绿色食品推行绿色、减量和清洁化生产，是我国农业践行绿色发展理念的先导，在推进农业可持续发展和建设生态文明等方面发挥了重要的示范作用。

山东省兰陵绿色食品（蔬菜）一二三产业融合发展园实施农业资源循环利用，园区建有一座污水处理厂，建有人工湿地 500 亩，污水处理后的中水经湿地过滤得到有效利用。在设施农业栽培上推广有机生物肥料，推进农作物秸秆综合利用，建有 80 多处作物秸秆堆沤池，进行作物秸秆回收堆沤发酵处理后变为有机肥料，实现作物秸秆的综合利用。

广西隆安绿色食品（香蕉）一二三产业融合发展园通过融合该公司旗下的一二三产业，以生态农业发展为基础，以科技研发示范为支撑，实施循环种养、休闲农业等复合型开发，建设成集农业种植、有机肥生产、种苗培育与生产、现代化仓储物流、农业科技服务、灌溉设施设计与安装、园林美化工程、农产品深加工、农业休闲旅游等项目于一体的大型现代农业综合体，自主研发生产的以香蕉副产品、蔗渣为原料加工的有机肥料，并申报成为绿色食品生产资料。

三、持续推进发展绿色食品一二三产业融合的建议

通过实践研究与探索，推进一二三产业融合发展，有利于延伸绿色食品产业链、拓宽发展空间、增强要素支撑，是新常态下绿色食品发展的客观规律和

必然选择。应因势利导、顺势而为，在试点发展的基础上，进一步扩大推进绿色食品一二三产业融合发展。

（一）融合需要示范，要做好绿色食品一二三产业融合的样板打造

产业融合不仅是把三个“鸡蛋”放在一个盆里，而且还要打碎搅匀，是产业之间的高度融合、有机交融。一二三产业融合的园区应选择高起点、高标准、高投入的优质项目，集中精力、财力、物力打造产业融合发展样板，通过探索路径，创新机制，形成可复制、可推广的经验，使绿色食品一二三产业融合发展园成为管理规范、运营良好、效益显著、示范带动性强的农村融合发展样板，更好更全面地发挥绿色食品的示范引领作用。

（二）融合需要联结，要抓好绿色食品一二三三产业融合的利益联结机制

利益机制是推进一二三产业融合的最大动力源，融合的核心是绿色食品龙头企业、合作社等经营主体能否整合绿色食品产业优势等诸多要素与其他产业建立利益联结机制，所以推进重点应是支持绿色食品龙头企业等新型农业经营主体以绿色食品特色为优势发展加工流通和直供直销，与合作社和农户联合建设绿色食品原料标准化生产基地，与休闲农园企业、电子商务企业和农户联合建设公共服务设施，从而形成利益共同体，分享一二三产业融合带来的增值收益的同时，更让农民得到功能拓展、产业链延伸和新业态发展的实惠。

（三）融合需要整合，要搞好绿色食品一二三产业融合的要素保障

推进绿色食品一二三产业融合发展，要通过各级农业部门采取多种策略，这其中最重要的就是抓好要素保障，切实加大涉农资金整合，创新涉农资金统筹投入、集中使用、强化管理的机制；试点统筹增设农业建设用地指标，专门解决新业态中设施农业和乡村旅游产业用地难问题；协调金融机构降低信贷门槛，增加信贷品种，为新业态发展提供金融支持。

四、发展绿色食品一二三产业融合的启示意义

绿色食品一二三产业融合发展的生动实践和成功经验具有重要启示意义，推进新时代我国农村产业融合发展，需注重“四个新”。

（一）注重生态保护，践行绿色发展“新理念”

良好的生态环境是产业融合发展的基石，推进农村产业融合需认真践行绿色发展“新理念”，大力发展资源节约型、环境友好型农业，发展乡村生态旅游等生态型产业，促进农业绿色发展。

（二）注重品牌打造，激活产业振兴“新动能”

品牌是质量的载体，是竞争力的关键。发展农村产业融合要借助绿色、有机、地理标志这些农业公用品牌的影响力，通过创建“公用品牌+企业品牌”“公用品牌+产品品牌”等多种形式，打造区域品牌，提升产业融合的竞争力和影响力。

（三）注重主体培育，锻造融合发展“新引擎”

产业融合要有一定的组织化程度作为保障。要注重龙头企业、合作社、家庭农场等多元化经营主体的培育，着力提高经营主体标准化生产、市场化经营、品牌化发展的能力，充分发挥经营主体在组织生产、质量保障、品牌打造及市场开拓等方面的引领带动作用。

（四）注重利益共享，构建持续增收“新机制”

始终要把农民利益放在高位，坚持以农民为中心的发展思想，构建多元化、多形式的利益联结机制，密切“品牌—基地—企业—农户”的关系，让农民更多分享产业融合带来的增值效益。

宁国市全国绿色食品原料标准化生产基地建设实践经验和探索

李虹清

（宁国市农业农村局）

一、绪论

为全面推进宁国市农业标准化生产和质量控制体系建设，促进宁国市山核桃产业转型升级，根据农业部农绿〔2005〕2号和省农委皖农办绿函〔2005〕22号文件精神，宁国市2005年9月申报了全国绿色食品原料（山核桃）标准化生产基地创建工作，于2006年6月被批准为全国绿色食品原料（山核桃）标准化生产基地创建的第二批示范市。2007年3月宁国市的基地创建工作通过了省绿办专家组的验收，农业部农绿〔2007〕13号文件进行了公布，并颁发了证书和牌匾。在2013年、2019年，分别完成了两轮续报申请，目前基地有效期至2024年1月。

十余年来，宁国市严格按照《全国绿色食品原料标准化生产基地监督管理办法》及省、市业务部门的要求，积极完善基地建设“七大体系”，认真落实控制措施，不断提高技术服务能力，切实加强基地监督管理，基本实现产地环境、产品品种、生产流通、标准化管理和全程质量控制。

本文通过对宁国市全国绿色食品原料（山核桃）标准化生产基地建设与管理实践经验的探讨，对基地建设存在的问题进行初步分析，并对基地建设的未来发展进行简要规划，以期为周边县市乃至全国绿色食品原料标准化生产基地建设提供一种思路。

二、宁国市绿色食品原料标准化生产基地基本情况

宁国市地处皖东南，连接皖浙两省七县市，市域总面积 2 487 平方千米，总人口 38 万余人，是面向长三角地区的优质农产品加工供应基地。近年来，宁国紧紧围绕农业供给侧结构性改革和乡村振兴发展战略，全力打造安全放心和绿色高效农业。

（一）宁国市绿色食品山核桃产业发展现状

宁国市是“中国山核桃之乡”，山核桃产业是宁国市农业首位产业，在促进林农致富增收中发挥了重要作用。据统计，全市现有山核桃种植面积 40.41 万亩，平均年产量 1.034 万吨，第一产业产值近 6 亿元，总产值约 14 亿元，涉及林农 7.1 万人，产业直接受益人数近 10 万余人。宁国市全国绿色食品原料（山核桃）标准化生产基地涉及 10 个乡镇 56 个村，建设总面积为 30 万亩，共有 22 家单位作为产业化经营对接单位，对接基地面积 21.469 8 万亩，其中 10 家绿色食品获证企业种植基地规模 8.165 4 万亩，山核桃绿色食品获证产品 21 个、产量 2 845 吨，合计使用绿色食品原料标准化生产基地山核桃原料产品 5 497.19吨。

（二）宁国市绿色食品原料标准化生产基地建设意义

绿色食品原料（山核桃）标准化生产基地的建设，对促进宁国市农业经济的发展和农户的农业生产技术的提高起到了很大的推动作用。主要表现在这样几个方面：其一，绿色食品标准化生产要求严，技术含量高，对农户的要求高，对组织管理人员要求高，逐步改变了当地农户传统生产中不当的习惯，提高了农户生产的组织化程度，提高了农户的科技素质。其二，绿色食品原料山

核桃的生产，为当地农户带来了直接的收入，农户生产优质农产品的积极性显著提高，企业认证绿色食品的积极性亦显著提高，为宁国农业生产、农产品质量的提高注入了极大的活力。其三，农业生态环境大有改观，10 个基地乡镇都是沿天目山乡镇，山核桃生产是农民收入的一个重要来源，通过绿色食品标准化生产技术的应用，对违禁农业投入品的控制极大减少了林地污染，农业生产环境得到了很大的优化。

三、宁国市绿色食品原料标准化生产基地建设实践经验

（一）强化顶层设计，理清产业发展思路

1. 加强组织领导

宁国市对绿色食品原料（山核桃）标准化生产基地建设工作高度重视，成立了由分管副市长任组长，农业农村部门主要负责人任副组长，发展和改革、财政、农业农村、自然资源、环保、市场监管、水利和 10 个基地乡镇等单位分管负责人为成员的基地建设领导小组，基地建设办公室（以下简称基地办）设在农业农村局，负责基地建设的日常工作，全市上下形成了各司其职、各负其责、层层抓落实的良好工作氛围，确保了基地建设各项工作的顺利推进。

2. 健全机制建设

为加强绿色食品原料标准化生产基地监管，2018 年宁国市政府出台了《关于印发山核桃产业转型升级任务分解表的通知》（宁政办秘〔2018〕248 号），建立健全了政府重视、部门联动、乡镇主抓的山核桃产业转型升级工作机制。2019 年，宁国市政府出台了《宁国山核桃产业振兴五年行动方案》（宁政办秘〔2019〕76 号），在政策、项目、资金、人才等方面加大对山核桃产业发展的扶持力度，全面落实乡村振兴战略，引导宁国山核桃产业化、规模化、规范化发展。

（二）加强质量管理，夯实基地建设标准

1. 完善基础设施

多年来，由水利部门开展的基地建池蓄水灌溉工程，有效解决了基地旱季的引水灌溉问题。目前，基地建设乡镇已实现村村通水泥路和柏油路，建立了基地建设保护区，基地方圆 20 千米范围内无对基地农业生产活动和灌溉水源

地造成危害的污染源。加强了山、水、林、田、路综合治理，改善和提高了基地的生产条件和环境质量，大力实施植树育林、禁伐阔叶林、保护天然林等措施，提高森林覆盖率，优化环境，促进基地内环境生物多样性。

2. 严格生产管理

基地办对 10 个基地单元进行合理规划、统一编号，分别设置了基地标识牌，标明了基地的名称、范围、面积、建设单位、栽培品种、技术措施等内容。结合宁国市实际情况制定了统一的绿色食品操作规程，并将规程下发到各相关的乡镇和企业，建立了统一优良品种、统一生产操作规程、统一投入品供应和使用、统一田间管理、统一收获的“五统一”生产管理制度，同时对基地农户实行档案管理，要求农户详细填写生产管理记录并报基地办存档。

3. 狠抓投入品管控

在农业投入品管理方面做到定点供应，由许可经销农资企业宁国市胡乐镇盛旺农资经营服务部、宁国市良农农资服务部等建立经营点 7 个，覆盖全市 6 个基地生产单元。市农产品质量安全监管部门不定期对基地农业投入品市场经销网点普查、抽查、巡查，全面监测农业投入品销售使用情况，并督促经销企业建立基地投入品管理台账，从源头上杜绝和打击国家明令禁止的农药进入基地，确保从源头上控制投入品的使用安全。

（三）健全工作体系，提升基地服务水平

1. 建立技术服务体系

为提升绿色食品原料标准化生产基地建设与管理工作效率，基地办印发《关于调整宁国市山核桃绿色食品原料标准化生产基地建设相关工作小组的通知》，设立了质量监督、技术指导、基础设施建设、投入品供应管理、产业经营等工作小组，建立了符合基地建设所需的技术服务体系和质量保障体系。依托宁国市林农技术服务中心、乡镇农技推广服务体系、林业综合站及农业龙头企业和专业合作社等新型农业经营主体，建设了绿色食品生产技术推广专业队伍，加强绿色食品等相关知识培训，确立宁国市南极乡为“山核桃示范乡镇”，南极乡梅村、万家乡云山村为“山核桃示范村”。宁国市自然资源规划局在南极乡梅村小坞建设试验示范基地 1 080 亩，在万家乡云山村桐子坞建设试验示范基地 2 000 亩，对绿色食品生产资料、绿色防控技术等进行林地试验和数据比对分析，并逐步将成果在全基地范围应用推广。

2. 完善监督管理体系

基地办印发了《宁国市绿色食品（山核桃）标准化生产基地建设管理考核办法》（宁绿基办〔2019〕1 号），建立了基地建设监督机制和奖惩机制。基地办安排专业人员对基地建设环境、生产过程、投入品使用、产品质量、市场及生产档案记录进行监督检查，对基地建设指标严格把关，确保不出现 6 个“一票否决点”，年终对基地单位和个人进行考核评比。

四、宁国市绿色食品原料标准化基地建设存在的问题

宁国在绿色食品原料标准化生产基地建设管理过程中，全面执行绿色食品标准化生产和全过程质量控制，虽然取得了一定的成绩，但还存在一些问题。

（一）产品品牌意识不强

一是部分农业主体缺乏品牌创建意识，对品牌打造、开发的投入不足；二是由于山核桃加工企业数量多，导致农产品品牌分散，缺少对区域公用品牌的向心力；三是对互联网营销模式重视不够，缺乏宣传影响了消费者对“宁国山核桃”的认知度。

（二）产品开发利用率低

多数农产品品牌质量管理基础工作差，产品科技含量和附加值低，市场竞争力弱。

五、措施与对策

（一）坚持生态优先，保护基地环境

一要控制规模，科学造林，严格控制发展面积和方式，降低林地开发利用强度。二要优化空间布局，节约利用资源，优化林地种植功能布局，推广立体多元化种植。三要倡导绿色生态种植理念，实施绿肥补贴政策，禁止使用长效除草剂。

（二）坚持科技兴林，推广先进技术

加强山核桃“政产学研推”协作联盟建设，开展以绿色生产为重点的科技联合攻关，让山核桃产业插上科技的翅膀。一要加强人才队伍建设，对接科技院校，加大相关专业技术人才的引进力度，加强产业分析研究；二要加强专业化服务体系建设，探索公益性和经营性农技推广融合发展机制；三要加强新技术推广应用，建立以绿色生态为导向的农业补贴制度，提高补贴政策的指向性和精准性。

（三）加强设施建设，提升发展水平

建立健全农业投入增长机制，优化投入结构，实施一批打基础、管长远、影响全局的重大工程。一要推进高山节水灌溉，加快推进高山节水灌溉及水土流失防治体系建设。二要推进林间道路建设，鼓励林农加大投入，因地制宜推进林间作业道路建设。三要加强污水处理，建设山核桃加工企业污水集中处理中心，加强环境执法监管，严厉打击污水偷排乱排行为。

（四）坚持品牌战略，加深市场认可

一要加强品牌推广，制订实施“宁国山核桃”品牌提升推广行动计划，充分利用电商、“互联网＋”等新兴手段；二要加强质量管理，规范“宁国山核

桃”地理标志应用，强化原产地保护，加强产品质量安全监管，落实食品安全主体责任。

（五）推进集约经营，提高产业带动力

一要加快推进林地流转，出台推进山核桃林地流转经营的相关奖励政策，引导多元化投资经营主体参与山核桃林地流转，不断提升山核桃规模化种植、集约化管理水平。二要加大对龙头企业的扶持力度，加大绿色信贷支持力度，不断提高企业深加工能力，引导企业通过品牌嫁接、资本运作、产业延伸等方式进行联合重组，培育一批产业关联度大、带动能力强的全产业链示范企业。

（六）坚持“山核桃+”模式，延伸产业链条

一要发展山核桃旅游，大力推广“山核桃+旅游”模式，加大山核桃旅游产品开发力度。二要推进特色小镇建设，利用山核桃主产区资源禀赋和独特的历史文化特点，加强基础设施建设，加强山核桃文化的挖掘，打造山核桃特色小镇，进一步延伸山核桃产业链条。

抓好标准化生产　提升茶叶质量安全

林乐全[1]　黄志坚[2]　李代胜[1]　林闽敏[2]　罗琼菁[1]

（1. 大田县农业农村局　2. 三明市绿色食品发展中心）

大田县位于福建省中部，戴云山脉西麓山区，属中亚热带季风气候，四季常青，温湿适宜，境内海拔千米以上的山峰175座，森林覆盖率达70.1%，峰峦叠嶂、山峻水秀，是闽江、九龙江、晋江三大水系支流的发源地。明朝万历辛亥三十九（1611）年版《大田县志》就有茶树与茶的贸易记载，至今已有400多年的种茶历史，是福建省茶叶主产区之一。

目前，全县18个乡镇均有茶叶生产，面积9.52万亩，产量1.28万吨，产值达11.45亿元。茶区品种布局适合、茶类结构合理、品质独特，生产的“美人茶”“铁观音”“金观音”“五龙针螺”等产品多次荣获国际、省、市名优茶称号。随着特色现代农业的高质量快速发展，茶产业表现出健康、持续、增效的良好态势，产量与品质稳步提升。2005年，大田县被农业部列为我国乌龙茶生产优势区域县之一；2009年，创建全国绿色食品原料（茶叶）标准化生产基地，建立全国茶叶标准化生产示范县，实施国家现代农业（茶业）生产示范县；2010 年，获得“中国高山茶之乡”称号，“大田高山茶”2012 年被农业部批准为国家农产品地理标志保护产品，2016 年创建农产品地理标志示范样板，2017 年注册地理标志证明商标。近年来，大田县委、县政府高度重视，上下联动、齐抓共管，不断推进茶叶标准化生产体系建设，使得大田县茶叶产品在质量安全和品质提升方面双丰收。

一、立足生态优势，实行特定生产方式

（一）产地要求

茶树栽培环境应符合《绿色食品　产地环境质量》（NY/T 391）的要求，选择生态环境条件良好，自然植被丰富，空气清新，水源清洁，土壤未受污染，5 千米内无污染源，土层深厚，坡度在 25°以下，与工业区、居民生活小区、交通干线距离 500 米以外，周围有河流、森林作为天然屏障的山场，建设高标准茶园。在核心区实现了精致农业与休闲旅游有机结合，融入茶文化、红色文化、民俗文化等元素，形成具有特色的乡村旅游精品体系，达到茶产业与旅游并举的发展格局，让茶产业在转型升级中可持续发展；引导茶产业由生产向生产、生活、生态“三生”理念转变；于绿中谋“游”，将生态茶园建成花园、庄园；“接二连三”，把茶第一产业延伸向第二产业、第三产业。在园区，体验茶文化、富氧健身、养生宿营、静湖垂钓、亲农观光，实现了一个功能多元化的茶主题公园；通过举办大田高山茶文化旅游节及展示风格多样的书法与影像作品，诠释“大田高山茶”的内涵与文化，倡导“健康、愉悦、和谐”的茶文化精神，让大田高山茶的茶文化广为传播。

（二）生产控制

茶生产种植过程中田间管理的农业投入品肥料与农药，应严格按照《绿色食品　肥料使用准则》（NY/T 394）和《绿色食品　农药使用准则》（NY/T 393）执行，制定农业投入品各项管理制度，采取源头控制，全程跟踪，严禁施用国家明令禁止使用的高毒、高残留和淘汰的农业投入品，严禁任何单位和个人使用未经国家审定、登记、批准生产的农业投入品，以确保产品的卫生与质量安全。施肥方面提倡以施用腐熟有机肥为主，化肥为辅；病虫害防治方面以农业和物理防治为主、化学防治为辅，严格规定化学农药的使用剂量、使用次数，

严格执行安全间隔期，提倡使用生物农药。同时，督促企业和茶农做好生产过程档案记录，即在茶叶生产过程中，记录各项农事活动，农业投入品的购买、使用情况，产品的加工与销售情况，如实记录造册，逐步建立大田高山茶质量可追溯制度。推行“双随机一公开”抽检制度，不断扩大抽检范围，增加监测参数（指标），2017—2020 年，开展县级定量检测 180 个，合格率 100%；抓好源头快检，不断强化县乡快检预警，2017—2020 年共完成快检茶叶样品 6 487个，合格率 97.35%。

二、制定宣贯标准，规范生产管理体系

（一）制定标准

为充分发挥综合标准化在茶产业中的作用，在总结茗科 1 号（又名金观音）品种传统栽培、加工经验的基础上，广泛征求了生产和科技人员及相关部门的意见，制定了地方标准——《金观音乌龙茶综合标准》，该标准包括品种、栽培技术规范、加工技术规范、成品茶 4 个系列；2015 年制定了行业标准《大田高山美人茶》，该标准包括栽培技术规范、加工技术规范、成品茶 3 个系列；2019 年制定了《美人茶》海峡两岸茶业交流协会团体标准，该标准包括栽培技术规范、加工技术规范、成品茶、冲泡与品鉴 4 个系列。这些标准体现了茶叶在生产、加工、产品质量上的科学性、安全性、先进性和实效性。

（二）宣贯标准

大力宣传和执行《美人茶》等标准；严格执行《绿色食品　农药使用准则》(NY/T 393)、《食品中农药最大残留限量》(GB 2763—2019)，遵守“预防为主、综合防治”的原则，大力推广农业、生物、物理防治相结合的综合防治技术，

提升茶叶品质。同时，加强病虫测报，在不同海拔区域建立 3 个茶园病虫害测报点并布置频振式太阳能杀虫灯，及时发布虫情和防治措施，印发《病虫情报》。严格执行《绿色食品　肥料使用准则》(NY/T 394)，认真做好测土配方平衡施肥，大力推广经过无害化处理的农家肥以及经过职能部门登记认可的商品有机肥。

(三) 加强培训

统一制订培训计划和制度，邀请来自福建省农业农村厅、福建省农业科学院茶叶研究所等单位的专家、教授，对乡镇茶叶技术员、龙头企业技术负责人、茶叶合作组织负责人等技术骨干进行集中授课和现场实践培训，让他们既能掌握理论知识，又能提高产品质量安全意识，起到绿色茶叶生产技术推广示范的带头作用。结合高素质农民“阳光工程”科技培训项目，采取科技下乡活动、科普宣传栏等形式，广泛宣传绿色食品知识和标准化生产技术，发放《生产技术手册》，提高全社会对绿色食品及茶叶产品质量安全的认知度。针对大田县茶叶发展迅速，广大茶农对生产技术掌握程度不一的现状，普及轮训。为加快推广应用，以乡、村、重点企业为单位，广泛普及标准化生产技术知识。通过采取集中和分散的培训方式，保证每户农户至少有一名基本掌握绿色食品茶叶标准化生产技术的明白人。

(四) 强化监管

1. 建立规范制度

制定绿色食品原料标准化生产基地农业投入品管理办法和监督管理制度，建立农业投入品公告制度，实行农业投入品市场准入制度，印发允许使用、禁止使用或限制使用的农药投入品等材料达3 000份。制定了绿色食品原料标准化生产基地环境管理制度，确保基地周边 5 千米内无污染源。

2. 注重源头控制

全县每个乡（镇）都建立了农业投入品专供点，设立茶叶用药专柜；统一调配供应农药、化肥等生产资料，从源头上保证农业投入品的使用安全；同时，产地监督小组、县农业执法大队和工商、质监等部门不定期开展基地农业投入品专项检查，从源头上确保基地茶叶产品的质量安全。

3. **加强质量监管**

整合利用乡镇农技站、村级农技员等资源，每个乡（镇）配备 1 名质量监管协管员，负责做好乡（镇）的茶叶生产技术指导和质量监督管理。

4. **强化产品检测**

依托省、市有资质的检测机构，县产品质量检测中心对基地的产品、土壤、环境等进行不定期检测，适时掌握基地环境现状。同时购买了农残速测仪 32 台，在基地与生产企业建立了农药残留快速检测点。

（五）规范生产

大田县为促进茶叶标准化生产与基地建设，制订了《大田县茶叶标准化生产基地实施方案》和《基地各项管理制度》，统一编印了生产操作规程《茶叶标准化生产技术手册》并发放到农户手中，做到每户一本，使广大茶农充分了解和熟悉绿色食品茶叶的生产技术。在绿色食品原料标准化生产基地建立了规范的生产管理制度，有效督促了茶农和茶叶企业按绿色食品茶叶标准化生产的要求进行规范生产加工，确保茶叶质量安全。

三、政策扶持，完善保障与服务生产安全体系

（一）明确责任

各职能部门多次召开工作会议，制订下发茶叶标准化生产实施方案、各项生产管理制度及考核办法，县、乡（镇）、村逐级明确了生产责任人，做到层层落实、责任到人。以县、乡科技人员、科技示范户为主体成立了相应的生产技术服务小组，以确保茶叶标准化生产技术的推广应用，全面提升产品的卫生质量安全；同时成立监督队伍，加强对生产工作中的基地环境、生产过程、投入品使用、产品质量和档案管理的检查与指导。

（二）财政扶持

注重政策扶持。近年来，先后制定出台了《大田县推进茶产业转型升级实施意见》《大田县茶产业高质量发展三年行动方案（2020—2022 年）》《关于扶持现代农业（茶业）生产发展项目的实施意见》等一系列促进茶产业发展、提升产品质量安全的优惠政策措施，县财政每年安排专项资金 500 万元以上予以

大力扶持，促进了茶产业健康、可持续发展。培育龙头企业。鼓励龙头企业积极申报绿色食品、有机农产品，并给予相应的奖励。

（三）监管配套

制定环境保护制度，县政府出台了《关于加强农村环境保护工作的通知》，制定了环境保护措施，由监管员进行有力监控。完善环境质量检测，依托福建省分析测试中心、福建省农业农村厅土壤化验室、福建省茶叶质量监督检验站、福建省农产品质量安全检测中心、三明市产品质量监督检验所等有资质的检测机构对绿色食品原料标准化生产基地的产品、土壤、环境等因素进行有效的检验检测，为基地质量监控提供有力的技术支撑。建立信息网络，由县人民政府网、农业 155 信息网、屏山茶叶网共同承担大田县茶叶产业各种资讯的发布，进一步向全国各地全方位推介与宣传大田高山茶，实现网上信息的沟通交流。

四、科学管理，建立生产的长效机制

（一）合理规划，建立可持续发展的茶叶强县

以《绿色食品　产地环境质量》（NY/T 391）为依据，根据当地地理条件，按照“因地制宜、集中连片”的原则，利用现代茶叶生产技术，建立能够维持茶园生态平衡，促进茶园物质和能量良性循环，实现茶叶优质、高效、安全、无污染，达到社会、经济、生态效益协同发展的人工复合生态茶园。

（二）科学发展，推广“猪-沼-茶”生态循环农业生产模式

充分利用沼液作为肥料施用，实现环境和产品无污染、无残留，符合绿色食品要求，保证了茶叶质量的卫生安全。目前，大田县在屏山、济阳、梅山等乡镇建立了“猪-沼-茶”模式示范片，获得了较好的成效。其模式在茶树栽培

中实施应用，促进了农业产业链循环，确保了沼气工程的持续发展，又节省了生产成本，提高了茶叶品质。

（三）创建品牌，进一步提升大田县茶叶质量的安全性

全县茶叶企业 13 家获食品生产许可证；主导产品企业品牌 26 个；获有机农产品认证 2 家 2 个产品，获绿色食品标志使用权 1 家 3 个产品（申报办理中还有 8 家 19 个产品）；省龙头企业（农牧业）2 家；市龙头企业 8 家；63 只茶样获省级以上名优茶称号，其中，“江山美人茶”获 2019 年度福建名牌农产品。同时，大力倡导成立茶叶专业合作社。按照民管、民办、民受益的原则，在屏山、吴山等乡镇成立了 13 家茶叶专业合作社和 5 家茶叶协会，实行统一管理、统一收购、统一销售的生产经营模式。

五、规范生产，建立可追溯档案制度

为规范生产，绿色食品原料标准化生产基地所用苗木、农药、化肥等农业投入品均采用符合国家绿色食品标准和产品登记使用标准的产品。严禁施用国家明令禁止使用的高毒、高残留和淘汰的农业投入品及未经国家审定、登记、批准生产的农业投入品。同时，统一编制了各种记录表，内容包括生产投入品的购买和使用、农事活动、生产加工、产品销售以及产品的质量检测等，要求生产者在产前、产中、产后等环节及时、如实地记录造册，建立可追溯档案，并经常组织人员抽查，提升产品的安全性与可靠性。推进食用农产品合格证与一品一码追溯制度并行，加强产地准出管理。以宣传、培训、激励、考核、调研为抓手，建立落实检查监督机制。截至 2019 年底，现有正常运作的 35 家生产主体全部纳入一品一码追溯监管，实施动态管理，依法上传生产信息，依法赋码销售。

多措并举　努力推进安远县全国绿色食品原料（脐橙）标准化生产基地高质量发展

黄传龙

（赣州市果业局）

安远县地处江西省赣州市南部，面积 23.75 万公顷，其中山地面积 297 万亩，森林覆盖率达 83.43%，日照充足，热量丰富，气候温和，降水丰沛，拥有发展果业的良好自然条件。长期以来，安远县充分发挥山地和农业资源优势，以建设中国脐橙强县为目标，以实施脐橙产业高质量发展为主线，按照生态化开发、规模化经营、标准化生产、品牌化营销、专业化服务的总体要求，举全县之力，建成了相对完整的脐橙产业化体系，逐步成为全省、全国的脐橙生产大县和强县。2018 年全县拥有果业面积 30.8 万亩，其中脐橙 26.8 万亩，水果总产量 28 万吨，其中脐橙产量 25 万吨，脐橙产业集群产值达 25 亿元；果业种植农户 3 万户，果业产业从业人员达 16 万人，果业已成为安远县的主导产业、富民产业。

安远县自 2007 年创建 12 万亩全国绿色食品原料（脐橙）标准化生产基地以来，一直把基地建设工作当作果业产业工作的重点，充分发挥绿色食品原料标准化生产基地的示范带头效应，努力推进安远县脐橙产业高质量发展。

一、加强组织领导，完善组织管理保障体系

（一）安远县委、县政府高度重视基地建设工作

由安远县政府主要领导任安远县全国绿色食品原料（脐橙）标准化生产基地领导小组组长，分管领导任副组长，安远县农业农村局、果业局、林业局、市监局、生态环境局、财政局、自然资源局、脐橙重点乡镇等部门为成员单位，各成员单位按工作职责各司其职，领导小组下设绿色食品原料标准化生产基地建设管理办公室，由安远县果业局局长高卫东兼任办公室主任。基地建设管理办公室与安远县绿色食品管理办公室合署办公，具体承担对基地的日常管理和组织协调工作。基地建设管理办公室选调3名专职人员，负责承担基地技术指导和生产监督管理工作。

（二）基地各生产单元有明确的责任人

安远县绿色食品原料标准化生产基地建设管理办公室对基地生产单元实行“金字塔”式网络管理体系，即每个基地单元设基地负责人、植保员、小区长、果农。一级管一级，层层设岗定职，每个岗位的工作职责目标明确。

（三）制订基地建设实施方案

安远县绿色食品原料标准化生产基地建设管理办公室制订详细的实施方案，目标要求明确，工作措施科学，可操作性强，确保基地建设工作顺利开展。

（四）制订基地质量控制规范

规范按照绿色食品标准及相关制度要求，从组织管理、基地规划、环境管理、土壤管理、投入品管理、技术培训、脐橙质量管理等方面着手，建立果农到最终消费产品质量保证和质量追溯体系。规范切合实际、操作性强。

（五）建立基地建设目标责任考核制

绿色食品原料标准化生产基地建设管理办公室与各基地重点乡镇签订了责任状，统一思想认识，进一步明确建设目标。

（六）建立与完善基地管理档案

通过赣南脐橙质量安全追溯体系，每个基地生产单元对脐橙种植品种、数量、管理员、农业投入品及使用时间与数量、每年产量、农事操作、采后处理等都逐一记录进档案并上传系统，实现基地生产档案信息化管理。

二、坚持生态优先、建设标准化生态示范基地

安远县是东江源头，生态环境保护十分重要，绿色食品原料（脐橙）标准化生产基地建设坚持生态开发、绿色发展方针。严禁破坏生态环境，禁止毁林种果，坚持生态修复先行，建设生态果园。充分发挥生态屏障作用，抵御病虫害，挖掘绿色生态财富。严禁在高速公路沿线两面山、景区周边、县城规划区范围内复产，且原有果园必须退果还林。严格执行果业发展“十不准”，每个果园必须建设隔离防护林，实现“园在林中、林中有园”的生态发展目标。

为加快安远县绿色食品原料（脐橙）标准化生产基地开发进度，保障基地正常生产生活，按照果业基地“三通”（通路、通电、通水）高标准要求建设。绿色食品原料标准化生产基地建设中，坚持“六化”措施，打造示范样板。一是坚持建园高标准化。科学规划，合理分区，完善水、电、路、场房等基础设施，建设水土保持系统。二是坚持环境生态化。修复生态系统。种植戴帽山、隔离林带，绿化主干道，修复生态环境。三是坚持苗木安全化。四是坚持栽培模式化。采用“一带三沟”整地技术，一次性成园，适度密植、高干低冠、宽行窄株种植。五是坚持技术集成化。应用水肥一体化技术，平衡施肥，推行绿色植保技术综合防控病虫害，合理简约修剪。六是坚持土壤有机化。实施土壤

改良，推广种植大豆、肥田萝卜等绿肥，花生枯饼无害化堆沤，培肥地力。

三、建设监管体系，确保质量安全

一是开展农业投入品监管专项行动。安远县市场监督局、农业农村局、生态环保局、果业局组建联合执法队，加强农业基地投入品监管，加强绿色食品原料标准化生产基地环境监测和果品检测，开展农资春、夏、秋季节打假和“红盾”行动，严厉打击假冒伪劣农资、违禁投入品、成分不明投入品流入果业生产环节等不法行为。

二是开展打击脐橙树上喷施“糖蜜素”等不明化合物不法行为专项行动。广泛宣传，建立执法队伍，加强巡查，设立举报电话，严厉查处打击喷施“糖蜜素”和在脐橙树上灌注“四环素”防控黄龙病等不法行为。

三是开展“三百山”赣南脐橙“制止早采、杜绝染色”专项行动。安远县生态综合执法局、农村农业局、果业局组建联合执法队，乡镇成立巡查队，对脐橙果品加工包装企业实行“四定两包”监管机制，设立举报电话，严厉查处脐橙早采、染色等违法违规行为。

四是开展打击假冒赣南脐橙销售行为专项行动。加强本地脐橙加工销售企业和外地销售市场巡查执法，严厉打击假冒赣南脐橙、违规使用绿色食品标志等违法违规行为，情节严重的，移送公安部门追究其刑事责任。

四、健全良好的生产管理体系

（一）建立基地标识牌

安远县共有鹤子杨柳坑、江西王品基地，孔田铁樟峰，镇岗大水山、杉树排，新龙塘坳、寺背、桂云山，车头龙井，版石虎板等绿色食品原料（脐橙）标准化生产单元 18 个，面积 12 万亩。基地建设管理办公室统一制作“安远县全国绿色食品原料（脐橙）标准化生产基地”标识牌，在基地生产单元显要位置设立。标识牌美观大方，结实牢固，标明了基地名称、范围、面积、负责人、技术指导及主要技术措施等内容。基地办还对各基地单元绘制了详细的分布图，对地块和果园主进行统一编号，并记录在档，形成较完整的档案材料，方便监管。

（二）坚持“五统一”生产管理制度

严格按照统一优良品种、统一生产操作规程、统一投入品供应和使用、统一田间管理、统一最早采摘时间要求管理。安远县以纽贺尔优良品种作为当家品种，基地优良品种率占95%，制定绿色食品脐橙种植操作规程，种植技术进一步标准化。以基地生产单元为单位，统一农资供应和使用，技术指导服务得到了规范，树立“三百山”赣南脐橙品牌，坚决禁止采摘脐橙青果。

五、加强技术服务体系建设

依托果业技术推广机构，构建完善的技术服务网络，按照人跟产业走、编制跟人走、经费跟编走的原则，配齐配强脐橙产业技术力量，安远县果业局下设安远脐橙种植技术研究中心，各乡镇设立果业技术站。加强与华中农业大学、中国柑橘研究所、江西农业大学、江西农业科学院等科研院校合作，聘请有关教授、专家前来指导，在农业产业化国家重点龙头企业安远县橙皇现代农业发展有限公司设立邓秀新院士工作站，加强对脐橙生产中的技术疑难的研究和攻关，引进先进的果业生产技术和科研成果，指导绿色食品原料标准化生产基地果农进行绿色脐橙生产。同时在各基地建立了标准果园示范户，加快新技术、新器械、新品种推广应用。建立了基地果农定期培训制度，县、乡各级果业技术骨干经常深入基地果园进行技术指导，普及推广绿色脐橙标准化生产技术规程。

六、不断提高产业化经营水平

积极鼓励支持龙头企业参与绿色食品原料（脐橙）标准化生产基地建设，安远县委、县政府制定相关政策鼓励全县果业企业、果业合作社，特别是龙头企业采用“公司+基地+果农”经营方式提高全县果业产业化经营水平，制定相关企业在果品收购、加工和销售等方面的优惠政策和贷款资金扶持措施。指导龙头企业、合作社与家庭农场、基地果农签订规范的果品收购合同。鼓励龙头企业、合作社与家庭农场申报绿色食品。支持果业企业申报农业产业化市级、省级、国家级重点龙头企业。

七、强化绿色食品品牌，提升产业效益

安远县非常注重引导脐橙生产营销企业树立绿色食品质量意识和绿色食品品牌意识，指导企业规划使用绿色食品标志，支持绿色食品企业参与国际农交会、绿色食品博览会等国内知名展会。截至2019年9月，全县拥有绿色食品企业10家，绿色食品产品10个，绿色农产品种植面积34 910亩、产量64 700吨。安远是全国第一个无公害脐橙生产示范基地县、全国优质园艺产品（脐橙）出口示范区、全国首个脐橙类国家级出口质量安全示范区和江西省绿色（有机）食品十强县。

广元市着力“六化”建设
大力发展绿色食品原料标准化生产基地

周　涛

（广元市绿色食品办公室）

近年来，广元市坚持“生态立市”的绿色发展理念，着力绿色食品原料标准化生产基地创建全域化、基地园区化、经营组织化、生产标准化、产品品牌化、监管信息化，建成国家农产品质量安全市、四川省农产品产地无公害化市、首个省农产品质量安全监管示范市，“三品一标”获证农产品326个，创建全国绿色食品原料标准化生产基地13个、面积165.6万亩，占总耕地面积的65.5%。绿色食品原料标准化生产基地的创建，大大提升了产业效益。据不完全统计，绿色食品原料标准化生产基地产量、产值比建成前分别提高了20%以上，带动了贫困村农业产业大发展，促进了产业农民和贫困户增收。

一、统筹规划，上下联动，推进基地创建全域化

（一）制订发展规划

2013年市政府制订出台了《关于全面推进绿色农业发展的意见》，确立了绿色农业发展目标。到2020年，认证“三品一标”农产品总数达到300个以上，绿色农业总产值达到800亿元，绿色农业发展实现农民年人均纯收入9 000元以上。

（二）纳入政府工作目标

2016年，广元市第七次党代会和第七届人民代表大会，提出了广元市

“十三五”末建成中国西部重要的绿色食品基地；打造中国西部最大的淡水有机鱼产业基地；创建国家有机产品认证示范市、国家农产品质量安全市。

（三）全域开展创建

2007 年，苍溪县率先启动了绿色食品原料（红心猕猴桃、苍溪雪梨）标准化生产基地创建工作，由县财政预算拨付 40 万元工作经费，同时整合相关涉农项目资金 3 000 余万元，投入基地创建工作。继苍溪县后，广元市其他县区先后开展创建工作。到 2017 年底，全国绿色食品原料标准化生产基地实现全市 7 个县区全覆盖，全市建成 10 万亩红心猕猴桃、10 万亩雪梨、66. 8 万亩水稻、26 万亩油菜、20. 8 万亩茶叶、32 万亩蔬菜等 13 个绿色食品原料标准化生产基地，面积 165. 6 万亩，基地个数、面积名列全省前列。

二、有机衔接，融合发展，推进基地园区化

（一）基地与园区规划相衔接

在现代农业园区建设规划中，将绿色食品生态、健康、营养的发展理念贯穿于园区建设之中，绿色食品原料标准化生产基地建设和现代农业园区建设统筹规划，统一建设，实现一个绿色食品原料标准化生产基地就是一个园区、一个园区就是一个绿色食品原料标准化生产基地。

（二）基地与园区建设标准相衔接

按照基础设施、产业发展、公共服务、新村建设、基层党建“五位一体”

园区综合建设要求建设绿色食品原料标准化生产基地，使基地不仅具备高水平生产功能，而且具备完善的生活功能和强大的组织功能。

（三）基地与园区经营管理相衔接

在绿色食品原料标准化生产基地创建中，借鉴农业园区经营管理方式，形成了“土地流转，多元经营，股份合作”的生产经营机制，形成了农民入社、土地入股、经营分红、风险保障的基地带动农民增收机制，构建起了基地生产企业、专业合作社、农户紧密的利益联结机制，拓宽了农民增收渠道，建立了农民收入稳定持续增长机制，提升了基地效益。

三、构建机制，培育主体，推进经营组织化

（一）强化体系建设，形成推力

广元市政府印发了《关于加快构建新型农业经营体系的意见》《关于大力开展新型职业农民和农业产业发展领军人培训的意见》《广元市新型农业经营主体培育工作评价方案》等一系列文件，进一步明确了坚持以培育新型农业经营主体为重点，努力构建绿色农业发展的新型农业经营体系。截至 2019 年 12 月，全市家庭农场累计达到 5 170 家，农民合作社累计达 4 415 家，新型农业经营主体 80% 的农产品通过了“三品一标”认证。朝天区平溪蔬菜合作社入选全国 500 强农民合作社，勤丰种植专业合作社、天垠农业有限公司、昭化锦春家庭农场、汪家乡乡缘家庭农场 4 家经营主体负责人获省 100 家发展现代农业优秀返乡农民工称号，主体发展的速度和质量进一步提升。

（二）落实扶持政策，激发活力

广元市政府出台了《广元市市级示范家庭农场、示范农民合作社、示范农业社会化服务超市评定奖补办法》，将“三品一标”品牌认证纳入示范社评定必要条件。广元市财政每年安排专项资金400万元，对新评选出的市级示范农民合作社、家庭农场和农业社会化服务超市进行奖补。

（三）创新利益联结机制，增强动力

积极引导龙头企业与绿色食品原料标准化生产基地通过契约联结、服务联结、资产联结等多种形式，结成利益共享、风险共担的利益共同体，实现双赢。大力推行“龙头企业＋专合组织＋基地”模式，紧密型利益联结的范围不断扩大。旺苍县创新了黄花山核桃专合社托管模式；朝天区创新了锦程股份合作农场“土地折资本、资本变股本、农民变股民”股份合作模式；苍溪县通过推广实施“四保＋四分红”农户利益联结机制，全县新型经营主体通过该联结机制带动贫困农户合作发展红心猕猴桃产业，带动2.5万贫困人口实现年人均增收3 000元以上。绿色食品生产企业广元市鑫茂农业科技开发有限公司与四川省郫县豆瓣股份有限公司签订购销合同，年销售绿色食品原料辣椒、剁辣椒5 000多吨，实现销售收入1 200多万元。目前，全市联结绿色食品原料标准化生产基地的龙头企业达到36家，其中产值1 000万元以上的企业16家，产值亿元以上的2家，订单达到80%以上。

四、完善标准，强化培训，推进生产标准化

（一）加快制定质量标准

近年来，农业与市场监管部门密切协作，新制定苍溪红心猕猴桃、米仓山富硒富锌绿茶、曾家山高山露地蔬菜等生产技术规程30多项，有效提高了绿色食品标准化生产水平。

（二）大规模开展品牌认证培训

依托高素质农民培育工程、农产品质量安全等项目，组织农产品生产企业

导、协调管理工作，并定期召开基地建设推进会议，保障基地建设与农业标准化、农业产业化、农产品优势区域布局、农产品质量安全管理和生态环境建设等工作的顺利进行，在指导基地建设时更具有专业性、权威性。领导小组下设办公室，负责制定基地建设规划、实施方案、管理制度、管理办法及技术规范，建立健全基地建设目标责任制度考核办法，抽调专兼职工作人员长期从事基地建设工作；负责基地技术服务体系和质量保障体系的建立，承担基地技术指导和生产管理工作，明确奖惩，层层签订责任书，明确工作职责，狠抓责任落实。

（二）建立基础设施和环境保护体系

西吉县属农业县，地貌类型属黄土丘陵区、土石山区，土质肥沃，空气清新，交通便利，耕作条件良好，具备生产绿色农业产品的最佳环境条件。绿色食品原料（马铃薯）标准化生产基地具备了天然的生产条件，完全符合《绿色食品　产地环境质量》（NY/T 391—2013）的要求，基地方圆5千米和上风向20千米范围没有工矿企业污染源。基地范围内有淀粉加工企业，但其排放废水属有机废水，不含重金属和其他人工合成的有害物质。基地内畜禽养殖户的粪水全部经过堆沤，高温发酵，腐熟后使用。水分供应主要依靠自然降水和机井水灌溉，水质符合绿色食品生产要求。施肥严格遵照《绿色食品　肥料使用准则》（NY/T 394）执行，主要以农家肥和商品有机肥为主。为加强基地环境保护，专门制定了环境保护制度并以政府文件形式发布，明确基地环境保护的职责部门和人员，基地基础设施配套齐全，每个基地单元乡、村两级均设置基地范围内绿色食品生产技术宣传栏，实现通过公共网络媒体公示及查询基地生产、管理、储运、流通信息等。西吉县每年对基地环境质量进行检测，检测报告指标符合绿色食品有关技术条件要求，大气、水、土壤等环境质量合格。

（三）建立生产管理体系

制定《基地生产管理制度》《基地环境保护制度》《技术指导和推广制度》《生产档案管理和质量可追溯制度》《农业投入品管理制度》《生产基地培训制度》《监督管理及检验检测制度》等制度，出台《西吉县全国绿色食品原料（马铃薯）标准化生产基地管理办法》《西吉县全国绿色食品原料（马铃薯）标准化生产基地农业投入品管理办法》《西吉县全国绿色食品原料（马铃薯）标准化生产基地环境管理办法》《西吉县全国绿色食品原料（马铃薯）标准化生产基地保护区管理办法》，明确基地生产管理的职责部门和负责人员，实现生产管理体系在县、乡、村、户逐级落实。

建立基地各生产单元参与生产的农户档案、生产相关记录等，配备专门的田间档案管理员负责指导、组织绿色食品原料标准化生产基地内马铃薯生产技术和农事操作记载工作。

每个村都有专门的专业技术人员负责指导农户填写和管理《绿色食品原料标准化生产基地生产者记录》档案，对种植、施肥、灌溉、用药、采收等各类农事操作进行记载，对农产品生产、加工、运输、储藏、销售等各个环节进行登记，建立农产品生产档案，加强产品监测和质量可追溯管理，对农业投入品的名称、来源、用法、用量和使用、停用的日期及植物病虫草害的发生和防治情况进行记载，农产品生产周期结束后，由基地管理人员按生产程序进行整理存档。

马铃薯鲜薯9月下旬至10月上中旬收获后，由基地对接企业仓库储藏或合作社、农户采用严格的储藏技术自行储藏，合作社、企业有运输过程和出入库记录，储藏运输严格按照《绿色食品　储藏运输准则》进行，确保绿色食品马铃薯原料符合标准要求。

（四）建立投入品管理体系

西吉县绿色食品原料标准化生产基地管理办公室根据基地实际情况，制定《基地农业投入品管理办法》《基地农业投入品公告制度》《基地农业投入品市场准入制度》《基地农业投入品管理制度》下发到各管理区和种植户，并组织种植户认真学习，在生产过程中严格执行标准，加强生产管理。明确基地投入品管理的职责部门和负责人员，实现县、乡、村、户逐级进行管控。定期公示《绿色食品　农药使用准则》允许使用的农药清单，公示《绿色食品　肥料使用准则》中的禁限用清单，建立基地使用投入品专供点，负责指导农户按照绿色食品投入品使用要求购买及使用。对绿色食品生产用投入品销售实行台账登记管理，确保了种薯、农药、肥料的使用安全。

建立绿色食品原料标准化生产基地使用投入品专供点 12 个，全部覆盖生产单元。专供点内销售人员具备指导农户按照绿色食品投入品使用准则购买投入品的能力，农业专业人员负责指导农户按照绿色食品投入品使用要求购买及使用。专供点不定期张贴公示绿色食品投入品使用准则要求中允许、禁限用投入品目录及限用要求，专供点对绿色食品生产用投入品销售实行台账登记管理，确保县域内没有高毒、高残留农药等农业农村部禁止使用的投入品销售和使用。

每年对投入品供应点进行监督检查 6 次，查看进销货台账，综合检查 4 次，抽样检测基地马铃薯产品 1 次以上，检测产品数 3 个以上。每年对基地投入品流通渠道、绿色食品生产投入品专项督查 6 次以上，实地查验、查看进销货台账，对查出的问题限期整改。

（五）建立技术服务体系

依托宁夏大学、宁夏农业科学院、宁夏回族自治区农业技术推广总站、宁夏回族自治区种子管理总站，建立良种繁育基地和技术指导小组。引进先进的生产技术和科研成果，开展各项绿色防控技术试验示范，提高绿色食品原料标准化生产基地科技含量。全面推广测土配方施肥、秋覆膜、机械化作业、病虫害综合防治等技术示范。

建立绿色食品生产技术推广专员队伍，培训、推广病虫害统防统治和绿色防控技术。制定绿色食品生产资料试验田运行管理和成果推广制度，并严格按制度落实。按照绿色食品技术标准制定下发《西吉县全国绿色食品原料标准化生产基地马铃薯种植操作技术规范》和《西吉县全国绿色食品原料标准化生产基地马铃薯储藏保鲜技术规范》。在基地各生产单元的生产、生活区设置绿色食品生产技术宣传栏，向基地内农户普及绿色食品标准和相关技术。基地建设期间举办以绿色食品基础知识、标准化生产技术等为主题的县级培训班，培训监督管理人员、技术人员、营销人员以及基地农户等，全覆盖培训种植户，统一发放《绿色食品生产者使用手册》到种植企业和农户手中。组织农业科技人员全程跟踪技术指导，严格按照绿色食品生产技术规程进行生产，采取多种方式开展各项技术咨询和服务。

（六）建立监督管理体系

成立由农业农村局牵头，其他相关部门组成的绿色食品生产监督管理队伍，形成县、乡、村监督管理体系，分备耕、春耕、夏管、秋收（包括三秋作业）、冬储和生产效益六部分管理。监督检查基地环境、生产过程、投入品使用、产品质量、市场及生产档案记录等。对基地单元区实行目标管理，层层签订目标管理责任书。每年委托县环境质量监测站，对接市级有关部门对基地农业环境质量现状进行评价，出具西吉县全国绿色食品原料（马铃薯）标准化生产基地农业环境质量监测报告，确保基地内农田灌溉水、农田土壤和空气质量评价合格，各项指标符合国家绿色食品产地环境质量标准。基地建设期间，对基地农业投入品、马铃薯和基地环境进行定期跟踪检查，严格按照基地环境管理办法要求，加强基地环境的管理，确保基地无外来有机肥，马铃薯无虫蛀、机械损伤、畸形等。

（七）建立产业化经营体系

制订基地产品申报绿色食品的总体计划，监管企业与农户对接管理，对接企业与农户签订购销合同。目前，西吉县绿色食品原料（马铃薯）标准化生产基地产品总量的70%以上开发为绿色食品产品。在产业化经营上，积极拓展服务领域，组织基地经营主体或农户与宁夏佳立生物科技有限公司、宁夏向丰集团公司签订购销合同，鼓励各经营主体积极申报绿色食品产品标志使用权。以西吉农业信息网、西吉农牧及西吉马铃薯品牌推介微信公众平台为依托，开辟了绿色食品专栏，并计划与宁夏绿色食品和中国绿色食品网实现衔接。

三、取得的成效

（一）基地建设推进了农业标准化生产

1. 规模化

以县域为单位，从绿色食品原料标准化生产基地入手，整建制地推进，有效解决了农业标准化生产的适度规模问题。

2. **组织化**

绿色食品原料标准化生产基地建设注重培育市场经营主体，通过龙头企业和专业合作社带动，有效解决了农业标准化生产的组织化问题。

3. **品牌化**

基地建设是放大绿色食品品牌效应，通过品牌化带动标准化，有效解决了农业标准化生产的动力问题。

（二）基地建设提高了农业产业化经营水平

绿色食品原料标准化生产基地建设通过“两个有效对接”，强化了企业和基地农户的利益联结机制，改善和稳定了农企关系。一是基地建设与产品申报有效对接。基地生产安全优质原料产品，绿色食品企业直接采购基地原料，基地与企业高度互补，良性互动。二是龙头企业与基地农户有效对接。绿色食品企业与基地农户签订合同，基地农户按绿色食品标准实施“订单生产”。

（三）基地建设促进了农业增效和农民增收

绿色食品原料标准化生产基地建设立足当地的资源优势和环境优势，实施区域化布局、规模化种植、专业化生产和品牌化经营，有效地把小生产与大市场联结起来，把标准化与品牌化结合起来，把质量安全与农民增收结合起来，发挥优质优价的市场机制作用，培育和壮大了当地的主导产业，提高了综合生产能力、市场竞争力和质量安全水平，推动了县域经济发展，促进了农民增收。

（四）基地建设促进了农业科技的推广应用

绿色食品原料标准化生产基地建设加强了对高素质农民的培训，提高了基地农户的增收能力。基地推行环境保护、统防统治、科学施肥、合理用药的清洁环保生产方式，有效保护和改善了农业生态环境，较好地通过农业科技实现了经济效益、社会效益和生态效益的统一。

浅谈延庆区绿色食品原料（玉米）标准化生产基地建设与管理

吴月霞　王健波　王继东　古燕翔　李　浩　卢雪征　李　鑫　刘秀平

（北京市延庆区农业农村局）

一、基地建设情况

2015年，北京市延庆区创建的10.22万亩绿色食品原料（玉米）标准化生产基地分布在康庄镇、旧县镇、永宁镇、张山营镇、延庆镇、大榆树镇、井庄镇、沈家营镇、香营乡共9个乡镇的60个行政村。延庆区严格按照《全国绿色食品原料标准化生产基地建设与管理办法（试行）》的通知（农绿基地〔2017〕14号）要求，围绕组织管理、生产管理等七大体系建设，多次召开专门工作会议研究部署安排，健全组织机构，配备配齐专业技术人员，制定各项管理制度，明确工作职责，狠抓责任落实，促进了各项工作顺利开展。实现年总产量7.16万吨，直接增收700多万元，带动1.53万农户增收，实现农业增效、农民增收。

二、主要措施

（一）加强组织领导，建立健全组织管理体系

延庆区成立了基地建设领导小组及技术小组。基地建设领导小组由主管农业副区长任组长，发改委、农业、市场监管等10个相关单位主管领导和9个

基地建设乡镇主管农业副乡镇长为成员。领导小组下设基地建设办公室，由农业农村局局长任办公室主任。9 个乡镇成立相应机构，明确乡镇主管农业副乡镇长为基地建设责任人，乡镇农业技术人员和各村农技员为具体工作人员，形成了区、乡镇、村层层联动的工作体系。建立健全基地建设目标责任制度考核办法，区、乡镇、村三级层层签订了责任书。区政府以红头文件形式下发了《关于做好全国绿色食品原料（玉米）标准化生产基地创建工作的通知》（延政发〔2012〕20 号）到各有关单位。基地办下发了《延庆县创建全国绿色食品原料标准化生产基地实施方案》和《延庆县绿色食品原料标准化生产基地考核办法》到创建的 9 个乡镇。同时，区、乡镇整合项目资源，重点向基地建设倾斜。结合控制农村面源污染、风沙源综合治理等项目，加大绿色食品原料（玉米）标准化生产基地建设投入力度，提高基地建设水平。

（二）狠抓标准化生产管理，提升标准化生产水平

1. 实行区域化、规模化种植

按照集中连片、合理规划、规模发展的原则，实行玉米品种区域化种植，统一种植品种为郑单 958、京单 28、京科 968 等，基地良种普及率达到了 98% 以上，全部为非转基因品种。

2. 建立健全区、乡、村、户四级生产管理体系

绘制了绿色食品原料标准化生产基地分布图和地块分布图，对玉米种植地块进行统一编号；并在基地显要位置设置了基地标识牌；建立了区、乡、村三级技术管理档案，实现产品质量追溯。基地办制定了《延庆县绿色食品原料（玉米）标准化生产技术操作规程》，统一印制了《绿色食品玉米标准化生产基地使用手册》和《绿色玉米生产档案及技术指导与监管记录》共计 10 万余份，

下发到基地农户手中，通过举办培训班、农民田间学校和“1+1+X”等形式，对农户进行技术指导培训，推进延庆区地方标准《绿色食品 玉米生产技术规程》的有效实施，指导农户严格按照标准进行生产，并规范、真实地填写完整的生产管理档案。

3. 推行“五统一”管理制度

在基地推行统一优良品种、统一生产操作规程、统一投入品供应和使用、统一田间管理、统一收获。采取基地建设与农业项目有机结合，发放肥料配方卡5万多份，指导基地农户以有机肥为主，全部经过高温无害化处理后施用，根据配方合理施肥，实施玉米测土配方施肥技术10.22万亩、发放有机肥2万吨；统一供应良种，品种实行区域化布局；延庆区植保站成立了植保专业防治服务队，推广赤眼蜂防治玉米螟、太阳能杀虫灯病虫害绿色防控技术全覆盖，实行统防统治。

（三）加强基础设施建设，保护生产环境

延庆区地处北京市的上风上水地区，生态环境优良，无污染工业、矿业，大气、水的质量均达到国家一、二类标准。得天独厚的净土、净气、净水的生态环境为延庆区发展绿色食品原料（玉米）标准化生产基地提供了优越的自然条件。基地方圆5千米和上风向20千米范围没有污染源企业。水分供应主要依靠自然降水和地下水灌溉，水质符合绿色食品生产要求。农田土壤经监测质量状况良好。基地环境完全符合《绿色食品 产地环境质量》（NY/T 391—2013）要求，施肥严格遵照《绿色食品 肥料使用准则》（NY/T 394—2013）执行，主要以有机肥为主，化学肥料为辅的原则。基地内路、涵、桥、站、闸设置合理，田间道路全部硬化，路面整洁平坦，基础配套设施齐全。延庆区农产品质量安全检验检测中心和市级检测机构，对基地投入品、基地原料产品进行检验检测，确保产品质量安全。

（四）强化农业投入品管理，从源头把好质量关

贯彻执行《延庆县全国绿色食品原料（玉米）标准化生产基地农业投入品管理制度》，建立《监督检查制度》《农业投入品市场准入制度》《农业投入品公告制度》，及时公布基地允许使用、禁用或限用的农药名单。延庆区农药、种子、肥料、检疫执法部门从源头把好投入品使用关，定期检查基地环境、生

产过程、投入品经营和使用。基地办在9个乡镇设立7个农业投入品专供点，并向其发放绿色食品生产允许使用的农药和肥料等卡片，农资经营门店已全部张贴在显要位置。每年年初组织召开全区“农产品质量安全暨规范农资经营和使用培训会”，并会同市场监管部门进行农资市场联合执法检查，规范农业投入品经营和使用行为。采取日常检查与专项执法检查相结合，实行拉网式检查，年出动执法人员180多人次，检查农资生产和经营单位200多家次，从源头上有效控制投入品的使用，为绿色玉米生产起到了保驾护航的作用。

（五）建立科技支撑体系，提高技术服务能力

1. 成立技术攻关和技术指导小组

由中国农业大学、北京市农林科学院、北京市农业技术推广站及区级玉米专家组成技术攻关和技术指导小组，狠抓科技支撑，努力推进科技成果转化，集成推广先进农业技术。结合高产创建项目的实施，重点推广合理增密、机械深松、精准播种、增钾施肥、农艺节水、防灾减灾6项关键技术，关键技术措施落实到位率均达到100%。共建立了部级“万亩”示范区12万亩，在康庄镇、旧县镇、永宁镇、沈家营镇和大榆树镇5个乡镇的19个村建立“百亩”核心示范点5 590亩，基地内每村选择了3～5个示范户。

2. 建立区、乡镇、村三级农业技术服务队伍

配备农技推广人员150多人，参加了绿色食品相关知识培训，并进行了考试，考试成绩全部合格，形成了区有技术专家、乡有技术骨干、村有技术标兵的三级科技服务体系。

3. 强化技术培训

对基地生产管理人员、技术推广人员、产业化经营单位负责人和农户进行绿色玉米标准化生产相关知识技术培训，使每户都有一个掌握绿色食品原料玉

米操作规程的明白人。

4. 进村入户指导

依据农业生产农时季节和玉米生长关键时期从种到收开展全程农技指导，基地办组织技术人员及时深入田间地头对农户进行现场指导和技术服务，讲解绿色食品相关要求和种植技术措施，促进绿色技术真正落到实处。延庆区基地办共举办绿色食品玉米生产技术培训班30多期，发放《生产者使用手册》和技术明白纸等10万多份，培训基地农户3.5万人次，技术明白纸和手册入户率达到100%，培训入户率达到100%。

（六）加强监督管理，保障产品质量安全

1. 健全监督管理制度

建立了较为完善的绿色食品原料标准化生产基地建设监督管理制度，建立了区、乡镇、村三级监管队伍，监管人员在玉米生长关键时期对基地环境、生产过程、投入品使用、产品质量、市场及生产档案进行监督检查或抽查，保障绿色食品原料玉米安全生产。

2. 建立基地单元内部管理监督机制和奖惩制度

基地办根据实际情况，制定了切实可行的《基地单元内部管理监督机制和奖惩制度》，激励基地单元农户按标准规范生产，提升绿色玉米安全生产水平，打造绿色食品标志品牌，促进绿色产业健康可持续发展。

3. 建立基地农产品质量追溯制度

基地单元农户每年按照田间生产操作情况，及时详细地填写《绿色玉米生产档案及技术指导与监管记录》，档案记录齐全，确保产品质量可追溯。

4. 建立绿色食品标志管理制度

基地办多次对企业和市场进行抽查，严格把关，确保未经批准的基地原料产品包装上不使用绿色食品标志，未经中国绿色食品发展中心备案的单位不得使用“全国绿色食品原料（玉米）标准化生产基地”字样，保障了标识的规范、有序使用。

（七）提高产业化经营程度，促进绿色产业健康发展

1. 推进订单收购

延庆区政府出台优惠政策扶持龙头企业“德青源”发展绿色产业，推动龙

头企业与种植户签订收购合同，实现订单收购，与农民建立利益联结体，最终形成多渠道投入机制。即“政府推动+农户种植+企业收购”形式，促进产业化经营体系建设，订单面积比例达到100%。

2. 加强企业监管

通过对签约企业进行绿色玉米种植技术培训，监督其收购过程和对签约基地的监管，保障对接合同规范、有效地执行。

3. 加强基地宣传

通过电视、网络、报纸等多种方式进行宣传，不断提高绿色食品原料标准化生产基地的知名度。

4. 多渠道投入

形成政府推动、企业带动、农户主动投入的利益联结机制。绿色食品原料（玉米）标准化生产基地建设，对延庆区绿色产业健康发展、转变经济发展方式，促进养殖业、粮食加工产业升级，增加农民收入起到重要的推动作用。

三、取得成效

（一）经济效益

延庆区创建10.22万亩绿色食品原料（玉米）标准化生产基地，通过推广农业标准化生产技术，提高玉米质量，实现优质优价。按玉米平均单产700千克/亩，龙头企业对基地内生产的玉米比普通玉米收购价格平均每千克提高0.1元计算，年直接增收700多万元，带动1.53万农户，实现农业增效、农民增收，对区域经济的发展起到了很强的带动作用。

（二）生态效益

通过对基地环境加强保护和监测，严格规范生产过程，强化农业投入品的监管，实现了“清洁生产”，推广绿色玉米生产技术减少了化学农药使用量的50%和肥料使用量的50%，提高肥料利用率6%，提高农田水分利用率30%。大大降低了农业生产中化学品对环境的污染，减少了化学农药使用，减少了面源污染，有效地保护了生态环境，实现农业生产的可持续发展。

（三）社会效益

推进了延庆区农业标准化生产进程，提升了农产品质量安全水平；加快农业科技推广步伐，增强产品市场竞争力。同时，为延庆打造绿色精品品牌树立良好社会形象，提升品牌的公信力，对实现绿色产业发展起到积极的推动作用。促进了玉米生产-绿色鸡蛋生产-鸡粪综合利用（沼气生产、有机肥生产、沼气发电）的相互结合，带动了相关产业的发展，成为当地循环农业的新亮点。

四、存在问题

（一）认识不到位

一方面是乡镇农业技术推广机构工作人员流动变化大，新上任的工作人员对绿色食品原料（玉米）标准化生产基地建设认识欠缺，很难快速投入工作状态，重视程度不够，不利于工作开展。另一方面是由于基地建设处于证后监管阶段，基地单元农户对绿色食品原料（玉米）标准化生产基地建设已有初步认识，但少数农户自觉遵守绿色食品原料生产技术标准的意识还不够强，仍需相关部门加强监督管理，提高农户种植水平。

（二）投入力度不够

绿色食品原料标准化生产基地建设与管理工作涉及面较广、内容较多、技术要求较高、管理严格规范，需要大量的资金及技术手段作保障，但限于延庆区经济并不十分发达，投入力度不够。

（三）产业化经营程度不高

虽然基地农户与龙头企业签订了收购合同，但在实际操作过程中，由于产品销售在运输方面存在困难，一定程度上制约了产业化经营水平。

五、解决对策

（一）加强宣传培训

大力普及绿色食品知识，加大管理培训力度，努力提高全社会对绿色食品原料（玉米）标准化生产基地建设与管理的认识水平和参与的积极性。

（二）建立健全制度

继续完善各项生产管理制度，构建长效监管机制，探索基地规范管理的有效模式，确保绿色食品原料标准化生产基地建设工作向纵深推进。

（三）推动企业和基地对接互动

依托标准化生产，以质量认证为载体，为龙头企业搭建产品申报与基地建设的平台，创造对接条件，促进产业化发展。

立足产业优势　强化综合管理
全面推进绿色食品原料标准化生产基地建设

周世兴

（舒兰市绿色食品办公室）

舒兰市地处长白山余脉向松嫩平原过渡地带，位于吉林省东北部“两省三市”中心，南接风景秀丽的吉林市，北连黑龙江省省会哈尔滨市，西隔松花江与省会长春相望，是国务院确定的全国商品粮基地县（市），是吉林省水稻主产区之一。

舒兰的绿色农业在吉林省起步最早，发展最快：1997 年率先提出基地建设“七统一”管理制度，后来被中国绿色食品发展中心采纳并完善为“五统一”。中国绿色食品发展中心原主任刘连馥曾给予高度评价：“舒兰的基地建设是最好的！”并委托舒兰市绿办起草《绿色食品　水稻生产技术规程》，录制了国内第一部“绿色食品水稻生产技术”电视专题讲座。

1998 年 10 月建成吉林省第一个“中国绿色食品水稻生产基地（A 级）”；2008 年建成 10 万亩全国绿色食品原料（水稻）标准化生产基地；2016—2018 年合并创建 47 万亩全国绿色食品原料（水稻）标准化生产基地，现已进入有效运行中。

2015 年 7 月，舒兰大米经农业部核准登记并颁发中华人民共和国农产品地理标志登记证书，证书登记保护规模 66 万亩。

2015—2019 年，在第十六届至二十届中国绿色食品博览会上，先后有 7 家企业的大米产品荣获金奖。

多年来，舒兰市立足水稻主产区优势，以打造现代农业生态市为核心，紧紧围绕“绿色发展”这一主题，充分发挥资源优势、环境优势和特色产业优势，从绿色食品原料标准化生产基地建设入手，不断完善体系建设、强化服务管理，绿色食品原料标准化生产基地迅速发展壮大，先后建成全国绿色食品原料（水稻）标准化生产基地57万亩（含创建期47万亩），全市申请绿色食品标志许可的经营主体26户，获证产品总数达到81个。“舒兰大米”被评为中国驰名商标，登陆央视《生财有道》栏目，位列吉林市农产品十大区域公用品牌之首，成为南方航空公司高端大米供应品牌。总结几年来的工作经验，主要体现以下几个方面：

一、强化组织领导，完善工作体系

舒兰市政府多年来一直高度重视全国绿色食品原料（水稻）标准化生产基地建设工作，把基地建设工作推上市乡两级政府工作日程，并从组织管理入手，突出一个“管”字。市政府成立了绿色食品工作领导小组，负责舒兰市全国绿色食品原料（水稻）标准化生产基地创建的组织领导工作，领导小组由市政府主管领导任组长，市农业农村局局长和市财政局局长任副组长，市直有关单位和各基地单元乡镇主要负责人为成员，领导小组下设全国绿色食品原料标准化生产基地管理办公室，办公室设在舒兰市农业农村局。同时成立了专职独立工作机构——舒兰市绿色食品办公室，核定专职工作人员6名，负责舒兰市全国绿色食品原料（水稻）标准化生产基地管理、企业申请绿色食品标志许可的初期审查、技术服务、绿色食品标志使用监督管理、科研攻关、绿色食品知识宣传普及等工作。基地涵盖的12个基地单元乡镇和139个基地村也成立了相应的组织机构。基地建设领导小组每年组织召开全市绿色食品工作会议并根据情况不定期召开调度会，并由舒兰市绿色食品原料标准化生产基地管理办公室对基地创建和管理工作进行全面安排部署。舒兰市政府制定了《舒兰市全国绿色食品原料（水稻）标准化生产基地建设目标责任制考核办法》，纳入全市“农业做优”重点工作考核体系，市、乡（镇）、村层层签定目标管理责任书，逐级明确责任人和具体工作人员，做到任务层层分解、指标落实到人，确保绿色食品原料标准化生产基地建设工作落到实处。

二、创新管理机制，规范建设标准

为确保全国绿色食品原料标准化生产基地建设标准化，在标准执行上突出一个“统”字。

按照《全国绿色食品原料标准化生产基地建设与管理办法》的要求制定了《舒兰市全国绿色食品原料（水稻）标准化生产基地发展规划》《舒兰市创建全国绿色食品原料（水稻）标准化生产基地建设实施方案》，并以舒兰市人民政府文件形式制定下发了基地生产管理、农业投入品管理、基地环境保护、标志使用管理等 15 项管理制度和 3 项管理办法，以舒兰市农业农村局和基地办名义制定下发了 13 个技术性和指导性配套文件，各单元基地和部门统一遵照实施，科学有效地规范了基地建设的各项管理服务工作。

总结推出了一套完整的基地档案管理模板。统一规定市级基地档案 14 套 17 盒 157 项记录内容，单元基地乡镇级档案 9 套 11 盒 147 项记录内容，获证企业档案 9 套 11 盒 109 项记录内容，并统一了各类监督检查记录表格式。

在严格执行“五统一”生产管理制度的前提下，对一些关键性技术及绿色防控技术进行统一实施。基地核心区全面实现了航化作业，绿色食品原料标准化生产基地良种普及率达到 100%，测土配方施肥率达到 100%，统防统治率达到 90%以上。

三、强化质量控制，提升管理水平

在服务和监管上，突出一个“严”字。绿色食品原料标准化生产基地制定了农业投入品管理办法和监督管理制度，建立了农业投入品公告制度。根据农业生产季节，定期公布基地允许使用、禁止使用或限制使用的农业投入品目录，实行了农业投入品市场准入制度。基地成立了 12 个乡镇级、139 个村级监管小组和技术服务队，设立 26 个农业投入品专供点，对专供点通过平时督导检查和年度综合考评实行动态管理。每年例行召开“两会三班”，即年度工作部署及生产管理工作会、企业生产管理现场会、市乡村三级技术培训班，档案管理培训班，拟申请绿色食品标志许可企业培训班。每年发放绿色食品生产技术手册和田间生产管理记录本4.5万套。2017年以来，共制作农业投入品公告板171块，覆盖所有基地村和投入品专供点，每年发行户外张贴式背胶公告7 000份。

舒兰市农业农村局按季度组织开展农业综合执法大检查，加强对农业投入品市场的监督管理，会同市场监督管理部门，不定期开展基地农资市场联合执法行动，严肃查处证照不全或违规经营国家禁用农资等违法行为。

四、培育经营主体，发挥基地效能

坚持政府推动和产业化经营相结合，充分发挥全国绿色食品原料标准化生产基地的基础优势，积极引导企业、合作社、家庭农场等农业经营主体参与绿色食品产业，从企业申请绿色食品标志许可、产品标准化生产、品牌策划到市场运作，从协助经营主体组建专业合作社到协调绿色食品原料标准化生产基地农户签订种植回收合同，全方位搞好服务，有效地促进了绿色食品产业的全面发展，使舒兰市全国绿色食品原料标准化生产基地的资源得到了有效利用。目前已培育26户绿色食品获证企业（含家庭农场、专业合作社），81个产品获得绿色食品标志使用权，与基地有效对接面积23.38万亩，占基地总面积（含创建期）的41%，获证产品总量位居全省前列、吉林地区首位。

五、加强舆论引导，营造发展氛围

围绕全国绿色食品原料标准化生产基地建设和绿色品牌建设，多方位营造舆论氛围。2015年以来，通过人大代表和政协委员，在省、市、县“两会”立案人大议案3项、政协提案7项，其中政协委员舒兰市绿办主任提交的5项关于全国绿色食品原料标准化生产基地建设和绿色发展的提案均被政府采纳并

列为重点督导项目。在舒兰市域内1条高速、1条国道、2条省道显要位置设立基地标识牌7处，为绿色食品获证企业设立广告宣传牌12处。2017—2019年，在省、市、县各级电视台和纸介传媒宣传报道25次，网络媒体宣传报道36次。从2014年开始，每年都在北上广举办“舒兰大米”推介会，在中央电视台、国内各民航航站楼、高铁站投放“舒兰大米”宣传广告。舒兰市全国绿色食品原料标准化生产基地建设的管理模式和经验做法，得到了上级部门和同行业的认可，仅2016年以来，就先后接待了农安县、梨树县、镇赉县、梅河口市等地政府代表团前来交流和学习。2017年6月，成功承办了“吉林省全国绿色食品原料标准化生产基地建设培训班暨现场会”，中国绿色食品发展中心、吉林省领导及来自各县市区的共122人参加了会议。现场会上，舒兰市就全国绿色食品原料标准化生产基地建设做了经验介绍和现场展示，对吉林省全国绿色食品原料标准化生产基地建设工作发挥了积极的推动作用。

六、实施多元投入，增强发展后劲

在全国绿色食品原料标准化生产基地支撑上，突出一个“投”字。为确保舒兰市全国绿色食品原料标准化生产基地建设持续稳定发展，舒兰市在政策、财力、物力和项目建设方面统筹安排，逐年加大投入力度。并多层次、多渠道争取国家和地方财政、金融等方面的资金扶持，把涉农项目资金最大限度地向全国绿色食品原料标准化生产基地建设上倾斜。仅有机肥和病虫草害综合防治每年补贴额就在500万元以上，2017—2019年市财政共列支基地管理经费191万元。依托基地建设，2017年舒兰市被批准为国家首批农业可持续发展试验示范区暨农业绿色发展试点先行区。以全国绿色食品原料标准化生产基地为核心实施了“平安镇永丰现代农业示范区项目”“霍伦河现代农业产业园七里乡绿色水稻种植基地建设项目”“溪河镇吉米稻香乡村现代有机农场项目”，其中，“霍伦河现代农业产业园七里乡绿色水稻种植基地建设项目”获吉林省级产业园区立项批准。

全国绿色食品原料（砀山梨）标准化生产基地典型经验

王梅英　汪保记　冯恒林

（砀山县农产品质量安全监管中心）

自2010年被命名为全国绿色食品原料（砀山梨）标准化生产基地以来，在中国绿色食品发展中心、省市业务部门的支持和指导下，砀山县以绿色发展为引领，坚持绿色兴农、质量兴农、效益优先，以绿色食品原料标准化生产基地和新型农业经营主体为重点，以绿色防控为主线，着眼砀山梨全生育期病虫害绿色防控技术集成与应用，促进技术、服务和机制创新，全面推进水果产业由增产导向转向提质导向，实现了砀山县农产品质量安全和生态环境安全，先后被命名为国家级出口果蔬质量安全示范区、国家级农业产业化示范基地、安徽省首批农产品质量安全县、国家农产品质量安全县。2017年，砀山酥梨获国家农产品地理标志登记保护。

一、绿色食品原料（砀山梨）标准化生产基地概况

砀山县人民政府于2009年6月申请创建全国绿色食品原料（砀山梨）标准化生产基地，2009年12月被农业部绿色食品管理办公室、中国绿色食品发展中心列为第八批创建全国绿色食品原料标准化生产基地（农绿〔2008〕8号）。2010年被命名为全国绿色食品原料（砀山梨）标准化生产基地，基地位于砀山县东北部，包括安徽省砀山果园场、砀山县园艺场、良梨镇等3个场（镇）、14个分场、7个行政村5 500农户，面积7.5万亩，其中绿色食品原料

（砀山梨）标准化生产基地5万亩。近十年来，砀山县人民政府不断完善砀山梨标准体系，检测体系不断加强，绿色防控有序推进，品质不断提升，知名度不断扩大。在区域品牌价值评估中，砀山酥梨品牌价值190.64亿元，名列中国果品区域公用品牌价值榜第18位。

二、典型经验

为确保基地砀山梨产业的良性循环，提升砀山梨的品质和打造砀山梨的品牌，砀山县人民政府坚持工作创新，主要体现在以下几个方面：

（一）工作模式创新

砀山县人民政府高度重视，成立了砀山县绿色食品原料标准化生产基地领导小组及办公室，基地办公室按照绿色食品原料标准化生产基地的业务职责，制定了7项管理制度，配备专职工作人员13人，健全了场、镇、村组织机构，明确基地负责人及具体工作人员并建立相应的岗位责任制，建立健全基地建设目标责任制考核办法，县、场（镇）、村三级层层签订责任书，细化量化考核指标。出台了《砀山县梨产业发展规划》《砀山县农产品质量品牌提升行动方案》，每年制订《砀山县农资市场监管工作方案》《砀山县农产品质量安全专项整治工作方案》，及时修订了《绿色食品砀山酥梨生产技术规程》、新制定了《地理标志产品　砀山酥梨》等技术标准，确保绿色食品原料标准化生产基地的生产按照绿色食品生产操作规程进行。结合水果产业发展，砀山县在全省率先进行了农技推广体制改革，专门设立了砀山县梨产业发展服务中心、砀山县桃产业发展服务中心、砀山县植保植检服务中心、砀山县土壤肥料服务中心、砀山县农产品质量安全中心等八大中心，与砀山县绿色食品原料标准化生产基地办公室形成有力互补，技术力量进一步加强，为砀山梨标准化的持续发展提供了有力保障。

（二）农资监管创新

为确保农资产品质量，砀山县建立健全了由县农委牵头，市场监管局、公安局等部门配合的农资整顿联合监管机制。出台了《砀山县农资市场准入管理暂行办法》，严把农资市场“准入关”和“监管关”，实行严格的农资产品备案和市场准入制度，对农资生产经营企业实行网上备案审核，引导农资销售企业实行会员卡实名购销制。通过使用二维码对农资经营、流通、使用各个环节进行全程监管、完整记录，确保农资产品来路清楚、成分明确、标签规范，实现农资销售信息数据化、购销实名化、监管实时化、服务网络化的目标，实现农资质量安全全程可追溯。在全国率先禁用农药多菌灵，实现国家禁限用农药在砀山县“零销售”，从源头上保障砀山县农业生产安全和农产品质量安全。

（三）质量监管创新

利用民生工程和标准果园建设资金，在绿色食品原料标准化生产基地内建立 3 个快速检测室，5 家生产企业、合作社基地建立农残速测点，每年共抽检快速检测样品 10 000 余个，合格率为 99.8%；以创建国家级农产品质量安全追溯平台为契机，实施“数字果园”创新工程，通过数字果园管理系统，实现对其生产过程信息的采集和管理，建立电子化生产档案，通过扫描二维码可查询产品质量信息，打造农产品的“优质、安全、可追溯”品牌，推动基地转型升级。目前，绿色食品原料标准化生产基地内国家级农产品质量安全追溯平台上线运营企业 11 家，省级农产品质量安全追溯平台上线运营企业 41 家，全县已建成 53 个数字果园应用示范园。

（四）植保服务模式创新

与生产主体开展对接服务，有效促进绿色防控技术的广泛应用和全面普及。建立砀山县园艺场梨树王酥梨基地、砀山县三联果蔬合作社酥梨基地等 10 余个统防统治与绿色防控融合推进示范区、农药减量控害示范区，示范基地核心区面积5万亩，辐射带动40多万亩。在绿色食品原料标准化生产基地内以集成推广生态调控、生物防治、物理防治、适时科学化控等技术措施为主的绿色防控技术和病虫害统防统治有机融合的新模式，全面推行植保机械与农艺配套，提高防治效率、效果和效益，解决一家一户“打药难”“乱打药”等问题。

（五）宣传培训创新

通过专家组重点开展砀山梨标准化生产现场培训，结合酥梨生产周期，开展果树修剪、疏花疏果、病虫害防治及肥料与农药合理使用的现场培训和实地讲解。

依托高素质农民职业技能培训，开设农资经营、服务人员专题培训。特聘专家进行授课，围绕农业面源污染防控、农药使用、绿色防控、品牌创建、提质增效等各个方面进行培训。

举办农业新技术专题培训班，以绿色防控和农药减量控制为基础，推广悬挂诱虫黄板、性诱剂、迷向诱芯、杀虫灯和生物农药防治等绿色防控技术，减少农药的使用量。

开展砀山梨绿色食品和有机食品创建专题培训，特邀安徽省农业

科学院徐义流、南京农业大学张绍铃等专家进行专题培训，并在园艺场和良梨镇进行实地指导。

通过电商、微商开展砀山梨销售标准化培训，统一砀山梨产品等级、质量、采收和包装要求。

通过宣传和培训，共发放绿色食品砀山梨标准化宣传资料3万余份，专家现场接受咨询1 000余人次，培训职业农资经营及服务人员200多人，酥梨生产技术骨干300余人、果农10 000多人次，砀山梨生产、经营、管理人员的标准化意识有了明显提高。

（六）品牌创建创新

利用各级农展会、农博会的窗口和电子商务平台的拓展作用，提高砀山梨的知名度。与地理标志产品保护工作相结合，及时申请农产品地理标志产品保护，砀山酥梨地理标志产品证明商标已成功注册。与国家级农产品质量安全县、国家有机产品认证示范创建区相结合，扩大绿色食品原料标准化生产基地绿色食品产品申报数量。以行政代言提升砀山梨的品牌公信力，砀山县积极开展“我是镇长我代言”网络直播乡村行活动，全县各镇（园区）的党政负责人分别代言推介本地特色农副产品，砀山酥梨得到有力推介；副县长朱明春（“网红县长”）通过直播推介砀山梨，极大地提升了砀山梨的知名度和品牌公信力。

（七）销售模式创新

砀山县出台了一系列支持电商产业发展的优惠政策，成立电商协会，创建了电商产业园，为电商企业在仓储物流、建设基地等方面提供全方位支持。短短几年时间，砀山电商产业呈现快速增长趋势。截至2018年，注册电商企业

1 400 多家，网店和微商 5 万多家，带动 10 万多人从事电商、物流等相关产业。2017 年、2018 年电商网络交易额均超 40 亿，成为全国网上农产品销售第一大县。

三、成效显著

通过多年的努力，绿色食品原料标准化生产基地内绿色防控技术到位率达到 95%，综合防控效果 90% 以上，危害损失率控制在 3% 以内，基地内有 8 家企业申报了砀山梨绿色食品，面积 4.33 万亩，年产量 10.2 万吨。与基地外相比，优质果率提高 10%，果园生态环境得到改善，天敌种群数量明显增多。通过绿色食品原料（砀山梨）标准化生产基地建设，基地内农户每亩减少投资 200 多元，商品果率、优质果率达到 90% 以上，每亩增收 300 元。绿色食品原料（砀山梨）标准化生产基地经济效益、生态效益和社会效益成效显著。

紧抓绿色食品基地建设　夯实基地品牌基础为产业扶贫加油助威

陈　坚

（都昌县农业农村局）

都昌县北临鄱阳湖，属滨湖丘陵地区，地处亚热带湿润气候区，境内生态环境十分友好，山清水秀、碧水蓝天、田陌纵横，无工业污染，全县农业人口65.5万人，耕地面积65.7万亩，水稻常年复种面积65万亩，油菜面积36万亩，于2011年成功创建24.7万亩水稻和21.9万亩油菜全国绿色食品原料标准化生产基地，是典型的农业大县，也是江西省级重点贫困县。

随着全面打赢脱贫攻坚战的号角吹响，中国大地脱贫攻坚的战斗画卷徐徐展开，各地区、各行业都在深度参与脱贫攻坚，都在为脱贫攻坚添砖加瓦。2017年，都昌县委、县政府和农业部门就在谋划，全国绿色食品原料标准化生产基地作为都昌的独特资源优势，如何让这块金字招牌在脱贫攻坚中大放异彩，如何在脱贫攻坚的战斗锤炼中擦亮这块金字招牌。都昌县在这方面进行了有益的探索，摸索总结了一条“抓建设、强品牌、助力产业扶贫”的特色扶贫之路。

一、紧扣基地原料确定扶贫主导产业

都昌县在申报之初就决定了通过建设绿色食品原料标准化生产基地实现规模化种植、助农增收方面的主导地位，同样，都昌县拥有的水稻和油菜 2 个 20 万亩以上的绿色食品原料标准化生产基地也是县域内的传统优势产业，基地资源十分优厚，种植技术成熟，发展后劲充足，是作为扶贫主导产业的不二选择。

（一）绿色食品稻、油产业是发展最稳妥的扶贫产业

绿色食品原料标准化生产基地产业是一地的主导优势产业，水稻、油菜作为都昌的绿色食品原料标准化生产基地的主要作物，在都昌有着悠久的种植历史，积累了成熟的种植管理技术和经验，产业门槛低，在本地已形成了稳定的产业基础，而贫困户作为家庭底子薄、技术储备少、抗风险能力弱的主体，稻、油产业相对其他产业的高风险是贫困群众最易上手、最安全稳妥的扶贫产业。

（二）绿色食品稻、油产业是联结最广泛的扶贫产业

都昌县建设的水稻和油菜绿色食品原料标准化生产基地面积分别达 24.7 万亩和 21.9 万亩，基地分布在全县 15 个乡镇，占全县乡镇的 63%，面积分别占全县耕地面积的 38% 和 33%，涉及 182 个行政村和 9 万余户农户，其中涉及建档立卡贫困户 1.2 万户，占所有建档立卡贫困户的 70%。稻、油产业是联结贫困户最紧密、最深入、最广泛的产业，也是能够带动最多贫困户脱贫增收的扶贫产业，拥有其他产业无可比拟的优势。

二、紧扣基地建设助力扶贫产业发展

产业扶贫就必须先夯实产业基础，基础牢了才能带领贫困群众脱贫致富，都昌县紧扣绿色食品原料标准化生产基地建设，探索了一套“三字诀”助力扶贫产业发展模式。

（一）以“节”为基本，带动扶贫产业节本增效

节肥、节药、节劳“三节”技术是都昌县绿色食品原料标准化生产基地建

设坚守的绿色食品种植技术，同时也是带动产业节本增效的有效方式。都昌县在扶贫产业发展过程中，紧紧围绕原料基地建设，大力推广测土配方施肥、秸秆还田和增苗减肥等“节肥”技术，减少化肥的使用量；在病虫害防治上采用绿色防控技术，抓住关键防治适期，对症采取以物理防治为主、化学防治为辅的综合防控技术；在栽培方式上全面使用水稻直播、机播机插、免耕再生稻技术和油菜免耕条播、机收技术，解放了大批劳力，降低了劳动强度。经测算，采用“三节”技术，每亩水稻和油菜可节约成本 57 元，产量增效 22 元，整个基地可节本增效 3 600 万余元，带动户均增收 410 元。

（二）以“安”为前提，夯实扶贫产业发展基础

安全是绿色食品原料标准化生产基地的存在前提，也是包括扶贫产业在内的产业发展基础，在扶贫产业发展过程中，都昌县结合原料基地建设多措施提升基地安全水平，持续夯实扶贫产业发展基础。通过制定《绿色食品原料标准化生产基地化肥、农药推荐名录》严管基地投入品使用，在 15 个基地乡镇设立安全农资专供点，推荐使用一批高效、低残留农药和以饼肥、农家肥、有机无机复混肥为主的安全无害化肥料，加强基地巡查监管，确保基地范围无新增污染源，通过基地源头治理保障了基地扶贫产业的发展安全。几年来，基地扶贫产业从未发生因产品安全问题而影响对外稳定供给的情况，都昌县基地扶贫产业供给的产品成了安全的代名词，深受各方信任。

（三）以“质”为中心，推动扶贫产业品牌创建

优质是绿色食品原料标准化生产基地的品牌和名片，优质的基地是都昌县产业发展的凤巢。有巢才能引凤，才能引来有实力、有情怀、有技术的龙头企业示范引领全县产业的发展。自绿色食品原料标准化生产基地创建以来，都昌

县委、县政府将其作为全县产业发展的撬动杠杆，高度重视基地的质量建设，整合各类绿色食品优势种植技术，制定了《都昌县绿色食品原料（水稻、油菜）标准化生产操作规程》，全面推进基地的标准化建设，让绿色食品原料标准化生产基地的优质安全有章可循。近年来，通过绿色食品原料标准化生产基地这一凤巢扶持引进了九江春妙米业、九江农博、鄱湖惠民粮油、都昌丰源农业、九江金农绿谷等7家粮油龙头企业在都昌扎根落户，在绿色食品原料标准化生产基地的孕育下涌现了稻元火、码矶山、春妙、农博鄱湖、碧桃花等10余个粮油知名品牌，10个粮油产品成功获得“三品一标”证书，基地扶贫产业在这些龙头企业和品牌的加持下焕发蓬勃生机。

三、紧扣基地品牌夯实产业增收机制

创收增效、带领贫困群众早日脱贫摘帽是产业发展的终极目的，脱离了创收增效的产业扶贫都是“空中月、水中阁”的假把式，都昌县在这方面进行积极的探索。

（一）以产销对接促增收

绿色食品原料标准化生产基地既能筑巢引凤，其原料也像待嫁闺中的千金小姐“不愁嫁”。因有着“全国绿色食品原料标准化生产基地”这块金字招牌，都昌县稻油产业受到全国多家大型粮油加工企业的青睐。为与都昌县签订加工原料产销协议，全国客商纷纷前来洽谈。2016年，厦门、中山两家粮油企业与基地乡镇汪墩、徐埠以高出市场均价0.4元/千克的价格签订2万亩的粳稻原料产销协议，直接带动基地增收400万余元，使基地内包括贫困户在内的农户户均增收 530 元；2017 年，北大荒集团与基地乡镇土塘、狮山以高出市场均价 0.3 元/千克的价格签订近 3 万亩的稻谷原料产销协议，直接使基地包括贫困户在内的农户户均增收 450 元，通过订单销售给基地扶贫产业创造了一条不一样的助农增收之路。

（二）以产业带动促增收

借助绿色食品原料标准化生产基地的品牌优势，都昌县发展壮大了一批本土粮油加工龙头企业，通过“公司＋基地＋农户”的产业联结方式，全县包括贫困户在内的农户均深度融入绿色食品原料标准化生产基地产业发展中。公司以基地为抓手，统一品种、统一标准，在保证质量的前提下以高出市场价 0.2 元/千克的标准统一收购，通过产业利益的有效联结，充分保障了粮油加工企业原料供应的持续安全和稳定，九江春妙米业、鄱湖惠民粮油、九江金农绿谷等本土粮油龙头企业 2018 年实现总营收 5.1 亿元，直接帮助基地贫困户和普通农户年创收 3 900 余元，实现了很好的产业扶贫经济效益和社会效益。

（三）以土地流转促增收

因背靠绿色食品原料标准化生产基地的品牌效应，基地产业就是质量安全可靠的代名词，就是各地粮油种植大户趋之若鹜的产业宝地。15 个基地乡镇吸引了包括周边鄱阳县、余干县、南昌市和远在上海的各种粮大户在此安营扎寨、承包流转土地，在此开展原料粮油作物的规模化种植。截至 2019 年 11 月底，都昌全县流转土地面积达 29.56 万亩。其中，绿色食品原料标准化生产基地面积有 19.32 万亩，占基地总面积的 65%。因绿色食品原料标准化生产基地资源的稀缺和不可再生，基地内土地流转价格比非基地内的土地流转价格平均每亩高 150 元，基地内农户因土地流转直接增收近 2 900 万元，使基地内包括贫困户在内的农户户均增收 500 余元。

（四）以劳务输出促增收

绿色食品原料标准化生产基地因品牌优势汇集了众多粮油种植规模户，对劳务的需求旺盛，基地内流转土地的农户，通过劳务输出的形式为粮油种植企业或大户工作，重新与稻油扶贫产业形成利益联结机制。一是通过为绿色食品原料标准化生产基地和种植企业提供产业托管服务的形式进行劳务输出，按托管服务面积收取劳务报酬。如都昌县金稻家庭农场 2018 年承包种植的 1 000 亩水稻全部委托给 10 位农户（其中 7 位是贫困户）在保证托管质量的基础上按每亩 260 元的价格进行托管，为每户贫困户带来 2.6 万元的年收入，直接带动这 7 户贫困户于年底顺利脱贫摘帽。二是通过直接为企业和种粮大户提供劳动服务的形式进行劳务输出，因绿色食品原料标准化生产基地内的产品质量安全要求严格，在劳动输出时相对于其他普通基地操作要求更严格、更规范，提供的劳动服务价格也更高。如都昌三汊港种粮大户段典清承包种植水稻 3 000 余亩，常年雇用包括贫困户在内的农工 40 余人，年发放工资 90 万余元，人均收入 2.2 万余元。

经测算，绿色食品原料标准化生产基地创建以来，通过绿色食品安全技术的采用，水稻、油菜两季每年可为基地增收节支 1.1 亿元，户均增收 1 200 余元，加上其他稻油产业收入，可为基地内包括贫困户在内的农户户均带来 5 100余元年收入。绿色食品原料标准化生产基地稻油产业是都昌县脱贫攻坚主导产业、稳妥产业、效益产业，也是脱贫攻坚战打响以来带动贫困户脱贫摘帽人数最多的产业。绿色食品原料标准化生产基地建设助推扶贫产业快速见效，创造了极好的社会效益和经济效益。都昌绿色食品原料标准化生产基地建设在脱贫攻坚战役的滚滚洪流中与产业扶贫和贫困群众紧紧地联结在一起，扛起了脱贫攻坚的历史责任，经受住了时代的考验，也证明了大力创建全国绿色食品原料标准化生产基地的必要性和紧迫性，在国家脱贫攻坚工作中实现了使命与担当。

创建绿色食品原料标准化生产基地 打造“沂源苹果”乡村振兴金字招牌

李传未

（山东省沂源县农业农村局）

“沂源红是个好品种”，中国工程院院士、果树学权威专家、国家苹果工程技术研究中心主任束怀瑞教授这样评价沂源苹果。旗下的“中庄”“沂蒙山”果品商标被认定为中国驰名商标，以沂源红为代表的沂源苹果的品质得到了全社会的认可，成为沂源特色农产品中一张靓丽的“名片”。作为山东苹果的新起之秀，靠沂源苹果获得的收入占当地农民总收入的70%，支撑了沂源农村经济的半壁江山，成为富民兴农的“金字招牌”。

据《沂源县志》记载，沂源苹果栽培历史悠久，至今已有100多年的培育种植历史。沂源县地处鲁中山区，沂河源头，平均海拔为山东之最，属沂蒙山北麓，素有“山东屋脊”之称，是山东平均海拔最高的县。沂源境内有名的山峰1 983座，大、中、小水库114座，河流1 530条。境内无客水流入，山清水秀，气候温和，四季分明，昼夜温差大，年平均气温11.9℃，无霜期189天，光能资源居全省之首，森林覆盖率达到58%，土壤多为壤土、沙壤土，富含钾、锶等矿物质营养元素。独特的自然环境、100多年的培育历史，使沂源苹果具有个大、型正、皮薄色艳、质脆多汁、肉嫩质多、风味醇厚、糖度高、酸甜适口、无涩感的独特品质。

一、创建全国绿色食品原料标准化生产基地，夯实绿色兴农产业基础

沂源县于2007年12月成功创建为全国绿色食品原料（红富士苹果）标准

化生产基地（以下简称绿色食品基地），绿色食品基地面积 15 万亩，覆盖全县苹果面积的 50%，主要覆盖中庄镇、张家坡镇、燕崖镇、东里镇、西里镇、南麻镇 6 个镇的 263 个行政村，全县苹果优质高档果率、果品储存加工率分别达到 56%、46%，与基地创建前相比分别提高了 6 个百分点和 7 个百分点，品质、效益得到双提升，对拉动农民增收致富、促进乡村产业振兴发挥了重要的推动作用。

成立了由县政府主要领导任组长的绿色食品基地建设领导小组，加强农业项目的整合利用，出台了《沂源县现代农业发展扶持办法》等政策文件。2019 年兑现现代果业补助资金 1 000 多万元，构建起基地建设管理工作长效机制。

编制了《绿色食品红富士苹果标准化生产操作规程》，果树整形修剪、壁蜂授粉、疏花疏果、果园植草、果实套袋、铺设反光膜等 20 多项生产技术得到普及应用。全县测土配方施肥面积达到 25 万亩，水肥一体化技术应用 1.5 万亩，人工授粉 30 万亩，果园植草 2.5 万亩。

强化农业投入品监管，严格实行农资产品市场准入制度，控制违禁投入品源头，2014 年以来累计开展拉网式大检查 8 次，检查农资经营业户 680 余家次，抽检农药、肥料等农资样品 300 多个，保持了对高毒和高残留农药高压监管态势。

成立 36 人的县乡讲师团，每年农事季节，巡回举办技术讲座或短训班 100 期以上，培训基地农户 1.5 万人次，印发知识手册或明白纸 9 000 份以上，农业科技贡献率达到 61%。

实施产地保护制度，不断培肥地力。绿色食品基地方圆 5 千米和上风口 20 千米范围内严禁建有污染源的工矿企业，严格绿色食品基地保护区制度。近 5 年，累计测定土样 1 300 个，发放施肥建议卡 1.2 万份，配方施肥实现全覆盖；绿色食品基地建设村发展农村沼气池 6 200 余个，其中“猪-沼-果”模式 2 600 个，基地沼液、沼渣使用 12 万亩，占基地总面积的 80%。实施农业综合开发土地治理，改造中低产田 4.8 万亩，完成河道治理 27 千米，新建电灌站 12 处，建成小水池、水窖13 200个，基地有效灌溉面积达到 12.6 万亩。新修生产道路 7 条、78 千米，整修生产道路 160 千米，基地内道路均实现通车，基地生产条件和环境质量得到极大提升。

二、培育绿色食品基地产品品牌，助力乡村产业振兴

沂源苹果发展初期，主要靠南方市场流动商贩和当地少量经纪人贩卖，数量极其有限，大多数产品还要靠当地市场消化，“随行就市、坐门等客”现象突出，致使以苹果为主的林果产品销售市场和价格被组织化程度较高的南方客商所控制，果农的利益无法得到有效保护。2007 年底，绿色食品基地创建成功之后，沂源县农业局根据沂源苹果的资源、前景、可行性进行认真分析和深度挖掘，向沂源县委、县政府做了“培育沂源苹果区域公用品牌打造”的专题报告。沂源县委、县政府立即成立了沂源县农业品牌管理办公室，提出举全县之力培育绿色食品基地沂源苹果区域公用品牌，打造绿色食品基地产品金字招牌。2009 年 5 月，沂源苹果被农业部登记为农产品地理标志保护产品；2010 年 1 月，沂源苹果被国家工商行政管理总局商标局注册为地理标志证明商标。自此沂源县林果业走上了正规发展之路，经济价值明显提升，品牌效益迅速显现。沂源苹果先后被确定为北京奥运会、济南全运会和上海世博会专供果品；2009 年，沂源苹果走进人民大会堂，入选“中华人民共和国成立 60 周年辉煌成就展”；2015 年，沂源苹果被认定为“最受消费者喜爱的中国农产品区域公用品牌”“山东省著名商标”；2016 年，沂源苹果被认定为“全国现代苹果产业十强”，在 2016 年 12 月举行的中国品牌价值评价信息发布会上，沂源苹果以 149.33 亿元的品牌价值列中国区域品牌（地理标志产品）前 100 排行榜第 30 位，列全国地理标志苹果类产品第 3 位；2017 年，沂源苹果被认定为“全国名特优农产品目录产品”“最受消费者喜爱的农产品区域公用品牌”“山东省第二批农产品区域公用知名品牌”；连续 10 届在中国国际农产品交易会、中国绿色食品博览会上获得“金奖”“最畅销产品奖”；2019 年 1 月，绿色食品基地被农业农村部、中央农村工作领导小组办公室等联合认定为中国特色农产品优势区，全国共 300 多个地区申报，84 个地区入选，沂源县排第 11 位。沂源苹果的品牌知名度和影响力持续提升。现在全县苹果种植面积达 32 万亩，年产苹果 7 亿千克，综合经济效益达到 28 亿元。沂源苹果形成了较为完善的生

产、销售、加工、储存产业链条，使果园成为“生产车间”，果农当上“产业工人”，全县25万人直接从事苹果生产，有38万人直接受益于苹果产业，以苹果为主的林果业成为沂源县覆盖面最广、影响力最高的高效特色产业，苹果真正成为老百姓的“致富果”。绿色食品基地产品产得出、产得好，还要卖得好。沂源县积极发展农企、农超对接和高端市场，如今，沂源苹果远销泰国、马来西亚、越南、柬埔寨等20多个国家和地区，在湖南、江苏、浙江、福建、广东、北京、天津、上海等省份设有档口或直销点560余处，在沃尔玛、银座等超市设立沂源特色农产品专柜100余处，形成了稳固的市场，年实现订单销售3.5亿多千克。2018年5月，“淄博号”中欧班列“淄博—莫斯科”新线路首发，首列铁路货运班列载着包括19吨“沂源红”苹果及苹果加工机械设备在内的货物运抵莫斯科，沂源苹果首次进入俄罗斯市场。如今“沂源红”已经成为俄罗斯网红苹果。

三、拉长绿色食品基地产业链条，开启农村增收致富新篇章

小果子撬动大产业。一是积极推进“公司+合作社+基地+农户”的经营模式，实行合同化管理、订单式服务，积极搭建农企、农超对接平台，推进基地直供、电商营销，绿色食品基地内注册果品企业108家，引导党支部领办合作社187家。2020年计划新规范提升200家，培育家庭农场340家；全县发展果箱、纸袋、网套等配套生产企业300多家；建设冷藏库、气调库313座，年储藏能力达4亿千克；发展物流公司50家。沂源苹果远销国内湖南、福建、广东、北京、上海、香港、深圳等地，以及国外印尼、泰国、缅甸、马来西亚、俄罗斯等20多个国家和地区。二是加快配套产业发展，全县发展果菜保鲜储存设施400多处，储藏保鲜能力达到3亿千克，农产品储藏加工率达到50%以上。全县发展果实袋、网套、保鲜袋、纸箱等农产品包装生产的企业300多家，拉长了产业链。三是注重农业与县域文化及旅游产业的融合发展，以绿色食品基地产业发展为平台，已连续举办了九届“山东沂源苹果节”，打造建设了“坡上人家”“果乡人家”“樱花爱情地”等一批休闲农业与乡村旅游品牌景点，建成沂源苹果、燕崖大樱桃、安信草莓、东里金黄金桃等生态农业观光园200多处，发展农家乐100余家，省级农业旅游示范点达24处，以沂源苹果、樱桃、金黄金桃等乡村旅游采摘带动一方走上了乡村振兴的舞台，年

接待游客30多万人次，休闲农业与乡村旅游成为农民增收的新亮点。好客山东最美村镇“洋三峪村”是绿色食品基地果品村，也是沂源县乡村游发展的缩影。阳三峪村主要采取“公司+农户”的开发经营模式，即农户提供房屋，村里租下民居打造特色客栈，实行公司统一规划装修、内配，所有的改造费用由公司支付，游客住宿由公司统一安排、统一收费，其中60%返还给农户；农户的果园也按照每亩每年1万元的标准流转到公司，目前，村里改造完成31户农居，建起了4 000多平方米的旅游接待中心。农民以前只有水果一项收入，现在变成果园租金、公司打工、房屋出租分成等三项，仅2019年村里30多户采摘园的收入达150多万元。现在的阳三峪村已经成为集田园观光、生态休闲、乡村度假、民俗体验、养生康体五个方面为一体的乡村旅游，将“出门三面山，进村一条沟”的小山村，发展成为省级旅游特色示范村。沂源县蓬勃发展的品质乡村游，并非单纯的农家乐，是用浓郁的地方特色绿色食品基地产品作支撑，以旅游为带动，以此建设美丽乡村，通过绿色食品基地产业带动、项目建设，盘活了村民的闲置住房，农户以60%左右的分红获得收益。以采摘游为主的农事体验让农民直接获益，农户自产的苹果也被游客抢购一空，经济效益十分明显。当下，沂源县依托绿色食品基地产品的乡村游正渐入佳境，利用当地富有特色的山水，全力打造以乡村采摘、休闲体验、度假养生为主题的特色游，不仅带动县域经济的全面发展，也成为农村增收致富的新途径。

四、发展“互联网＋农业”，打造绿色食品基地“网红”产品

在互联网科技时代，打造“网红”特色农产品的过程中，“互联网+农业”的发展，让乡村与农民进入了信息化时代，互联网农业正为乡村振兴注入新动能。“不走旱路不走水路，走的是网路!”绿色食品基地果品专业村——中庄镇马连峪村的吕大哥高兴地说道，今年自己家的1万余千克苹果都是在电商平台售出的，“不愁卖不愁运，几万元轻轻松松就到

手了！”农业成为当地更有奔头的产业，农民成为更有吸引力的职业，吸引了大批“走出去”的成功人士“走回来”，带来了大量的先进技术，互联网已经成为高素质农民掌握的主要技能之一。“互联网＋”这个工具架起了产地与电商企业的桥梁，把电商、产地、合作社、种植大户连在一起，拓宽了农产品的销售渠道，促进了农民增收。“现在村里都有电商服务站点，苹果发货、送货特别方便。原来村民是扛着镢头刨‘口粮’，现在点点鼠标就挣钱，上个月仅通过我们的平台就销售到广西、深圳、海南等地 5 万多千克苹果。”沂源县南麻街道电商刘永平说，“有很多回头客，从网上点名要沂源苹果。”电商为沂源苹果插上了互联网的翅膀，不只在国内“火”，还乘坐班列走出国门，走上了俄罗斯、孟加拉国等地百姓的餐桌，真正“闯”出了大市场。近年来，沂源县抢抓“互联网＋”发展机遇，把电子商务作为推动绿色食品基地新旧动能转换的重要抓手，持续优化电商发展环境，促进产业资源集聚，打造电商龙头企业，使农产品上行体系畅通，推动了全县电子商务持续健康快速发展。2017年，沂源县入选国家级电子商务进农村综合示范县。同时，把绿色食品基地建设与发展电子商务、精准扶贫工作有机结合，绿色食品基地内规范提升 12 处镇级服务站、419 处农村电子商务服务点，实现 140 个省定扶贫工作重点村和 30 个经济薄弱村全覆盖，这对助力打赢脱贫攻坚战具有重大意义。

五、绿水青山就是金山银山，坚持绿色可持续发展不动摇

习近平总书记指出：“我们既要绿水青山，也要金山银山。宁要绿水青山，不要金山银山，而且绿水青山就是金山银山。”生态是沂源县最大的品牌、最大的亮点，是加快县域发展最大的资本和优势，是沂源最为宝贵的财富。近年来，沂源县坚持人与自然和谐共处，认真践行“绿水青山就是金山银山”的理念，积极打造“高山林海、生态沂源”绿色品牌，把绿色食品基地也创建为国家重点生态功能区，先后荣获“全国果品生产百强县”“全国无公害果品生产示范基地县”“全国休闲农业和乡村旅游示范县”“全国现代苹果产业十强县”“国家高效节水灌溉示范县”“全国特色农产品优势区”“中国矿泉水之乡”等称号。为了将生态优势逐步转化为绿色发展胜势，如今的沂源掀起了“果业振兴”计划。坚持绿色食品基地提质、增效、扩量；着力推进“三个转变”，即农民组织方式由一家一户向加入新型经营主体转变、经营方式由农户分散经营

向适度规模经营转变、产业发展由单一种植向三产融合发展转变；组织实施农民组织方式转型工程、老果园改造提升工程、现代果园发展工程、现代果业技术支撑工程、果品产业链赋能工程、品牌与市场建设工程等“六大工程”，引领果业走科技高端、标准高端、品质高端、品牌高端之路。2020 年计划新发展果园 1 万亩，实施老果园改造 3 万亩，大力发展绿色生产，推动农业新旧动能转换，年内培育发展农产品深加工企业、合作社 20 家，农产品加工率由 7.8%提高到 12%以上，推进物流、旅游、电商等行业融合发展，全面推进乡村产业振兴。中以果业科技示范园就是立足沂源县山区特点，坚持标准化生产、智能化管理、绿色化发展，驱动全县农业发展的一个示范带动典型。园区集网室保护性栽培、全程机械化管理、精准水肥一体化技术、脱毒矮砧栽培等先进技术于一体。“我们示范园引进了以色列高端专家人才，建立了深度的合作关系，签署了三年的合作协议。”山东中以果业有限公司负责人张伟说，“园区主要有五大亮点，一是苗木都是采用的矮砧脱毒的大苗，采用宽行密植的栽培方式，更加适应集约化栽培，对水分和养分的需求比传统的品种和栽培方式要小；二是园区全程采用机械化管理，耗费人工少、效率高，比常规生产省工 80%以上；三是水肥一体化管理，大大降低了用水量，用肥上实现了精准施肥，根据不同时期施用不同配比的肥料，比常规生产节水 70%以上，节肥 60%以上；四是园区采用网式栽培，防风、防冰雹、防紫外线，增产增收的同时实现提质增效；五是物联网技术，园内建有气象站，时刻采集光照、风速、水分、pH、EC 等信息，经过分析后采取更加准确和科学的生产方式。园区实现了物联网技术和水肥一体化技术的有机结合，通过手机就可以对需要浇水和施肥的区域进行管理。”此外，园区建有沼气池和稀释池，引进果园枝条碎枝机，将修剪下来的果树枝条进行粉碎，通过生物发酵菌发酵还田，实现果园清洁化；实行自然生草免耕，实现了果树生产的生态化，秸秆还田及生物防治等技术的应用既保护了产地环境，也保证了产品质量。通过示范区让周边的果园看到现代种植模式的好处，带动他们改造升级进行标准化种植。生态更绿了，农民口袋更鼓了，农村融合发展之路正越走越宽。现在标准化的园区经济效益显现，逐步成为服务乡村、推动农村产业转型升级的重要力量。

坚持绿色发展，壮大特色产业，打赢脱贫攻坚战。依托绿色食品基地产品质量优势、品牌优势、产业优势，沂源苹果担负起的“富裕一方农民，发展一方经济”之路必将越走越宽，真正实现“美了一片山水，富了一方百姓”。

秭归县创建“全国绿色食品原料（柑橘）标准化生产基地”成效与发展对策*

胡端娥[1] 李丽萍[2] 郑 军[1] 向长海[3]

（1. 秭归县绿色食品管理站 2. 秭归县特产技术推广中心
3. 秭归县屈原镇农业技术服务中心）

2006 年，秭归县开始创建全国绿色食品原料（柑橘）标准化生产基地，涵盖全县 11 个乡镇，1.02 万公顷面积。创建后基地环境质量得到明显提高，效益显著。境内山清水秀、空气清新，基地范围内无工业“三废”污染和生活垃圾及农业、商业、建筑业污染，完全符合绿色食品原料标准化生产基地要求。现就创建取得的成效、做法和发展对策概述如下，以供业内参考。

一、创建成效

（一）产业规模快速扩张

通过创建，年均生产绿色食品柑橘 18 万吨，过万吨的乡镇达 4 个；绿色食品柑橘面积过万亩的乡镇达到 7 个，千亩以上的脐橙专业村达 86 个；基地内共有 4 家绿色食品企业。2016 年种柑橘 1.922 万公顷，年产 38.365 3 万吨。绿色食品柑橘生产技术得到了推广，基础设施条件得到了改善，产业化经营得到了发展，促进了秭归县柑橘产业的快速发展。

* 本文原载于《第六届全国设施园艺产业发展与安全高效栽培技术交流会论文汇编》，176－179；本文略有改动。

（二）果品质量得到提高

全县柑橘优质果率达 80% 以上，经农业农村部食品质量监督检验测试中心（武汉）抽检果品质量，硝酸盐、重金属、农药残留含量等各项指标均符合绿色食品标准，食用安全性提高，且品质优良。

（三）品种结构得到优化

通过不断探索，完善了产业规划，优化了品种结构布局。全县坚持在海拔 185～350 米发展伦晚、红肉等晚熟脐橙品种，在海拔 350～500 米发展纽荷尔、佛罗斯特等中熟脐橙品种，在海拔 500～600 米发展早红等早熟脐橙品种。

（四）品牌创建得到加强

秭归脐橙品质独特，品种丰富，品牌著名，文化厚重，殊荣众多。秭归脐橙累计获“中国知名品牌”“中国名牌农产品”“湖北省十大名牌农产品”“湖北省三大名果”“湖北省著名商标”等市、省、全国性奖达 80 多个（次），其中获国家级以上各类奖项 13 次。秭归桃叶橙、秭归夏橙获农产品地理标志。2016 年，地理标志产品——秭归脐橙、秭归夏橙、秭归桃叶橙同时入选“2016 全国果菜产业百强地标品牌”，并从百强中分别入选“2016 全国果菜产业十大最具影响力地标品牌”“2016 全国果菜产业十佳市场口碑地标品牌”“2016 全国果菜产业十佳文化传承地标品牌”。2016 年，秭归脐橙被依法认定为“中国驰名商标”。

（五）产业化经营得到发展

通过示范推广“市场＋龙头企业＋合作社＋农户”产业化经营模式，培植了屈姑等 58 家脐橙加工营销企业，年处理果品能力达 20 万吨以上，建立了 119 家柑橘专业合作组织。同时，通过举办秭归脐橙节和参加各种农博会、农展会、农交会、农商农超和产销对接会，在北京新发地建立秭归脐橙交易中心，在沈阳等大中城市建设直销窗口，优化服务，开拓了国际国内市场。目前，秭归脐橙及其深加工产品已销往全国 30 个省份、100 多个大中城市，出口到俄罗斯等 120 个国家和地区。

（六）产业效益显著

经调查，秭归脐橙投产园平均亩产达 1.5 吨以上，亩收入 3 000元以上，最高收入超过 5 万元。2016 年全县脐橙产值达到 15 亿元以上，占农业总产值的 39.3%。有 1 个村脐橙收入过亿元，12 个村收入过 0.5 亿元，35 个村收入过 0.1 亿元。库区移民依靠脐橙产业，经济收入逐年增长，走上了富裕之路，全县农村社会稳定，人民安居乐业。

二、工作经验

（一）领导重视，健全工作机构

成立由分管农业的副县长任组长的秭归县创建全国绿色食品原料（柑橘）标准化生产基地建设领导小组，成立了绿色食品管理办公室，各乡（镇）、村亦成立了相应的机构，加强了对创建工作的领导、组织、协调、检查和督办。落实目标岗位责任，严格考核奖惩，加强协调配合，确保各项工作的有效开展。多种形式宣传造势，全县形成了“共念绿色食品柑橘开发经，共走绿色食品柑橘开发路”的良好氛围。

（二）严格质量标准，加强基地管理

按照《创建“全国绿色食品原料（柑橘）标准化生产基地”实施方案》和《秭归县绿色食品原料（柑橘）生产基地管理办法》的文件要求，把更多先进元素植入基地建设，着力强化标准化示范园区的建设。

1. 建设核心示范试验区

在水田坝乡王家桥村建成核心示范试验区 500 亩，整合了多方资源，打造了代表秭归柑橘最高种植水平的核心板块。园区内，建设了基地自然生态信息、树体果实生理发育信息和果园视频信息等实时监控和灾害预警系统，及时

全面、远程管理和实时监控信息，起到了引领秭归脐橙产业发展的示范带动作用。

2. 推广清洁化生产模式

在天翼柑橘专业合作社标准化示范基地建设中，采用微润灌溉、土地流转集约经营等模式，形成了集生态、高效、观光于一体的现代农业示范园。落实绿色食品生产技术规程和质量标准，落实改种、改密、改肥、改土、改水、改路等“六改”措施，集成并示范推广无害化生产、品种改良、省力化修剪、测土配方施肥、绿色防控、节水灌溉、覆膜控水增糖、生草覆盖等先进适用技术。探讨、总结、推广了“园内无污，园相洁亮美；绿色防控，四挂一覆膜；微润灌溉、水肥一体化；生草覆盖、生态拦截沟（带）”的秭归脐橙清洁化生产模式。

3. 建立“五统一”生产管理制度

为了确保果品生产的标准化，建立了统一优良品种、统一生产操作规程、统一投入品供应和使用、统一田间管理、统一收获的“五统一”生产管理制度。基地内使用的肥料、农药都必须符合绿色食品柑橘的生产标准；以中央农业广播电视学校阳光工程培训、高素质农民培训、三峡移民后扶培训为平台，大力推广绿色防控新模式新技术；实施“一刷二捡三喷四挂五推”综合防治措施。“一刷”即结合冬季清园，对柑橘树主干进行刷白。“二捡”即及时捡除病虫果和生理落果，降低果园病虫基数和再侵染源，所捡拾的病虫果用塑料虫果袋闷杀 30 天以上。“三喷”即在盛花期喷施保果剂；在果实膨大期和新梢抽发期，喷施叶面肥；在病虫害重发期，喷施高效低毒低残留化学农药，防止果园病虫害猖獗。“四挂”即在 3 月对单叶红蜘蛛量高于 2 头的柑橘树释放钝绥螨，3～12 月挂太阳能杀虫灯，盛夏挂食物诱剂，黄色诱杀板。“五推”即大力推广使用生物农药、高效低毒农药和性诱剂，减少对环境的农业面源污染，提高防治效果。

（三）狠抓宣传推介，树立品牌形象。

县政府拿出538万元用于创建秭归脐橙中国驰名商标、中央电视台广告营销以及开展重要推介活动。重点争取在中央台、湖北电视台，以及新华网、人民网等权威媒体，开展广告宣传和营销。每晚新闻联播前在CCTV－1上发布秭归脐橙专题广告；在全国300家一二线大中城市火车站候车室《旅途天气》4 961个电子显示屏中展播“秭归脐橙”广告，每天每屏展播15次，每天累计展播7.4万次，共计展播780万次。积极参加各类博览会、交易会，树立秭归脐橙品牌形象，提高秭归脐橙的品牌影响力。

（四）开展绿色食品原料标准化生产基地与企业对接

开展产销对接活动，县内外营销组织和专业合作社与乡镇人民政府签订了秭归脐橙购销合同，并承诺以高于市场价10%～15%的价格收购，建立了收购明细表，确实保障了柑农的利益，确保柑农增产又增收。

（五）建立质量追溯体系

对基地实行树编号、果编码、箱有标，建立秭归脐橙质量追溯体系系统，实现产品从种植到舌尖全程质量可追溯，实现与国际食品安全体系接轨。消费者可通过加贴在脐橙上或者脐橙包装箱上的防伪追溯标签以网站、电话、短信等方式输入产品身份码和防伪码查询所购买柑橘的产品追溯信息，电商企业则采用二维码技术实施质量追溯。

三、存在问题

秭归县在基地创建上做了大量工作，取得了一定成效，但也存在一些问题。一是基础设施不完善。基地的立地条件差，水利设施不配套，抵御自然灾害的能力弱，部分产区的交通条件也亟待改善。二是检测体系不健全。缺乏先进的设备，检测手段落后，监控能力有限，不能完全适应发展绿色食品生产的要求。

四、发展对策

（一）以完善水利基础设施为重点，强化绿色食品原料标准化生产基地建设

抢抓机遇争取项目，加快水利设施配套建设进程，着力改善交通条件，提高绿色食品原料（柑橘）标准化生产基地水平。

（二）以控制农业投入品为着力点，加快绿色食品柑橘标准化生产技术的推广

严格执行生产技术规程，加强生产环节的管理，提高绿色食品柑橘生产技术的到位率，实现标准化生产。重点推广以使用抗病虫品种、生物农药及释放和保护天敌等生物措施为主的综合防治技术；大力推广生物肥、平衡施肥、生草栽培、有机肥替代化肥等新技术，不断提高果园生产管理水平和果品质量。

（三）以健全检测体系为切入点，加强基地环境和产品质量监测管理

积极争取和筹措资金，建立安全生产监测体系，提高检测能力和水平。加大执法力度，强化农产品质量、产地监测，实行重点监管，严格执行农业投入品市场准入制度，确保投入市场的柑橘产品符合绿色食品质量标准，促进绿色食品柑橘原料品种优良化、种植区域化、发展规模化、管理规范化、经营产业化、服务系列化，使秭归县真正成为全国绿色食品原料（柑橘）标准化生产基地建设先进县。

（四）以培育市场主体为落脚点，推进产业化经营的进程

培植壮大市场主体，强化绿色食品原料（柑橘）标准化生产基地生产、加工、包装、运输、储藏等系列化服务和绿色食品柑橘的产业化经营。建立健全市场信息服务体系及市场营销体系，积极开展网上销售与订单销售，努力拓展绿色食品柑橘产品的销售市场。不断加大绿色食品原料（柑橘）标准化生产基地建设和秭归柑橘品牌创建力度，扩大秭归脐橙知名度，进一步提高市场占有率。

浅谈资兴市全国绿色食品原料标准化生产基地建设

彭祥珍[1]　刘丽辉[2]

（1. 资兴市农业农村局　2. 湖南省绿色食品办公室）

资兴市位于湖南省东南部，总面积 2 747 平方千米，总人口 38 万，全市辖 13 个乡镇和 1 个省级经济开发区，是一座新兴工业城市、生态旅游城市和开放魅力城市。近年来，资兴市坚持走质量兴农、绿色兴农、品牌强农之路，以绿色发展为方向，大力推行标准化生产，着力培植和壮大东江湖蜜橘和东江湖茶等特色优势主导产业，加快农业转型升级，增强农业综合竞争力和可持续发展能力。资兴市自 2008 年成功创建全国绿色食品原料（柑橘、茶叶）标准化生产基地以来，按照布局区域化、品种特色化、基地规模化、生产标准化、经营产业化、投入科技化、服务社会化的发展思路，由资兴市政府统一协调，各协作单位通力合作，确保基地建设取得实效。

一、资兴全国绿色食品原料标准化生产基地建设概况

资兴市共建设绿色食品原料标准化生产基地 22 万亩，其中柑橘 12 万亩，茶叶 10 万亩。绿色食品原料（柑橘）标准化生产基地涉及清江、白廊镇等 6 个乡镇，50 个村，9 280 户果农；茶叶基地建设涉及滁口镇、汤溪镇等 6 个乡镇，42 个村，9 120 户茶农，共带动农户 2. 1 万户。2019 年柑橘年总产量达 23 万吨，总产值达 10. 6 亿元；茶叶产量达 3 650 吨，综合总产值 6. 5 亿元。

（一）加大工作落实力度，推进基地建设组织化

1. 加强领导，健全组织

成立资兴市绿色食品原料（柑橘、茶叶）标准化生产基地建设领导小组，由市长任组长、主管农业副市长任副组长，市农业农村局、市财政局、市市场监督管理局等负责人为成员。领导小组下设办公室，负责基地技术服务体系和质量保障体系的建立，以及基地日常管理工作。各乡镇也成立相应机构，专人负责实施落实。相关部门各负其责，为基地建设提供全方位服务。全市形成了齐抓共建、协调推进的工作格局。

2. 建立健全生产管理体系

绿色食品原料标准化生产基地生产管理由绿色食品办公室统一负责。建立市、乡、村、户生产管理体系，做到农户有绿色食品生产操作规程、绿色食品生产者使用手册、基地投入品清单、田间生产管理记录和生产收购合同等；基地建立统一优良品种、统一生产操作规程、统一投入品供应和使用、统一田间管理、统一收获的“五统一”生产管理制度；在显要位置设置基地标识牌，标明基地名称、基地范围、基地面积、基地建设单位、基地栽培品种、绿色食品生产技术规程等内容；建立生产管理档案制度和质量可追溯等系列管理制度。建立统一的农户档案制度，绘制基地分布图和地块分布图，并进行统一编号。

3. 层层包抓，严格考核

资兴市把绿色食品原料标准化生产基地建设作为一项富民强市战略，始终坚持不动摇。建立层层包抓机制，实行市级领导包乡镇、乡镇领导包村、市技术人员及乡镇干部包农户，一级抓一级，层层抓落实，直抓到农户。同时，强化各种检查，加大考核力度，确保绿色食品原料标准化生产基地建设全面有效开展。

（二）提高农民整体素质，推进基地建设标准化

1. 依托农业技术推广机构，组建基地建设技术指导小组

广泛开展绿色食品知识教育和培训，把绿色食品知识和生产技术送到农民手中。长期聘请湖南农业大学的柑橘和茶叶专家为顾问，举办绿色食品标准化生产技术培训班，培养农村科技带头人；依托“阳光工程”、亚行生计培训、科技特派员等活动深入乡镇村户，巡回办班培训农民。2019 年全市累计举办绿色食品原料和茶叶标准化生产技术培训班 45 次，直接培训 2.1 万人次，发放绿色食品标准化技术手册 20 000 多份。

2. 推进绿色食品原料标准化生产基地建设，树立典型示范

坚持示范先行，典型引路。2012 年以创建农业部柑橘绿色食品标准园为契机，在全市最大柑橘生产乡镇清江乡建立了绿色食品（柑橘）标准化生产核心示范基地，在青草村创建了 1 200 亩柑橘标准果园，在黄嘉村创建绿色食品示范基地 2 000 亩，在回龙山乡和州门司镇建设绿色食品原料（茶叶）标准化生产基地核心示范区共 3 600 亩，树立起高标准的样板。通过组织学习、观摩和交流，让广大橘农、茶农学有目标、干有方向，自觉向样板学习，推进了资兴市柑橘和茶叶基地标准化生产进程。

（三）建立全程监管机制，推进基地建设提质化

农业投入品管理是绿色食品原料标准化生产基地建设的关键。在绿色食品原料标准化生产基地建设过程中，全面加强监管，健全机制，严把农产品投入关，从源头上杜绝了违禁品流入，保证了基地建设的高标准、高质量。

1. 建立农业投入品公告制度

按照国家绿色食品生产有关规定，制定《资兴市绿色食品标准化生产基地农业投入品管理制度》。每年定期公布并明示基地允许使用、禁用或限用的农业投入品目录。

2. 实行农业投入品市场准入制度

基地办向绿色食品原料标准化生产从业农户提供推荐使用和违禁使用投入品清单。在全市选定6家资质好、信誉高、守法经营的商店作为市级绿色食品生产资料专卖店，实行生产资料许可证制度，统一供应生产资料，严禁剧毒、高残留农药化肥购进和销售，从源头上切断违禁投入品的购销渠道。大力推广生物肥、生物农药和有机肥、绿色食品专用肥。

3. 对基地建设进行全程质量监控

绿色食品原料标准化生产基地建立了由相关部门组成的监督管理队伍，以加强对基地环境、生产过程、投入品使用、产品质量、市场及生产档案记录的监督检查。定期或不定期组织农业、市场监管等部门，对基地生产中投入品使用及投入品市场进行监督检查和抽查。

（四）抓好基地建设，推进基地建设产业化、品牌化进程

按照抓产业的方式抓绿色食品原料标准化生产基地建设，把基地建设与做强龙头、搞好加工、叫响品牌、提高农民组织化程度等相结合，采取“龙头企业或服务组织+基地+农户”的运作模式，走出了一条有地方特色的基地发展之路。

1. 坚持基地建设与龙头企业建设相结合，建立互惠互补双赢机制

资兴市现有市级以上柑橘和茶叶龙头企业8家，其中，湖南资兴东江狗脑贡茶叶有限公司为国家级龙头企业，按照龙头企业实施品牌战略需要，基地实行“五统一”管理，即统一优良品种、统一生产操作标准、统一投入品供应和使用、统一田间管理、统一收获。支持龙头企业通过合同订单、加价收购、利益返还等形式反哺基地农户，与农户建立了风险共担、利益共享机制。

2. 坚持基地建设与提高农民组织化程度相结合，增强农民闯市场的能力

在推进绿色食品原料标准化生产基地为核心的现代农业建设进程中，针对规模化、标准化的生产要求与家庭承包分散经营的现实矛盾，按照民办民管民受益的原则，组建发展农民协会等各类农村服务组织。

3. 大力发展品牌化经营，提升产品知名度

建立健全奖补机制，出台“三品一标”产品奖励办法，对“三品一标”企业给予0.5万～10万元奖励。出台《关于支持产业转型升级的若干意见》，对新扩良种果园、精品茶园给予政策、资金扶持。东江湖蜜橘、东江湖茶先后获

得农业农村部农产品地理标志，狗脑贡茶荣获中国驰名商标，东江湖蜜橘获评全国名优果品区域公用品牌，积极组织全市农产品加工企业参加各类农博会，进一步扩大了资兴市特色农产品和农业品牌的影响。以节会为媒，宣传品牌，市委、市政府十分重视农业品牌经济的发展，通过举办各类与农产品相关的节庆活动吸引国内外的客商前来观光旅游等形式，大大提高了本地特色农产品的知名度和市场竞争力。

（五）抓好一二三产业融合发展，延伸农业产业链条

依托三产融合项目，在兴宁镇和滁口镇分别新建210亩茶叶高标准示范基地和60亩茶叶新品种展示基地，对汤溪镇、州门司镇、兴宁镇、滁口镇3 000亩标准茶园和回龙山瑶族乡1 260亩有机茶园进行提质升级，修建茶园道路9.8千米，购置太阳能杀虫灯221盏，黄板13.7万张、有机肥料841.5吨，推广增施有机肥减少化肥用量，推广生物农药，实现农药化肥减量增效，全面提升产品质量。新建2 894.3平方米的茶叶加工厂房，改扩建2 450平方米的茶叶加工厂房、生产设施和茶叶仓储保鲜库，新增名优绿茶、大宗绿茶、红茶、白茶、有机绿碎、绿条茶等加工生产线12条，在罗围食品工业园新增狗脑贡茶食品流水生产线1条，购置生产设备248台（套）。三产融合发展极大地促进了农业产业链条延伸和农民增产增收。

（六）以创建为抓手，全面提升资兴市农产品质量

自2017年创建国家农产品质量安全市以来，资兴市严格按照习总书记“四个最严”要求，坚持“产”“管”两手抓。构建“一体两翼”监管体系，推进农产品质量安全监管站标准化建设，全市13个乡镇（街道）全部设立农产品质量

安全监管站，设立村级农产品质量安全监管员 190 名，组协管员 2 745 名。辖区实行市、乡、村、组四级网格化管理，强化属地管理责任落实，强化源头管控，全力推进农产品质量安全追溯体系建设，全市所有 22 家国家级、省级龙头企业及“两品一标”企业 100%纳入国家农产品质量安全追溯体系和省“身份证”平台。充分发挥综合监管职能，建立健全长效管理机制，农业农村部对第二批国家农产品质量安全县进行授牌，资兴市被命名为国家农产品质量安全市。

二、存在问题与不足

绿色食品原料标准化生产基地建设是一个社会系统工程，内容较多，涉及面广，需要农业、市场、环境等各部门加以协调配合，资兴市的柑橘和茶叶基地虽然已运行十余年，但仍然存在一些问题。

（一）基地橘农和茶农的标准化生产意识仍不足

一些农户缺乏对绿色食品生产的认识，重视程度不够，仍按原始方式种植管理，绿色食品专用农药、化肥的使用仍存在不规范现象，绿色食品产品转化率不高。

（二）基地监管难度大

资兴市全国绿色食品原料标准化生产基地面积达 22 万亩，涉及近 2 万户农民，监管对象数量庞大。在生产过程中，对农药、肥料等投入品的使用和管理存在一定漏洞。加上果树、茶树缺乏轮作，病虫害防治难度大，柑橘黄龙病的防控体系还不够完善，产品质量安全上仍存在一定隐患。

（三）绿色食品原料标准化生产基地深加工能力不强

资兴市绿色食品原料柑橘以鲜食为主，用于加工比例较低，有影响力、大规模的加工龙头组织较少，商品柑橘转化率不高，产业带动力不强。

三、推进资兴市绿色食品原料标准化生产基地建设的思考

资兴市各有关部门将进一步完善管理办法和管理制度，规范操作，提高绿

色食品柑橘和茶叶的产业化经营水平，延伸产业链，加强宣传报道，进一步加大技术培训和宣传，以提高橘农和茶农的科技意识和栽培水平；努力调动企业进行绿色食品生产的积极性，及时抓好绿色食品申报工作，使22万亩绿色食品原料（柑橘、茶叶）标准化生产基地发挥更好的经济效益、社会效益和生态效益。

（一）建立健全科技指导和生产服务体系

充分按照中国绿色食品发展中心颁布的绿色食品生产规定，结合本地实际制定切实可行的生产操作规程，加强对各级管理人员和技术人员的业务培训，制定优惠扶持政策，提高科技含量，引进新品种，指导农户使用低毒高效农药。

（二）推进品牌营销，提高产业化水平

不断培育和壮大龙头企业，建设高标准基地，形成强大的辐射带动效能，创造和借助各种展销活动，加强对外宣传，提高资兴市茶叶和柑橘的美誉度、知名度。

（三）强化质量安全监管，确保产品质量

发展绿色食品原料标准化生产基地，要做到对基地实行统一管理、统一品种、统一田间管理、统一配方施肥、统一病虫害防治和统一收获时间的“六统一”管理体系，全面把握产品质量。在生产关键环节加强对基地投入品的监管，加大巡查、督查力度，及时发现不合理、不规范的生产行为，及时消除产品质量安全隐患。

广东罗定市全国绿色食品原料（水稻）标准化生产基地建设工作的实践与经验

邓静文[1]　谢嘉威[2]　赖力森[2]

（1. 罗定市农业技术推广中心　2. 罗定市农业农村局）

罗定市自2008年开始创建全国绿色食品原料（水稻）标准化生产基地。在基地建设过程中，罗定市各级政府积极推进，各相关职能部门不断创新工作思路、工作方法，精心组织各项建设活动，各项工作扎实、有效进行，规范相关程序和体系建设，全市绿色食品粮食加工等各类企业牵头带动，基地农户广泛参与，基地产品质量得到全面提升，为打造绿色食品品牌奠定了坚实的基础，大力推动和扶持企业以绿色稻米为主要原料创新开发高端食品、饮料和洗涤剂等产品，延伸稻米加工产品链条，罗定稻米生产由传统小农生产方式向产业化、科技型、集约型转变，稻米产业实现了质的飞跃，带动了70%的罗定农民通过种植优质水稻走上致富路，稻米生产企业与种植农户达到共赢局面，以罗定市全国绿色食品原料（水稻）标准化生产基地为基础的“罗定稻米”品牌效益彰显，具有浓郁地域特色的优质农产品——罗定稻米引领的现代生态农业正在罗定大地上蓬勃兴起。

一、基地建设成效

罗定市位于广东省中北部，是广东省种稻历史最早的地区之一，是全国商品粮基地县和广东省重要的粮食主产区，曾 4 次荣获全国粮食生产先进县（市）称号。在农业农村部绿色食品管理办公室和中国绿色食品发展中心、广东省农产品质量安全中心等部门的精心指导下，罗定市紧紧围绕推广绿色食品标准化生产技术，按照打造绿色品牌，基地板块推进的工作思路，通过严控投入品的使用，加强基地环境监测、监管与治理，不断加大基础设施投入，促使粮食生产、加工不断发展壮大，取得了明显的经济效益。

以罗定市三大粮油加工企业为依托，在全市范围内建立 10 个绿色食品原料（水稻）标准化生产基地单元，面积 20.13 万亩。以罗定稻米区域公用品牌建设为主抓手，通过培育龙头企业，培养种粮大户，发展专业合作组织等措施，全面落实标准化生产，引进推广优良品种，改进生产管理方式，绿色食品原料标准化生产基地整体效益再创新高，2019 年，基地亩收入达到 3 300 元。全年绿色食品原料（水稻）生产总量 8.28 万吨，以基地的稻谷为原料加工成绿色食品大米，销售价格平均为 15.6 元/千克，比普通大米价格提高 70.3%。

大力推动和扶持企业以绿色稻米为主要原料，生产高档米酒、米醋饮料、米粉、米饼、米咖啡、洗涤剂等产品，不断延伸以绿色食品原料（水稻）标准化生产基地产品为基础的罗定稻米的加工产品链条，提升稻米产业的抗风险能力和竞争能力。如丰智昌顺科技有限公司的高档清香型米酒定台液、米咖啡饮品、米糠精华洗涤剂，长江坡食品有限公司的高纤维米饼，罗定市兴伟香料有限公司的肉桂米粉等创新产品，市场反应非常好。

自从开展绿色食品原料标准化生产基地建设工作以来，罗定市通过申请绿色食品标志许可，6 个稻米产品获得绿色食品证书，另有 6 家企业的 6 个稻米产品正在申请绿色食品标志许可。目前，罗定市全国绿色食品原料（水稻）标准化生产基地已联合龙头企业 8 家，建立粮食经济合作组织 1 家，培育百亩以上大户 137 家，基地年增收 459.2 万元，带动农户 8.2 万户，户均增收 56 元。稻香园农业科技股份有限公司、粤西米业有限公司、农馨种养有限公司、金瓯米业公司、丰智公司等公司，通过土地流转获得土地经营权生产规模都在 1 000亩以上，建立了属于企业自己的生产基地。

二、主要措施

（一）加强组织领导，大力推进绿色食品原料（水稻）标准化生产基地建设

1. 加强组织领导

罗定市政府成立了由市直相关部门领导组成的绿色食品原料（水稻）标准化生产基地建设工作领导小组，统一组织基地建设工作，解决基地建设中出现的问题。领导小组下设办公室，市农业农村局局长兼办公室主任，并落实3名工作责任心强，有良好的农业生产技术和多年从事绿色食品管理的同志具体抓基地建设工作，负责基地建设日常事务。市政府从财政中每年安排基地建设专项工作经费。办公室主要职责是根据基地建设总体要求，制订规划和实施方案，市政府以正式文件下发到各基地单元镇政府（街道办事处），确定各单元的目标任务，研究政策措施，落实项目资金，协调基地农户与龙头企业对接，监督管理生产过程的投入品，跟踪督办和指导有关工作。各镇（街道）也相应成立了工作班子，负责组织实施本镇（街道）的基地建设。

2. 建立目标责任制

将绿色食品原料标准化生产基地建设工作列入罗定市政府年度目标考核管理，与食品安全考核、农产品质量安全考核同样纳入考核范围。市政府分管领导与镇（街道）主要负责人签订基地建设责任书，层层落实任务，各级各部门将有关基地建设的分解目标和重点建设任务完成的情况作为考核工作的重要内容，定期检查。

3. 完善相关政策与制度

绿色食品原料标准化生产基地建设工作领导小组每年召开两次全体成员会议，专题研究解决基地建设工作存在的问题，完善与基地建设相关的政策和制度。领导小组发布和完善了《罗定市建设绿色食品原料（水稻）标准化生产基地工作实施方案》、监督管理制度、技术指导和培训制度、环境保护制度、基地生产管理制度、农业投入品管理制度和基地农户手册，以基地建设工作领导小组名义向所属基地范围内的农户下发了一封《公开信》，对农户广泛宣传绿色食品原料标准化生产基地建设的意义做法，为基地建设提供了强有力的制度保障。

（二）加强扶持，整合资源，强化基地配套设施建设

自开始创建全国绿色食品原料（水稻）标准化生产基地以来，罗定市政府根据基地建设要求，及时召开专门会议，制订基地建设工作思路、目标，出台了《罗定市人民政府办公室关于进一步加大粮油商标品牌培育发展工作的通知》(罗府办函〔2019〕104 号)，将品牌建设目标纳入了罗定市国民经济和社会发展规划，对积极参与创建的企业给予奖励。

积极整合罗定市丝苗米产业园、“一村一品”示范村建设、耕地开垦和提质改造、小水利工程等项目，合理设置基地路、桥、涵、站，做到田间路面整齐平坦、环境优良。在基地重点区域安装了太阳能灭虫灯、频振式灭虫灯，昆虫性诱捕器等设施，全面推广农作物绿色防控和农作物病虫害统防统治无人机低剂量施药技术，最大限度减少了农药使用次数和使用量，保障罗定市绿色食品原料(水稻）标准化生产基地安全。

罗定市丝苗米产业园入选了 2019 年第二批省级现代农业产业园，是全省 13 个丝苗米产业园之一。罗定市丝苗米产业园以建设罗定绿色食品、有机食品稻米为主业，项目总投资 2.05 亿元。园内已聚集合作社 137 家，规模家庭农场 10 家，种植大户 320 个，带动农户 4.7 万多户。

（三）加强基地管理，健全基地监管体系

1. 强化绿色食品原料标准化生产基地发展定位

将绿色食品原料标准化生产基地建设列入罗定市国民经济和社会发展计划的中心建设内容。各部门在基地发展规划的指导下，突出重点，因地制宜地制订本地区本部门的建设任务，作为促进当地经济和社会发展的重要组成部分。实施乡村振兴战略，以罗定市全国绿色食品原料（水稻）标准化生产基地建设为引领，大力发展其他优质农产品基地建设，树立一批特色优质安全的农产品

品牌、企业品牌和区域品牌，以对接粤港澳大湾区“菜篮子”建设为契机，进一步提高罗定稻米和其他优质农产品品牌在粤港澳大湾区的知名度，推进湾区农副产品的供给地建设，提升罗定农产品品牌形象，促进农业产业兴旺，全面推动农业产业发展，确保了基地建设的连续性和可持续发展。

2. 依法加强绿色食品原料（水稻）标准化生产基地环境的行政监管

罗定市政府下发了《关于加强绿色食品基地建设和环境监管工作的通知》，各镇（街道）先后出台了《绿色食品原料（水稻）标准化生产基地管理办法》，严格执行了重大项目建设生态环境影响评价制度。凡按照规定没有履行环境评价的开发项目一律不得开发，对引起生态环境破坏，造成环境污染的行为，依据相关法律进行严肃处理。切实做到谁开发、谁保护，谁破坏、谁恢复，谁污染、谁付费。分别在太平、罗平、泗纶等镇（街道）建立了农业环境监测点，密切监控基地环境变化；实施沼气推广工程，大力推广农村沼气建设，全市建立了户用沼气池 4 826 座，中型沼气工程 4 座，为确保基地生态环境良好做了积极的努力。

3. 建立稻米质量监管体系，强化质量监管

罗定市将稻米行业确定为信用体系和市场监管体系建设（两建）中的重点项目，成立由市长任组长的罗定市稻米行业监管体系建设工作领导小组和罗定优质米生产流通协会，制定并落实《罗定市稻米行业监管体系建设工作方案》和印制《罗定市市场监管体系建设稻米行业监管手册》，引导罗定稻米行业形成质量保证、流程规范、监管有力、信用激励、行业自律的监管体系，指导该行业从生产种植、创建区域品牌、质量管理等方面做大做强，促进罗定稻米产业的提质升级。

加强农产品质量安全检测体系的建设。从 2010 年起，罗定市政府先后安排了两次专项财政资金建设罗定市农产品质量安全监督检测站，并将农产品质量安全监测监管经费列入地方财政预算，不断提升本区域农产品检验检测能力。同时加强与国家、省、市等专业检测机构的合作，不断加强对绿色食品原料（水稻）标准化生产基地范围内的水、土、气监测，确保基地水质、土壤、大气不被污染；不断加强对稻谷、大米产品检测，及时掌握产品质量状况，为绿色食品稻米产业的健康发展提供保障。

全面推广应用农产品质量安全监管追溯平台，完成“省级平台”（内部追溯）与“国家平台”（外部追溯）协同应用，进一步扩大追溯应用范围，真正实现农产品产地准出与市场准入无缝对接，倒逼生产者提升农产品质量安全水平。进一步落实《罗定市食用农产品产地合格证明管理试点工作实施方案》，通过分批次试点推广，探索建立食用农产品产地合格证明管理制度，构建起产地准出管理与市场准入管理衔接机制，建立从田头到餐桌的全过程追溯体系，确保罗定市绿色食品稻米的质量和安全。

加大打假治劣的力度，开展稻米产业的整治与规范工作，严厉查处无证生产、假冒标识标签等违法行为，促进产业的健康发展，维护以罗定市全国绿色食品原料（水稻）标准化基地为基础的罗定稻米的声誉。

4. 加大农业投入品的监管力度

全面推进农业综合执法，规范农业投入品经营秩序。健全农业投入品使用档案，严格执行农药使用规定，严格执行高毒农药、限用农药定点经营实名购买制度，从源头管好农产品质量安全。抓好农资市场整顿工作，严格禁止违禁农资在绿色食品原料标准化生产基地建设区销售、使用。市农业农村局与基地所在的镇（街道）12 个农资专供点签订了目标管理责任书，通过农资专营直供、测土配方施肥、病虫害预测及综合防治，确保农业投入品使用做到科学、适量、标准、规范。执法大队每年对全市农资经营门点从业人员进行 2 次绿色食品及专业知识培训，经营户同市农业农村局、所在的镇政府（街道办）分别签订了《农资供应质量承诺书》。市农业农村局会同市场监督管理局每年组织绿色农资产品专项执法巡查检查 2 次，每个经营点不少于 4 次，从源头上杜绝违禁投入品的使用，较好地维护了基地投入品市场的经营秩序。

（四）服务到位，提高基地建设服务保障能力

1. 加强教育培训，普及绿色食品知识和生产技术

结合“全国基层农技推广体系改革与建设示范县”“创建国家农产品质量安全县”“优质稻产业带”“阳光工程”“世行贷款广东农业面源污染治理项目”“广东省罗定市丝苗米产业园建设”等项目的实施，采取聘请专家授课等多种形式，对基地生产管理人员、技术推广人员、企业管理人员、合作组织管理人员和农户进行绿色食品知识和生产技能培训。

统一制定《罗定市绿色食品原料（水稻）生产技术规范》，印制《罗定市全国绿色食品原料（水稻）标准化生产基地生产技术手册》《罗定市全国绿色食品原料（水稻）标准化生产基地生产者使用手册》，并根据有关法规、条例、

标准的变更修改而进行了相应修订，及时发放到基地农户。建立市、镇（街道）、村、户四级生产管理体系，统一印发基地管理档案和田间生产管理记录册，全面实施绿色食品原料水稻产品质量追溯制度。

2. 抓好试验示范田建设

为确保罗定市绿色食品原料（水稻）标准化生产基地的稳步发展，在保持大米品质稳定的前提下，罗定市严格执行新品种引种、试验、推广的程序，推广应用综合性状表现好，米质符合品质要求的品种，如野香优莉丝、油香丝苗、芳菲丝苗等产值高、效益好、抗病性和抗逆性较强的优质水稻新品种。

在做好水稻新品种引种示范的同时，结合广东农业面源污染治理项目，抓好“罗定市全国绿色食品原料（水稻）标准化生产基地水稻三控施肥技术”试验示范，严格按照“三控”技术的要求施肥，并对示范田的各项数据进行统计。多年的试验示范结果表明：水稻平均亩产达到462.5千克，同比增产11.5千克；每亩减少施氮肥（折尿素）4.5千克、磷肥（折过磷酸钙）6千克。绿色“水稻三控施肥”技术在罗定市全国绿色食品原料（水稻）标准化生产基地全面推广实施，减肥增收效益显著。

3. 持续引导以绿色食品原料（水稻）标准化生产基地为基础的罗定稻米产业提质升级

大力扶持和培育稻米深加工企业，提高稻米的主产品、副产物加工产品的附加值。在上游，以副产物谷壳生产有机肥，把有机肥用于绿色稻米种植，形成了绿色农业循环经济链，既能提升经济效益，又能解决长期使用化肥导致的土壤板结、肥力下降的问题，改良了土壤环境，提升了土壤肥力，使稻米更绿色更环保。

4. 结合信息进村入户工程的实施推动绿色食品原料（水稻）标准化生产基地信息网络建设

罗定市依托现有基层农业服务组织和生产经营主体，采取“政府+运营商

+服务商”三位一体的推进机制，充分利用农村基层现有设施和条件，全市建设村级益农信息社服务站266个，实现镇和村农技服务组、农业龙头企业、农村专业合作经济组织、科技示范户直接上网（App），协调建设稳定的信息员队伍，不断完善以12316为核心的公益服务体系，农民遇到生产技术难题可直接拨打12316热线，对罗定市基地、科技、企业与市场的有效对接起到了积极的推动作用。

5. 积极引导和扶持企业

积极引导和扶持龙头企业，充分利用罗定市全国绿色食品原料（水稻）标准化生产基地这个有利条件，确保产品质量，并结合罗定市情况，配合罗定市创建国家级电子商务进农村综合示范项目的建设，大力发展“互联网+”和电子商务平台，注重市场营销，加强产品定位、包装设计和宣传推介，以产品质量赢得消费者的信赖，保护和发展企业品牌，进一步提升罗定稻米产品市场竞争力，从而推动传统产业的升级换代，做大做强罗定稻米品牌。

（五）多形式宣传推介，擦亮罗定稻米区域公用品牌

充分利用各种平台，擦亮以绿色食品原料（水稻）标准化生产基地为基础的罗定稻米品牌形象，提高罗定优质农产品的知名度和影响力。在继续办好一年一度特有的“罗定稻米节”同时，充分利用各种平台，发动、组织罗定优质农产品生产企业积极参加全国各地的展会展示自己的产品；组织力量挖掘罗定农产品的核心价值、独特价值、市场知名度和产业潜力，构建罗定稻米和优质农产品品牌体系，进一步提升罗定农产品整体形象。2019年，继续以绿色食品原料（水稻）标准化生产基地产区抱团的形式组团参加中国绿色食品博览会，在广东展区专设罗定市专区，集中展示罗定的优质绿色农产品，参展的企业中有机食品企业4家、绿色食品企业7家，省名牌产品企业1家，地理标志保护产品生产企业3家，涵盖了种植业、养殖业、加工业，包括粮油、果蔬、茶叶、调味品等。罗定市稻香园农业科技股份有限公司的“聚龙牌”澳丝米等系列产品和罗定市连州茶叶发展有限公司的白马碧翠牌连州绿茶产品荣获第二十届中国绿色食品博览会金奖。通过各种宣传推介，展示了罗定绿色食品发展成果，充分发挥行政部门、行业协会、专家学者、新闻媒体、社会民众、广大消费者等各方面的力量，擦亮罗定稻米区域公用品牌，进一步提升了罗定市产

品市场竞争力和品牌影响力。

三、对策和措施

绿色食品原料（水稻）标准化生产基地建设工作涉及面较广，内容较多、技术要求较高、管理严格规范，需要大量的资金及技术手段作为保障，因此，基地建设工作还需进一步加强。

（一）持续加大宣传工作力度

大力普及绿色食品知识，深入扎实地开展“绿色食品生产”进农户活动，继续加大对绿色食品原料（水稻）标准化生产基地建设的宣传力度，提高农户、农产品生产企业和专业合作组织自觉遵守和参与绿色食品生产的意识，努力提高全社会对绿色食品生产的认识。

（二）继续建立健全各项管理制度，实施有效监管

建立长效监管机制，落实基地各生产单元专职监督管理人员，激励农民专业合作社、家庭农场等农业生产经营主体发展壮大，并使这些经营主体与稻米生产经营企业联合流转农田进行适度规模种植生产，探索基地农户规范管理的有效形式，强化合同约束力，确保绿色食品原料（水稻）标准化生产基地建设工作顺利进行。

（三）发挥试验田辐射示范带动作用

在现代农业的条件下生产绿色食品，更应强调高效节本的农业科技新技术的推动作用。因此，必须重视各基地单元试验田的建设，持续对水稻新品种，绿色食品原料水稻生产专用肥、专用农药，以及高效节本生产技术的试验和示范，通过大田试验数据采集分析，筛选优质高效、适合市场需求的水稻品种，为基地农户提供更为有效的施肥技术和绿色防控技术。

（四）利用好网络监管和质量追溯平台

结合创建全国农产品质量安全县工作的开展和农产品质量安全监管国家追溯平台建设，在产品的原料生产、收购加工、市场流通等各个环节均建立详细

的电子档案和网上数据库，便于完善农产品生产、加工、包装、运输、储藏及市场营销等各个环节质量安全档案记录和农产品标签管理制度，实现了从田间到餐桌的全程质量监控。最终实现来源可溯、流向可追、质量可控、责任可查，形成产加销一体化的产品质量安全追溯信息系统，确保绿色食品的质量安全。

（五）努力提高产业化经营水平

延伸绿色食品原料（水稻）标准化生产基地产品加工链条，提升稻米产业的抗风险能力和竞争能力。大力扶持产业龙头，着力抓好品牌的建设、保护和发展，组织力量挖掘罗定农产品的核心价值、独特价值、市场知名度和产业潜力，构建罗定农产品品牌体系；继续加大对基地建设的资金投入，巩固基地建设成效，搞好产品开发，扩大绿色食品生产范围，提升产业水平，充分发挥绿色食品原料（水稻）标准化生产基地建设的作用，鼓励社会资本和企业利用基地产出的稻谷为主要原料创新开发高品质新产品，不断延伸以绿色食品原料（水稻）标准化生产基地为基础的“罗定稻米”的加工产品链条，提升稻米产业的抗风险能力和竞争能力，引领提升罗定农产品整体形象，提高罗定优质农产品的知名度和影响力，推动罗定现代农业跨越发展。

以体系建设为着力点
推进绿色食品原料标准化生产基地高质量建设

陈林辉[1]　张海彬[2]

（1. 重庆市涪陵区榨菜管理办公室　2. 重庆市农产品质量安全中心）

榨菜起源于涪陵，是涪陵的一张名片。涪陵榨菜自 1898 年诞生被推向市场并走向世界以来，历经 120 余年的发展，与欧洲的酸黄瓜、德国的甜酸甘蓝并誉为世界三大名腌菜，从而闻名中外。涪陵榨菜产业不论是在青菜头种子选育、种植规模，还是在榨菜科技研发、精深加工、品牌建设、市场拓展、副产物开发等各方面在全国同行业中均处于领先地位，具有较强的竞争力和发展优势，已发展成为涪陵区乃至重庆市农业农村经济中产销规模最大、品牌知名度最高、辐射带动能力最强的优势特色支柱产业。

但是，在整个产业生产过程仍然还存在着菜农专业素养低，新技法应用能力弱；凭经验生产，标准化程度不高；农药化肥使用不规范，产品质量无法保障；榨菜生产管理粗放，产品质量参差不齐等突出问题，在一定程度上制约了整个产业向绿色化方向发展的进程。

近年来，涪陵区为全面贯彻落实构筑绿色屏障、发展绿色产业、建设绿色家园的要求，于 2018 年 10 月启动了绿色食品原料（青菜头）标准化生产基地创建工作。在创建过程中，认真贯彻实施乡村振兴战略，以《全国绿色食品原料标准化生产基地建设与管理办法（试行)》为准则，以推进质量兴菜、绿色兴菜、品牌强菜为抓手，立足产业优势、突出产业特色，以“七大体系”建设为着力点，推进青菜头绿色食品原料标准化生产基地高质量建设。七大体系即以落实县乡村目标责任制为保障的组织管理体系，以实施标准化生产和质量可

追溯制度为基础的生产管理体系，以市场准入和监督检查为手段的投入品管理体系，以农技推广和农户培训为主要内容的技术服务体系，以综合治理为方式的基础设施和环境保护体系，以产地环境、生产过程、产品质量、包装标识为重点的监督管理体系，以产地环境、生产过程、产品质量、包装标识为重点的监督管理体系。2019 年 12 月 30 日获批为全国绿色食品原料（青菜头）标准化生产基地。

一、建立健全机制，保障基地建设工作有力推进

在创建过程中，为确保绿色食品原料标准化生产基地建设各项工作有力推进，进行了以下工作。

（一）建立机构

涪陵区政府成立了以分管副区长为组长，区人民政府办公室、区农业农村委员会、区榨菜管理办公室等主要负责人为副组长，区级有关部门负责人为成员的涪陵区绿色食品原料（青菜头）标准化生产基地建设领导小组，同时成立了涪陵区绿色食品原料（青菜头）标准化生产基地建设办公室与区榨菜管理办公室合署办公，统筹抓好“创绿”工作的开展和组织实施。各基地乡镇街道也成立了基地建设领导小组和基地建设办公室，全面统筹协调推进基地建设工作。

（二）健全队伍

涪陵区分别以农业执法支队、渝东南农业科学院为主体，区农产品质量安全中心、榨菜生产企业等为成员单位的青菜头绿色标准化生产监督管理队伍和生产技术推广服务队伍，加强对全区各基地乡镇（街道）投入品的监管和技术指导；各基地乡镇（街道）也建立了以农业服务中心为主体，各基地单元村负

责人为成员并汇集其他农技推广人员的青菜头绿色食品标准化生产技术推广服务队伍和监督管理队伍，加强对辖区各基地单元村社的技术指导和投入品的监管。全区建立了区、乡镇（街道）、村社等三级绿色食品基地投入品监管人员 520 人，技术推广员1 008人。

（三）制定规章

制定了绿色食品原料（青菜头）标准化生产基地建设管理、基地环境保护、基地投入品管理、基地培训、基地质量追溯管理、基地绿色食品标识的管理等一系列规章制度，为基地建设各项工作开展提供组织和制度保障。

二、加大投入力度，保障基地建设工作有效推进

在创建过程中，涪陵区政府安排 5 300 余万元资金保障绿色食品原料（青菜头）标准化生产基地建设各项工作有效地推进。一是安排 35 万元资金，对全区 23 个乡镇（街道）基地环境质量及企业用水进行检测。经过检测，摸清了全区基地环境状况，全区主要农业产区环境空气质量良好，基地土壤和地表水体水质环境质量满足绿色食品要求。二是安排 65 万元资金，对全区 23 个基地乡镇（街道）的各级管理人员、农技推广人员、对接企业生产管理人员、基地种植农户等人员进行绿色食品政策与法律法规、绿色食品知识、农药化肥使用准则、青菜头绿色标准化生产技术规范、基地建设管理相关制度等内容的培训。三是安排 52 万元资金，在全区 23 个乡镇（街道）建立了 23 个绿色食品标准种植试验田，示范推广新技术。通过培训示范，基地种植农户绿色食品青菜头标准化生产技术水平明显提高。四是投入 58 万元资金，印制并向菜农发放生产操作手册、投入品使用及生产农事各种记录、投入品使用准则及清单等资料近 300 万份，用于指导规范菜农生产，并按照生产档案管理制

度要求，安排专人对基地种植农户的种子购买使用、肥料购买使用、农药购买使用、田间生产管理、收砍交售等进行完整翔实记录并存档。五是安排 29 万元资金，在全区 23 个乡镇（街道）制作安装基地标识牌 69 块；在全区青菜头种植行政村制作安装以倡导绿色理念、发展绿色产业、建设绿色田园、打造绿色食品为主题的“创建全国绿色食品原料（青菜头）标准化生产基地”宣传栏 345 块，向菜农广泛宣传发展绿色食品的意义、基地范围和基地面积、基地监督管理和技术推广服务队伍体系、基地环境和投入品使用要求、投入品允许使用清单等内容，提高菜农标准化生产意识。六是安排 5 100 余万元资金，引导榨菜企业现金出资，整合农业合作组织、村社集体组织、种植农户各自的资金、技术、管理、土地等资源折价入股，建立 197 个榨菜股份合作社，探索建立“一个保护价，两份保证金，一条利益链”的利益联结机制，有效解决农户、合作社、企业三方利益博弈，推动了榨菜产业高质量发展。

三、密切协同配合，保障基地建设工作有序推进

在基地创建过程中，全区各有关部门、各基地乡镇街道（村社）、各榨菜生产企业等单位，主动作为、各司其职、密切配合、协同联动保障绿色食品原料标准化生产基地建设工作有序推进。

（一）部门主动作为

涪陵区生态环境局按照《绿色食品　产地环境质量》（NY/T 391—2013）标准，每年在全区青菜头种植区域的重要节点选择水监测点 25 个、土壤监测点 10 个、空气监测点 10 个进行布点监测，并及时发布监测情况；区农业农村委、区畜牧兽医中心等部门出台措施对秸秆焚烧、农药化肥使用、畜禽养殖粪水处理以及田间废弃农膜、农药空瓶等进行严格的管理，大力推广普及应用绿色防控、高标准农田建设、土壤有机质提升、测土配方施肥、免耕覆盖等绿色农业生产技术，农村面源污染、土壤重金属污染得到有效防治，绿色食品原料标准化生产基地环境质量水平大幅提高。

（二）强化投入品监管

全区在 23 个乡镇（街道）建立绿色食品原料标准化生产基地投入品专供

点，各乡镇（街道）基地办对本区域的农资专供点实行专人对基地生产投入品的销售进行台账登记和监督检查跟踪管理，并张贴基地允许使用的农药清单和肥料使用准则，明确规定基地使用的农业投入品，不符合绿色食品生产要求的投入品一律禁止在基地使用。2019 年开展了 156 次投入品销售及使用情况专项督查。

（三）开展培训示范

由渝东南农业科学院牵头，统筹安排 51 名专业技术人员、分 11 个培训小组，指导督促全区 23 个基地乡镇（街道）分类完成对各级管理人员、农技推广人员、对接企业生产管理人员、基地种植农户等人员进行绿色食品的政策与法律法规、绿色食品知识、农药化肥使用准则、青菜头绿色标准化生产技术规范、基地建设管理相关制度等方面内容的培训，共计培训 24 150 人次。同时在全区 23 个乡镇（街道）建立了 23 个绿色种植试验田，示范推广新技术。通过培训示范，基地种植农户绿色青菜头标准化生产技术水平明显提高。

四、严格规范生产，确保基地产品绿色优质安全

（一）优化基地布局

按照加工鲜销并重发展的要求，统筹安排、统一规划，将沿江和中后山并远离工矿企业和无污染、生态条件良好的 23 个乡镇（街道）纳入绿色食品原料（青菜头）标准化生产基地范围，集中成片区域化布局，建立鲜销、生产加工各具特色的基地板块。

（二）规范种植技术

制定了《青菜头规范化栽培技术手册》，全面淘汰品质退化的品种，推广涪杂 1～8 号系列杂交良种及永安小叶等常规良种，建立健全区、乡、村三级监测网络和监测管理制度，并采取措施严格控制农业投入品的品种和数量，提高绿色食品原料（青菜头）标准化生产基地建设质量以及青菜头产品品质与产量。

（三）统一生产管理

建立区、乡镇（街道）、企业、村社生产管理体系，逐级明确生产管理职

责，落实生产管理任务，严格实行统一管理、统一供种、统一技术、统一施肥、统一用药、统一质量标准、统一价格、统一收购生产管理制度。

（四）规范加工生产

严格按照“十不准、三取缔、两打击”的榨菜质量整顿总要求，组织区市场监管局等部门加强对榨菜半成品加工环节、榨菜企业成品榨菜生产环节的监管。自基地创建以来，共监管检查全区榨菜生产企业、半成品加工大户 80 家（次），排查产品质量安全隐患 16 起，整改完成 16 起，有效促进了榨菜生产企业食品安全意识，维护了涪陵榨菜的良好品牌声誉。

五、强化利益联结，推动榨菜产业化经营发展

产业要发展，企业是关键，效益是动力。确立了围绕企业建基地、建好基地引企业的工作思路，把企业、基地、菜农有机结合起来。

（一）扶持企业发展

制定出台了重点企业扶持发展政策，不仅在资金、税费、用地、能源等方面给予优惠扶持，还采取特事特办、一事一议的办法帮助其解决发展中的困难和问题。同时，制定出台了《关于扶持发展农业产业化经营重点龙头企业的意见》，建立重点龙头企业挂牌保护制度、领导联系企业制度、重点企业无小事制度、直通车制度，开展了优化营商环境“三百”行动等，促进企业的发展壮大。全区有 37 家榨菜企业，其中重点龙头企业 24 家（国家级 2 家、市级 17 家、区级 5 家）。

（二）企业基地对接

坚持谁扶持、谁发展、谁收购的原则，采取划片定点、保护价收购、订单生产的措施，抓好绿色食品原料标准化生产基地建设与企业发展相互对接。同时全区 37 家榨菜生产企业，在青菜头种植生产过程中派出专人，严格按照《绿色食品原料（青菜头）标准化生产技术规范》指导、监督基地对接生产农户进行生产，并督促菜农及时收砍交售，确保了青菜头质量和菜农收益。

（三）完善利益联结

按照资源变资产、资金变股金、农民变股东的“三变”改革试点要求，引导榨菜企业现金出资，整合农业合作组织、村社集体组织、种植农户各自的资金、技术、管理、土地等资源折价入股，建立197个榨菜股份合作社，确保青菜头品质和农户稳定增收。目前，涪陵榨菜产业已建立了市场引企业、企业带基地、基地连农户的“公司+基地+农户”产加销于一体的产业化经营模式，建立了一个保护价、两份保证金、一条利益链的利益联结机制，形成了菜农放心种植、企业安心生产的经营格局，全区197个榨菜合作社和37家加工企业均与绿色食品原料标准化生产基地农户签订种植合同，实行订单生产，合同种植收购率达95%以上。

涪陵区以榨菜为主导产业，以绿色食品原料标准化生产基地为生产核心区，于2019年11月、12月分别被科技部、农业农村部和财政部等部门批准为“国家农业科技园区、国家现代农业产业园”，涪陵榨菜产业已形成“两园齐进、共推发展”的新格局。涪陵区将以园区建设为引领，以科技创新为支撑，以绿色食品标准化生产为抓手，以大产业、大加工、大融合为全产业链发展的关键节点，以产业脉络、加工脉搏、融合脉动为着力点，培育新型青菜头种植农业公司、专业合作社、青菜头种植大户，创新机制体制，强化利益联结，推动资源要素聚集和有效配置，推进产加销一体化经营。到2022年，青菜头种植面积将达73万亩，总产量达到165万吨，产业总产值达150亿元。把涪陵打造成为世界最大的青菜头种植加工转化的“特优区”、全国乡村产业兴旺“引领区”、一二三产业融合发展“先导区”、农业绿色高质量发展的“样板区”。

绿色生产　建管并举
——邛崃绿色食品原料（油菜）标准化生产基地建设实践

李锦霞

（邛崃市农业农村局）

邛崃市地处成都平原西南，属成都市“半小时经济圈”。全市辖区面积1 377平方千米，辖24个镇乡（街道），总人口66万。市域内山、丘、坝兼有，耕地面积52.3万亩，耕地土层深厚，耕性较好，宜种范围广，是优质高产粮油适宜产区，先后获得“全国农业产业化示范基地”“全国产油大县”“国家农产品质量安全县”“主要农作物生产全程机械化示范县”“国家生态原产地产品保护示范区”等称号。2010年成功创建全国绿色食品原料（油菜）标准化生产基地27.7万亩。2015年1月成功续展，为建设发挥粮油绿色发展示范起到了带动作用，夯实绿色食品高质量发展基础，主要做法如下。

一、绿色生产，推动基地转型升级

（一）推动产地环境绿色化

1. 强化耕地质量提升

近年来，邛崃市结合高标准农田建设，大力推广实施土壤有机质提升、测土配方施肥等土壤改良项目，减少化肥使用量，改善土壤团粒结构，共建设高标准农田23万亩，占耕地总面积的1/3。

2. 强化农业面源污染防治

制定邛崃市到2020年化肥、农药零增长行动方案，推动化肥农药减量使用，推广秸秆还田、绿肥种植、生物防控等技术，促进农作物秸秆还田率达到90%以上、病虫害绿色防控覆盖率达到62%。

3. 强化循环农业发展

建立了规模养殖“就近循环”和散户养殖“异地循环”种养循环机制，通过养殖户储蓄、专业合作社转运、种植户利用的形式，推动全市畜禽粪便综合利用率达到80%，39个种养循环示范点土壤有机质与采用种养循环机制前相比提升0.2个百分点，实现畜禽养殖废弃物利用和土壤培肥“双赢”。

（二）推动生产管理标准化

1. 推进绿色食品原料标准化生产基地建设

以东部“成新蒲”、中部“邛州大道”示范带建设绿色食品原料标准化生产基地，推动全市土地适度规模经营比重达到60%，推进农业标准化生产。将绿色食品原料（油菜）生产技术规程集成转化为“操作图”“明白纸”，推进标准化生产技术落地。同时采取“公司+农户+基地”的经营模式，建立了较强的利益联结机制，通过“五统一”实现了油菜产业区域化种植、规模化生产、标准化管理、市场化经营。

2. 推进质量安全管理

全市新兴粮油、鑫禄福粮油2家公司申报绿色食品菜油3个，原料种植面积27万亩，推动邛崃市绿色食品原料油菜产品转化率高达97.5%。同时企业通过了ISO9001：2008质量体系认证、ISO22000食品安全管理体系认证、HACCP认证、ISO14001环境管理体系认证，极大地完善了产品质量控制体系。

（三）推动优势产品品牌化

1. 推进“邛崃造”公用品牌创建

以邛崃粮油品牌为核心，推进区域农产品公用品牌策划，每年安排财政资金推动品牌创建，用质量安全提升“邛崃造”粮油美誉度，树立邛崃农业生态、优质、安全的良好形象，推动产品外销和效益提升。

2. 推进农产品品牌培育

围绕绿色食品粮油，重点推进新兴粮油、鑫禄福品牌化建设，运用市场化方式倒逼产业规模化、标准化，促进产业转型升级。推进龙头企业带动。新兴粮油连续荣获“守合同重信用AA级企业”“无消费者投诉单位”的荣誉，是省级质量管理先进单位，并获得了中国粮油行业协会“全国放心粮油示范加工企业”称号。公司的新兴牌菜籽油商标已被评为四川省著名商标和成都市著名商标。新兴牌菜籽油已被评为“四川名牌”，通过龙头企业带动推动油菜产业高质量发展。

二、建管并举，筑牢基地安全监管防线

（一）推动安全监管体系化

1. 构建全覆盖监管体系

建立健全市、镇、村三级监管网格，成立市绿色食品原料标准化生产基地监督管理办公室，负责全市绿色食品监管的统筹开展和落实；设立乡镇（街道）农产品质量安全（绿色食品）监督管理办公室，负责监管区域的农产品质量安全巡查和村级协管员工作指导；基地所在农村（社区）每村配备兼职协管员1名，承担田间地头的农产品质量安全督导巡查，重点对投入品使用、生产档案记录等进行检查和督导。

2. 构建多领域监测体系

建成市农产品质量监测中心，承担全市农产品质量安全监测工作，将全市

主要农产品和“三品一标”获证产品全部纳入检测范围；依托省级例行监测，每年抽检绿色食品原料油菜籽 11 批次，涵盖绝大部分乡镇（街道）；依托绿色食品监督抽检，对全市 3 个绿色食品菜油抽样检测，检测合格率 100%。

3. 构建全履职责任体系

落实政府主体、部门监管、生产者主体“三大责任”，构建主要领导统筹、分管领导主抓、具体人员落实的工作格局。建立对部门和乡镇的绩效考核机制，将绿色食品原料标准化生产基地建设纳入其中，所占权重为农产品质量安全工作的 5%，层层签订目标责任书，推动工作落实到位。

（二）推动安全监管法制化

1. 强化多领域综合执法

成立农业综合执法大队，整合农业资源执法、生猪屠宰监管、水产渔政执法、林业行政执法等职责，统筹开展执法工作，进一步增强安全监管执法能力。邛崃市农业综合执法大队被农业农村部评为“全国农业综合执法示范窗口”。强化多部门联合执法。健全农业、市场监管、公安等多部门联动执法机制，明确部门执法边界，建立协调配合机制，推动执法工作有效开展。

2. 强化多形式常态执法

保持高压惩治态势，定期开展监督检查、执法检查和日常巡查，确保违法违规使用农业投入品、制假售假和收储运环节非法添加等突出问题查处率达 100%，保障绿色食品原料安全。

（三）推动安全监管全程化

1. 把牢农资“源头关”

推行农药电子追溯，做到农药信息可查询、流向可追溯、门店账目有据可查，确保经营环节不出现禁用农药。同时设立限制农药定点经营点位 4 个，有效管控限用农药，从源头上保障绿色食品原料标准化生产基地用药安全。

2. 把好生产“过程关”

健全生产管理制度，实行网格化管理，实施投入品进货、生产档案记载、动植物防疫检疫、废弃物无害化处理、认证标志管理使用、产品质量安全自检、质量安全承诺七项制度，督促生产企业、农民专业合作组织 100% 建立生产档案、100% 实行质量安全承诺、100% 开展从业人员培训。

3. 盯紧产品“准出关”

按照生产有记录、流向可追踪、质量可追溯、责任可界定的要求，建立农产品质量安全追溯体系，将 2 家粮油企业和 50 余家农民专业合作社等纳入国家农产品质量安全信息追溯平台，推动产地准出和市场准入有效衔接。

三、社会共治，完善基地安全建设机制

（一）推动参与全民化

1. 构建全民共同监督机制

推行“社会吹哨人”制度，出台《邛崃市农产品质量安全违法行为及大要案举报奖励办法》，畅通投诉举报渠道，鼓励投诉举报农产品质量安全违法行为和行业潜规则，提高农产品安全违法犯罪成本，充分发挥群众的监督作用，推进协同共治。

2. 构建政府市场共建机制

积极鼓励新兴粮油公司与四川省农业科学院、四川大学、西华大学等科研院所合作，在食品安全、工艺、节能降耗、品质标准上不断提高。新兴粮油公司自主研发的浓香菜油生产车间，申报国家发明专利 6 项，实用新型专利 37 项，浓香菜油及菜籽煎炸技术经中国粮食学会专家组评定，达国际领先水平。

3. 构建全民共享机制

新兴粮油通过与农业专业合作组织、合作联社、种粮大户合作，通过“订单＋补贴＋标准化指导”建成 20 万亩的绿色食品油菜籽基地，以高于市场价 0.2～0.4 元/千克的价格进行收购，提高农户的收益。同时借助电视、网络等，运用“互联网＋”思维，以优质农产品免费体验活动为载体，推动群众在线上、线下多形式共享优质安全农产品。

（二）推动服务社会化

1. 搭建社会化服务平台

依托冉义镇土地合作经营联社，组建农技专家大院、农资配送中心、粮食烘干加工中心、沼粪转运合作社、植保专业合作社、农机专业合作社“一院两心三社”社会化服务体系，搭建农业生产经营六大社会化服务平台，为集中连片万亩土地规模经营服务，保障基地农产品质量安全。

2. 培育社会化服务主体

依托六大社会化服务平台，引进社会主体，建立农资配送服务中心 2 家、植保服务合作社 12 家、沼粪转运合作社 18 家，加快推进农业标准化生产服务。

3. 创新社会化服务方式

打通农业绿色防控“最后一千米”，引入骥子龙文信息公司开发的植物医院智慧农业大数据平台，采用植物医院 App，通过专家在线问诊的方式，实时解决业主在生产中遇到的种植、管理、病虫害防治等问题。

（三）推动行业自律化

1. 加强宣传教育培训

利用广播、电视、网络等媒体和政务公开栏、入户宣传等，多形式、全方位、多层次地就绿色食品原料标准化生产基地建设的意义开展宣传、培训，形成全民创建共识，推动生产观念转变。

2. 强化行业联盟自律

成立邛崃市粮油产业协会，构建农业产业化联合体，引导专业合作社抱团发展，建立规范的行业制度，督促经营主体按标准生产，推进一体化管理。

3. 推进诚信档案建立

印发《关于邛崃市农产品质量安全监管约谈制度等的通知》，推进农产品质量安全信用体系建设，探索“黑名单”制度管理，建立联合惩戒机制，让违法违规的失信主体，一处失信，处处受阻。

他山之“识” 可以攻玉

——昆明市全国绿色食品原料标准化生产基地建设经验之道

鲁惠珍 江 波 单珍拉初

（昆明市农产品质量安全中心）

绿色食品原料标准化生产基地是绿色食品产业持续发展的重要基础，是推进标准化生产、确保产品质量、增加农民收入、加快产业发展的重要措施。为切实加快2015年昆明市根据农业部绿色食品管理办公室《关于进一步加强绿色食品原料标准化生产基地建设与管理工作的意见》，紧紧围绕标准化与品牌化相结合、生产与企业相对接、生产经济与社会效益相统一的建设目标，积极开展全国绿色食品原料标准化生产基地的创建工作，通过建立健全组织管理体系、生产管理体系、农业投入品管理制度、监督管理制度，按照规范管理、突出重点、稳步发展的原则，因地制宜、统筹规划，圆满完成云南省首个全国绿色食品原料标准化生产基地创建任务，充分发挥基地建设在绿色食品产业中的基础作用和农业标准化生产中的示范作用，有效提高农产品质量安全水平，助推当地农业发展方式转变。

一、创建背景

“十二五”期间，为适应新阶段农业和农村经济发展，国家进一步夯实绿色食品产业发展基础，加大对绿色食品原料标准化生产基地的建设力度，积极推进基地建设在绿色食品产业中的基础地位，有效推广农业标准化生产中的示范经验。为此，昆明市按照现代农业发展趋势与要求，结合县域农业产业区域布局，顺势而上，选定石林彝族自治县圭山镇海邑、额冲衣、糯黑、和合等14个村委会的66 624亩玉米生产地块作为基地创建单元，充分发挥当地生态环境优越、标准化生产规范、示范带动能力强的作用，带动当地农业持续、健康、稳定发展。

石林县圭山镇的各村委会基地单元多在偏远的山区和丘陵地带，自然生态环境好，各基地单元周边5千米和上风向20千米内未发现污染源或潜在污染源，有规范的产地环境质量报告。多年来，石林县为进一步加快地方经济增长方式的转变，积极探索以当地农业主导产业及特色产业为基础、绿色食品区域生产为核心的综合示范基地建设，通过整合资源、制定绿色食品原料标准化生产基地保护区管理办法等措施，切实开展山、水、林、田、路综合治理。从2015年起，综合示范基地共平整土壤25 590亩，铺设供水主管道17.59千米，修建灌排沟渠8.985千米，实现农田可灌溉面积42 000亩，水管网到户率达78%；改造、新建农田机耕道路54条148.12千米，生产条件显著得到改善，为绿色食品原料标准化生产基地的安全生产打下了良好基础。

二、经验做法

（一）健全组织管理体系，建立县乡村三级管理网格

在基地创建组织方面，当地县政府成立了绿色食品原料（玉米）标准化生产基地领导小组，明确工作职责与目标任务，全面指导与部署基地建设；同时成立基地建设领导小组办公室，明确项目实施单位，配备专职工作人员与技术专家指导组，负责日常工作，并联系乡镇基地创建责任机构，指导乡村两级农业技术人员及管理人员开展具体工作、生产管理与技术服务。县乡技术人员、村委会与基地农户建立一对一的联系制，通过绘制基地地块分布图与统一地块编号，实行分区、分片、分级、分户的“四分位”管理模式，使生产管理责任落到人、落到户和落到地，确保项目实施中的各项生产措施有效开展。

在项目建设资金方面，各级扶持资金及时到位，确保创建工作的顺利实施。云南省农业农村厅给予项目建设经费 20 万元，主要用于绿色食品生产标准化技术规范推广应用；昆明市农产品质量安全中心给予经费 16 万元，主要用于基地产品质量安全可追溯化应用与管理。

（二）健全生产管理体系，建立全程质量管理追溯制

在绿色食品原料标准化生产基地创建期间，按照集中连片、合理规划、规模发展的原则，将基地划分为 14 个单元、总面积 6.66 万亩，涉及农户 5 000 余户。完善各项全程目标管理制度，建立合理的耕作制度，积极开展良好农业规范生产，全面实行测土配方施肥，确保绿色食品原料标准化生产基地生产管理制度、农业投入品管理制度、技术指导和推广制度、培训制度、环境保护制度、监督管理制度等一系列制度得到规范运行。使农户在生产管理上做到“三有”即操作有规程、使用有手册、销售有合同。在生产操作中做到“五统一”即统一优良品种、统一生产操作规程、统一投入品供应和使用、统一田间管理、统一收获。确保基地安全生产，提升产品质量。

绿色食品原料标准化生产基地建设 5 年来，玉米良种年覆盖率一直为 100%，实施农作物秸秆还田 6.66 万亩，实施玉米高产创建示范 1 万亩，带动项目区优质玉米良种、秸秆还田、机械作业、测土配方施肥全覆盖，逐步将基地打造为农产品质量安全的示范园区、现代农业生产的“样板田”。

在各项生产管理制度的基础上，将质量追溯制作为管理制度创新的重点纳入项目管理，依托“昆明市农产品质量安全互联网 + 应用大数据平台”，对绿色食品原料标准化生产基地的耕地环境、生产过程、检测数据、产品采收等信息全面实现数字化、电子化、网络化管理，并利用以村为单位的基地分布图和地块分布图，初步构成可追溯化管理的大数据应用环境，形成田间记录、生产

管控、质量追溯等各个环节信息（数据）的有机连接，基本实现绿色食品原料标准化生产基地产品质量全程信息可追溯。在基地建设实施的 3 年期间，采集（记录）各类相关追溯信息与数据 10 万余条，主要包括耕地信息及其环境要素信息、农户信息、生产信息、采收信息、检测信息等 5 大类，也为今后农产品质量安全风险评估与管理应用打下坚实的大数据基础，很大程度上充实昆明市“数字农业”的基础应用体系与数据资源。

（三）完善监督执法体系，建立农产品质量安全治理联动机制

为了及时杜绝管理环节上的漏洞，绿色食品原料标准化生产基地建设工作积极探索行之有效的监督管理措施，严格实行全过程质量管理，建立检测制度，重点进行环境检测、投入品检测、产品检测，及时完善制定农业投入品管理制度、公告制度和市场准入制度等规章制度，对相关投入品的销售和使用等方面作出具体规定，并联合县级农业、工商、质监等相关部门开展监督管理与执法工作，强化对基地环境、生产过程、投入品使用、生产档案的检查或抽查，有效净化了农业投入品的市场。同时，充分增强生产者的责任意识与自律行为，聘请种植户中责任意识强的 85 位村民作为生产监督员，适时对生产过程进行监督管理，从切身利益出发，全面防范违禁投入品的使用，力争将影响

农产品质量安全的潜在危害消灭在萌芽状态和初始阶段，从源头上确保绿色食品原料标准化生产基地产品质量安全。

（四）健全技术服务体系，建立技术培训与研发合作制

在绿色食品原料标准化生产基地建设过程中，各县政府注重加强技术服务工作，通过健全县、乡、村三级技术服务体系，加大开展各类技术培训与服务的力度，重点培训包括绿色食品相关知识、基地建设要求、玉米生产技术规程等在内的技术应用与管理规范，使基地成为推广新科技和培育高素质农民的"洼地"，有效提高基地的玉米生产科技水平，促进产品产量和质量的双提升。据初步统计，每年基地组织培训生产管理人员和技术推广人员、各个单元负责人、各个村负责人及广大农户约1.2万余人次，通过形式多样、不同层面的技术培训与生产指导，使他们快速了解、掌握绿色食品生产的技术规范与管理要求，有效地保障基地绿色食品生产的科学性与安全性。

同时，在每个村委会设立绿色食品宣传专栏，对绿色食品及其原料的相关知识进行宣传，发放绿色食品生产知识宣传单7 000余份，扩大基地建设工作在当地农业标准化生产的示范带动作用。

依托农科院、农产品质量安全中心和植保站等技术推广机构，加强技术支持与指导，建立技术创新服务队伍，积极开展农业防治、生物防治和物理防治技术等新技术综合防治示范，投放赤眼蜂1.5亿头，实现绿色防控、科学管理的目的；依托云南农业大学和云南省农业科学院等开展玉米新品种——云瑞505攻关示范、玉米施用酵素菌试验等生产技术研发与试验示范。

（五）完善产业化经营渠道，形成优质优价市场机制

在绿色食品原料标准化生产基地创建之初，县级主管部门就将基地与龙头

企业产销对接作为考核创建成效的一项重要指标，通过统筹考虑基地建设规模、龙头企业承接力、农户带动能力等相适度，积极制定鼓励龙头企业参与创建的具体优惠政策和措施，先后引进昆明云岭广大种禽饲料有限公司、云南邦格生物科技有限公司、石林禾泽蔬菜速冻加工厂、昆明雪兰牛奶有限责任公司等国家级、省级、市级农业产业化重点企业与基地农户建立订单制，全面做好关联企业和基地农户合作的服务工作，大力支持基地与龙头企业建立产销对接平台。据不完全统计，绿色食品原料标准化生产基地建设 5 年来，由于实施标准化生产规范，其产品平均价格比当地同类产品高出 0.35～0.4 元/千克，基地整体年平均收益增加约 1 039.5 万元，户年平均增加收入约 2 079 元。既为农户拓展优价的市场销路，又为企业有效破解因原料匮乏而导致绿色食品产能不足的困境，使龙头企业得到发展并迅速壮大，提供优质的产品供应，有力地促进基地产品优质优价市场机制的形成，真正实现企业、农户、地方政府“多赢”局面。

三、结论

5 年来，昆明市指导石林彝族自治县建设的全国绿色食品原料标准化生产基地在转变当地农业生产方式、推动地方经济发展方面已初显成效。依据云南省打造世界一流绿色食品品牌的战略目标，昆明市已明确将绿色食品作为将来农业发展的重点产业，按照优质、高效、生态、绿色、安全的要求，坚持区域化布局、规模化发展，进一步推进绿色食品标准化生产，强化全程质量控制，完善产业化经营服务，扩大龙头带动作用与产品精深加工，继续保持全国绿色食品原料标准化生产基地的质量标准高、管理模式优、示范带动强的良好品牌效应。

坚持七个强化　抓好基地建设

任新奇[1]　赵菊琴[2]

（1. 眉县农业农村局　2. 眉县果业技术推广服务中心）

眉县位于关中平原西部、秦岭主峰太白山脚下，隶属于陕西省宝鸡市，是北宋大儒张载和共和国上将李达故里，总面积 863 平方千米，辖 7 个镇 1 个街道办事处，86 个行政村，耕地面积 35.4 万亩，总人口 33 万，其中农业人口 25.47 万。眉县气候温和，土壤肥沃，平均海拔 500 米，年均日照 2 000 小时，年均降水量 700 毫米，渭河自西向东穿境而过，水资源十分丰富，独特的自然条件非常适合猕猴桃的生长，是名副其实的“中国猕猴桃之乡”。

一、基地基本情况

2017 年 12 月，眉县成功创建为全国绿色食品原料（猕猴桃）标准化生产基地，面积 30 万亩，覆盖全县 7 个镇 1 个街道办。基地创建以来，眉县切实践行“低碳、生态、环保”的绿色生产理念，严格按照绿色食品原料标准化生产基地建设标准和要求，把猕猴桃产业安全、健康、可持续发展作为根本原则，坚持强化组织管理、强化标准化生产技术推广、强化投入品管控、强化示范带动、强化追溯体系建设、强化区域公用品牌建设、

强化三产融合发展，基地建设持续良好运行，生产管理水平不断提升。2019年，基地猕猴桃总产量达到49.5万吨，综合总产值52亿元，形成了“一县一业”的产业格局，猕猴桃成为全县农民增收致富的“金蛋蛋”。

二、主要做法

（一）强化组织管理

绿色食品原料标准化生产基地创建成功后，首要问题就是加强基地组织管理，确保各项建设任务落实到位并不断提升。眉县在县农业农村局设立“眉县全国绿色食品原料（猕猴桃）标准化生产基地建设管理办公室”，由专人负责基地建设及管理工作，包括绿色生产技术标准制定、技术培训、示范试验、绿色认证、品牌建设等工作，各乡镇（街道）成立相应管理机构，明确工作人员，每个村及市级以上猕猴桃生产主体设立一名专（兼）职绿色质量安全技术员，形成县、镇、村三级绿色生产管理体系，确保了绿色质量控制措施落实到位。

（二）强化标准化生产技术推广

结合猕猴桃绿色生产要求和基地实际，科学制定猕猴桃绿色生产技术标准，加强宣传培训，促进绿色标准化生产技术全域普及。

1. 科学制定标准

依托西北农林科技大学（眉县）猕猴桃试验站、何积丰院士眉县工作室、陕西猕猴桃研究院、国家猕猴桃产业创新联盟等科研机构优势，制定了《眉县猕猴桃绿色生产标准化技术规程》《猕猴桃丰产稳产优质高效技术要点》等技术标准，全域推广优选品种、规范建园、精准施肥、科学修剪、充分授粉、果园生草、合理负载、果实套袋、绿色防控、生态循环10项绿色标准化生产技术。

2. 加强宣传培训

每年举办猕猴桃技术培训300多场次、培训人员10万人次以上、发放技术宣传资料10万份以上，全面推广普及猕猴桃绿色标准化生产技术，基地绿色标准化生产水平不断提高。

（三）强化投入品管控

颁布实施了《眉县绿色食品原料基地农业投入品监管实施方案》，进一步加大投入品监管力度，公布了《眉县猕猴桃绿色生产禁止使用农药清单》《眉县猕猴桃绿色生产禁止使用化肥清单》《眉县猕猴桃绿色生产允许使用农药清单》《眉县猕猴桃绿色生产允许使用化肥清单》，对绿色食品基地内投入品生产经营企业实行统一管理，全域使用绿色投入品；组建联合执法队伍，建立联合执法机制，开展农资市场专项整治；确定了齐峰果业、金桥果业等6大农资配送定点企业，逐步实现绿色食品基地投入品统一配送，从源头上保证了猕猴桃质量安全。

（四）强化示范带动

通过开展猕猴桃绿色食品产品申报、建立绿色防控示范区、开展化肥减量技术等举措，示范带动整个绿色食品原料标准化生产基地生产技术不断提升。

1. 猕猴桃绿色食品申报带动

县政府通过出台奖补政策、与农业项目实施相结合等办法，激励企业、合作社开展质量安全认证工作。2019 年通过农业项目实施绿色食品申报奖补 25 万元，6 家生产主体完成绿色食品申报 24 865.8 亩，以质量安全认证为引领，示范带动基地内生产主体开展绿色食品申报，不断提高基地绿色食品获证比例，从而促进基地猕猴桃整体水平逐渐提高。

2. 绿色防控示范区带动

2017 年开始，在绿色食品原料标准化生产基地内建立 4 个面积各为 1 000 亩的绿色防控示范区，大力推广有机肥和杀虫灯、性诱剂、捕食螨等绿色生态防控技术，推广生物制剂苦参碱、印楝素、菇类蛋白多糖、多黏类芽孢杆菌以及多抗霉素开展病虫害防治，使用绿色植物源、生物源、矿物源农药，科学混配、减量化使用，保证猕猴桃质量。

3. 化肥减量技术带动

（1）在绿色食品原料标准化生产基地内推广测土配方施肥技术　每年测土 600 个土样，配发配肥卡 600 个，指导配肥面积 6 万亩，解决群众盲目使用化肥的问题，保证土壤养分合理供应。

（2）推广定产定肥　每年在绿色食品原料标准化生产基地内推广猕猴桃专

用配方肥 15.5 万亩、1.86 万吨，建立配肥点 45 个，配肥体系健全，服务能力强。通过试验比较，配方施肥较常规施肥减少用量 5%～20%，肥料利用率提高 7%～10%，增产 10% 以上。

(3) 推广水肥一体化　建立水肥一体化示范区，节水 20%～30%，节肥 20%～30%，提高肥料利用率 20% 以上。

(4) 增施有机肥　大力推广有机肥使用，优化土壤，提高生产能力。绿色食品原料标准化生产基地年使用沼肥 4.9 万吨，沼渣、沼液应用面积 4.9 万亩以上，平均每亩施用沼肥 1 吨以上；每年种植牧草绿肥 5 万亩（其中果园植草 3.2 万亩），每年使用腐熟畜禽粪便面积 17.6 万亩，亩用量 2.5 吨。通过增加有机肥使用量，降低化肥用量，提高肥料利用率，猕猴桃商品率、果品质量、树体生产能力显著提高。

（五）强化追溯体系建设

建立健全检验检测和质量追溯体系，不断强化企业质量安全意识和生产主体责任意识，为猕猴桃产业绿色发展保驾护航。

1. 建立完整的检验检测体系

总投资 2 810 万元建成了国家级（眉县）猕猴桃检验检测中心；在绿色食品原料标准化生产基地 8 个乡镇（街道）分别设立了农产品质量安全检测站；在规模化生产企业建立了质量安全检测室，对进出库猕猴桃开展农残抽检速测，形成了以基地为中心、乡镇（街道）和企业为补充的检验检测网络。

2. 建立质量追溯体系

统一为 13 家重点企业、合作社配备了电脑终端、打码机，建立追溯体系。2019 年，在 20 家规模生产企业、合作社推广“食用农产品合格证与追溯二维码二合一”制度，将基地农户的生产档案及时录入电脑管理系统，实现了与省级农产品质量安全监管平台无缝对接，消费者通过扫描二维码，可进入系统查询产品生产农户（企业）、生产记录等信息，实现了猕猴桃质量安全可追溯、可控制。2020 年，全面试行食用农产品合格证制度，进一步提升绿色食品原料标准化生产基地内生产主体的质量安全意识和责任主体意识。

（六）强化区域公用品牌建设

连续举办了 8 届“中国·陕西（眉县）猕猴桃产业发展大会”，2017 年成功举办“世界猕猴桃产业发展大会”；每年赴北京、上海、广州、香港等重点城市举行大型推介活动 10 余场次；连续两年开展眉县百名大学生代言活动；斥资 200 多万元拍摄了《太白山下猕猴桃》科教故事电影；成功开展了“在希望的田野上——我和眉县猕猴桃的故事”征文活动。通过大力宣传推介，眉县猕猴桃品牌的影响力不断扩大，品牌价值不断攀升。

（七）强化三产融合发展

建有全国唯一的国家级猕猴桃批发市场，培育国家级龙头企业 1 家、省级龙头企业 7 家、市级龙头企业 9 家、猕猴桃专业合作社 189 户，建设各类冷库 4 500 座，储藏能力达到 30 万吨；引进千裕酒业、百贤酒业等大型猕猴桃精深加工企业，形成了集生产、储藏、加工、销售于一体的完整产业链；同时，全力推进电子商务发展，2019 年通过电子商务销售猕猴桃超过 15 万吨，占全县总产量的 30%。通过强化三产融合发展，提高了产业综合效益，推动绿色食品原料标准化生产基地建设向更高水平发展。

三、取得的成效

眉县通过坚持 7 个强化，在绿色食品原料标准化生产基地建设方面取得了良好成效，为全县农民群众脱贫致富奔小康打下了坚实基础。

（一）产值效益明显增加

2019 年，绿色食品原料标准化生产基地猕猴桃总产量 49.5 万吨，综合总产值 52 亿元，农民人均猕猴桃产业收入 12 170 元（比 2017 年增长 12.7%）。猕猴桃产业使农民的钱袋子鼓起来了，成为农民脱贫致富奔小康的“金蛋蛋”“钱串串”，“家有 3 亩猕猴桃，小康生活早达到”已成为眉县农民生活的真实写照。

（二）标准化水平持续提升

通过全国绿色食品原料标准化生产基地建设持续、深入实施，逐步完善了质量安全标准化、投入品控制、安全追溯、宣传培训与诚信管理等体系建设，形成了比较完整系统的县、镇、村、企四级猕猴桃生产管理体系，猕猴桃绿色生产标准化十大关键技术全域普及，农业投入品基本实现集中配送，规模以上生产经营主体初步实现可追溯，基地整体生产管理和标准化生产水平持续提升。

（三）品牌价值不断攀高

全国绿色食品原料标准化生产基地创建以来，眉县通过加强基地建设，2018 年成功创建“国家现代农业产业园”，获得中央项目支持 1 亿元；2019 年获得“中国特色农产品优势区”称号，全国唯一的猕猴桃产业国家创新联盟落户眉县，眉县猕猴桃入选“全国名特优新农产品”名录，品牌价值攀升至 128.33 亿元，比 2012 年的 91.5 亿元提高 40%。眉县猕猴桃畅销全国 80 多个大中城市，出口到加拿大、俄罗斯、沙特阿拉伯、阿拉伯联合酋长国、哈萨克斯坦等 20 多个国家，深受国内外消费者喜爱。眉县猕猴桃品牌影响力和市场竞争力进一步增强，正在逐渐成为“眉县招牌、陕西名片、国家品牌”，眉县正在向着“果业强、果乡美、果农富”的小康目标阔步迈进。

全国绿色食品原料（西瓜）标准化生产基地建设经验实践

魏晓琴

（中卫市农产品质量安全检验检测中心）

中卫市深入贯彻落实党的十九大关于实施乡村振兴战略的重大决策部署和习近平总书记到宁夏视察重要讲话精神，按照总书记关于加快建设硒砂瓜之乡，“把原字号、老字号、宁字号农产品品牌打出去”的指示要求，由绿色食品原料（西瓜）标准化生产基地对接的龙头企业、合作社牵头，通过对接市场、优化品种、实现硒砂瓜生产标准化，推广绿色食品原料标准化生产基地在农业绿色发展中的示范引领带动作用，推动农业产业持续、健康、有序发展。

中卫市位于宁夏回族自治区中西部，地处宁夏回族自治区、甘肃、内蒙古自治区交界地带，面积 1.7 万平方千米，辖沙坡头区、中宁县、海原县。中卫市环香山地区，山势起伏、沟壑纵横，平均海拔 1 760 米，具有干旱少雨、温差大、日照强烈等自然劣势气候。几百年来，中卫人民为抗旱保墒，在正常土地上铺盖一层碎石头，逐渐摸索出了一套压沙种瓜的旱作种植模式，生长出的西瓜天然富硒、果汁丰富、甘甜爽口、个大皮厚、便于运输，是安全、优质的食品。

一、基本情况

2019 年，中卫全市落实硒砂瓜种植面积 91.62 万亩，创建全国绿色食品原料标准化生产基地 28.6 万亩，包括：由沙坡头区人民政府创建的宁夏回族

自治区中卫市沙坡头区全国绿色食品原料（西瓜）标准化生产基地14.6万亩；由中宁县人民政府创建的宁夏回族自治区中宁县全国绿色食品原料（压砂西瓜）标准化生产基地14万亩。同时在202省道、109国道沿线的沙坡头区香山乡、兴仁镇和中宁县白马乡、鸣沙镇等区域建设品质品牌保护核心示范区40万亩；硒砂瓜品质品牌保护万亩小产区示范建设6个。全市硒砂瓜累计销售总量180万吨，实现销售总产值20亿元。

硒砂瓜是中卫市一张最靓丽的“绿色名片”。2004年，中卫市香山瓜果流通有限公司的香山硒砂瓜获得了中国绿色食品发展中心的绿色食品标志许可。2007年，中卫市香山硒砂瓜果业有限公司的香山硒砂瓜被中绿华夏有机食品认证中心认证为有机食品，中卫市沙坡头区西瓜生产基地被农业部绿色食品管理办公室和中国绿色食品发展中心批准成为全国绿色食品原料（西瓜）标准化生产基地。2008年和2010年硒砂瓜成为北京奥运会和上海世博会专供农产品。2008年，“香山压砂西瓜”被国家质量监督检验检疫总局颁布为地理标志产品保护，“海原硒砂瓜”“中宁硒砂瓜”被农业部登记为地理标志农产品。2016年，习近平总书记考察宁夏时赞誉中卫市香山乡为“硒砂瓜之乡”，香山硒砂瓜被农业部评为全国“一村一品”十大知名品牌。2017年，香山硒砂瓜荣获最受消费者喜爱的中国农产品区域公用品牌和宁夏十大农产品区域公用品牌。2018年，“中卫硒砂瓜”通过农业农村部农产品地理标志保护登记；同年，中卫市被全国土壤质量标准化技术委员会授予“中国塞上硒谷”牌匾；2018年底，国家农业农村部市场与信息化司与国家林业和草原局林业和草原改革发展司联合将宁夏回族自治区中卫市中卫香山硒砂瓜生产区域评为中国特色农产品优势区。2018年，中卫硒砂瓜中国果品区域公用品牌价值评价25.81亿元。

二、采取的主要措施

（一）科学决策、系统规划

1. **走出去**

中卫市委、市政府主要领导带领有关部门和县（区）负责人多次赴江苏苏州、湖北恩施等地考察学习富硒产业发展的先进经验和做法，提出建设富硒产业“一中心、三基地”，打造“中国塞上硒谷”的目标任务。

2. **引进来**

中卫市委、市政府引进中国科学院设在苏州研究功能农业的苏州硒谷科技公司与中卫市国有资本运营公司强强联手，组建了宁夏硒产业发展有限公司。同时，组织香山瓜果流通公司、中宁县文兴硒砂瓜合作社、海原砂甜宝硒砂瓜合作社等 36 家农业经营主体积极参与，成立了中卫市硒产业协会和中卫市硒产业研发中心。

3. **搞普查**

由宁夏硒产业公司牵头，组织对中卫市两县一区农业生产区域土壤进行了取样、检测，摸清了全市土壤硒元素含量情况和富硒土壤分布区域。完成 3 534个土壤样品的取样、检测和全市土壤硒元素分布图的绘制工作，全市富硒土壤面积达到 1 674 平方千米。

4. **定规划**

根据调研普查结果，中卫市委、市政府先后制订了《中卫市富硒产业发展推进方案》《中卫市 2019 年富硒产业发展实施方案》《中卫市硒砂瓜品质品牌保护提升三年行动方案（2019—2021 年）》。同时，相关单位积极推进硒砂瓜生产技术标准和产品质量标准体系的建立，促进产学研紧密结合。

（二）源头管控、高标准生产

1. **严格筛选**

依据全市土壤富硒资源普查结果和分布图，筛选确定以沙坡头区环香山地区、中宁县鸣沙和海原县关桥等富硒、足硒土壤区域作为富硒产业种植基地，树立了永久性标识牌；同时，按照“龙头企业 + 合作社 + 基地 + 农户”的管理运行机制，筛选培育了 6 家富硒产业基地建设企业（合作社），由其通过组织

技术培训、签订订单协议、标准化生产经营承诺书等方式，明确富硒农产品生产农户，全面落实富硒农产品标准化生产技术规程和产品质量标准。2019 年，全市订单式发展硒砂瓜标准化种植 6 万亩、硒砂瓜产业示范园 8 个，为下一步发展富硒产业打下基础。

2. 严格标准化生产

利用冬闲时间，组织专业培训队伍逐村、逐队、逐产区、逐企业（合作社）开展市、县（区）、乡（镇）、村硒砂瓜标准化生产培训教育行动，印发《致全市农民群众的一封信》《中卫市富硒硒砂瓜标准化生产技术规程》等宣传材料，教育引导种植户严格按照标准化技术规程生产，形成全社会参与硒砂瓜品质品牌保护和发展富硒产业的社会基础。

3. 加强生产全程质量管控

在硒砂瓜生产过程中严格控水控肥控药，秋季或春季施用有机肥或生物有机肥，在伸蔓期和膨大期无有效降水、砂地旱情比较严重的地块，每亩分别补水 10 立方米左右。对内严格执行“一瓜一标，一年一印”的防伪追溯制度，强化硒砂瓜生产关键环节标准化技术指导服务和种子种苗的执法监管，确保生产出的精品富硒硒砂瓜硒含量达到 0.015 毫克/千克，糖分含量达到 13%，并符合其他 6 项标准；对外严厉打击冒用、盗用硒砂瓜地理标志标识等不法行为，构建硒砂瓜品质品牌保护长效机制，以销定产。针对硒砂瓜主销城市市场需求，中卫市政府安排各企业（合作社）提前开展市场调查、客商招引和稳定销路等工作，积极与合作关系稳定的客户签订供销框架协议，与农户签订生产订单，以高于市场价一倍的价格收购检测符合产品质量标准的硒砂瓜，并明确精品硒砂瓜和高品质硒砂瓜的供货量，保障产出优质、产品高端、瓜农增收。

（三）面向全国、专供专营

1. 全国招商

针对2018年硒砂瓜丰产丰收的有利形势，先后组织硒砂瓜种植合作社、农业企业和市直机关相关负责人，召开富硒产业与农产品品牌营销专题培训两次，制作了“富硒硒砂瓜邀您合作共赢”的H5宣传广告。面向全国开展授权经销招商，先后有来自国内30多个城市的150余名客商报名，通过实地考察洽谈，明确了2019年硒砂瓜授权销售方式和市场营销方案。

2. 产地推介

深入开展“中国塞上硒谷”及富硒农产品宣传推介活动。在全区设立专营直销店20个，在市区制作灯箱广告牌350块，沙坡头机场设立广告展板3块，印制了机场登机牌广告。成功举办了2019年宁夏中卫硒砂瓜（富硒）推介会，特邀军旅艺术家张保和、国内知名网络达人、全国主销城市100多名客商现场推广，各大直播平台点击量超过4 000万次，制作投放“中国塞上硒谷”广告标语、2019年硒砂瓜（富硒）易企秀电子宣传册、电商平台展销图文及视频、《中国塞上硒谷》宣传画册、硒砂瓜宣传折页、《塞上硒谷瓜果香》宣传动画片及视频等宣传材料1万余套，新华社、新华网、中国新闻社、人民网、央广网、中国日报、光明日报、中国食品报、农民日报、宁夏日报等区内外46家新闻媒体就中卫硒砂瓜进行了多频次头条报道。

3. 主销城市推介

由市领导分别带队，先后赴北京、上海、广州、香港、重庆等30多个城市召开硒砂瓜推介发布会。中卫硒砂瓜以富硒品牌优势进驻高端瓜果专营店热卖，消费者普遍反映富硒硒砂瓜品质、口感均优于其他西瓜。

4. 专供专营

定位高端市场，建立专供专营模式，挖掘硒砂瓜“天然富硒”“逆境生长”“天赋臻品”等文化属性，以“富硒礼品”“聚好吃”打开高端消费市场。统一设计制作了精品礼盒包装和专供专营营销方案，实行一瓜一标一箱、限量配送、定向供应、线上线下统一价格销售。为全国21个大中城市34家专营店和天猫、淘宝、京东三大平台30多家电商进行了政府授权，并积极与顺丰速运、邮政公司、德邦物流公司合作，保障 48 小时直达。“富硒礼品”硒砂瓜以 168 元/个在线上线下专营店同步销售，目前已累计销售近 10 万余个。

（四）科技支撑、政策保障

1. 人才支撑

自 2018 年以来，先后邀请到了国际硒研究学会主席盖瑞教授、国际硒研究学会秘书长尹雪斌教授、中国科学院赵其国院士、广西壮族自治区农业科学院农业资源与环境研究所副所长刘永贤教授等多位学者，以及宁夏硒产业公司、宁夏大学、宁夏农林科学院、宁夏农业农村厅的多名从事富硒功能农业的博士和专业技术人员到中卫市来指导工作，组建了由 5 名博士和 1 名硕士构成的 10 人专家团队，成立了中卫市硒产业研发中心，为中卫市富硒产业创新链和产业体系的构建提供了人才支撑。

2. 项目资金支持

2018—2019 年积极争取宁夏回族自治区农业农村厅支持硒砂瓜产业发展项目资金近 3 000 万元，中卫市政府配套资金 2 000 多万元，对硒资源普查、硒砂瓜绿色食品原料标准化生产基地建设、龙头企业及合作社培育发展、市场营销推介及品牌打造等方面给予支持。

3. 技术支持

与宁夏农林科学院等相关单位开展院地合作，在香山、兴仁、喊叫水乡生产基地开展基质 + 生物菌肥连作障碍试验示范、硒砂瓜新品种试验示范，示范展示西甜瓜新品种，筛选培育适宜压砂地栽培的硒砂瓜主推新品种。成立了硒产业发展领导小组，办公室设在中卫市农业农村局，负责全市富硒产业发展的规划安排。2019 年初，中卫市农业农村局、自然资源局技术人员联合宁夏硒产业发展有限责任公司成立了中卫市富硒产业技术服务工作组，对富硒产业基地开展技术指导服务工作，2019 年底又邀请宁夏农业科学院、宁夏回族自治区园艺技术推广站、宁夏回族自治区农业技术推广总站等多家单位技术人员组建了中卫市农副产品发展研究团队，对硒砂瓜功能农业发展进行专题研究分析，破解中卫市农业发展瓶颈问题。

（五）利益联结、富民共享

目前，全市从事硒砂瓜生产和流通销售的公司、合作社、协会达 100 家以

上，会员达 11 000 人，初步建立了以川渝鄂、珠三角、京津冀、长三角、西北地区五大销售区域为目标市场的销售体系，按照品种、瓜型消费需求，建成联结紧密的产销关系。由龙头企业（合作社）统一开展供种供肥、技术培训指导、测土配肥、机械化应用、统防统治、品牌销售等社会化综合服务，龙头企业带动硒砂瓜产业融合发展体制机制初步建成。全市以宁夏硒产业发展有限责任公司、中卫市香山瓜果流通公司为龙头，成立中卫市硒产业协会。在西南、西北、华南等地区各大中城市设立经销网点 33 个，硒砂瓜年流通量 3 000 万元以上的流通企业 2 家、500 万～1 000 万元的 1 家、100 万～500 万元的 6 家。建成大型硒砂瓜专业市场 3 个，田头马路市场 35 个，参与硒砂瓜流通的人数达到 4 万人以上。

三、实践总结

综上所述，中卫市以建设绿色食品原料标准化生产基地为基础发展硒砂瓜产业，具有改善生态效益、提升社会效益、增加经济效益的积极作用。压砂地种植硒砂瓜，每年为全市干旱带山区群众创造 14 亿元的经济收益。既解决了群众的生存生活问题，同时又带动了运输、中介、餐饮、住宿等服务业的发展，解决了山区农村劳动力就业问题，使中部干旱带上的群众脱离了贫困线，部分群众实现了致富，被称为“拔穷根”的民生工程。中卫市坚持质量兴农、绿色兴农、品牌强农的发展策略，充分发掘土壤富硒资源优势和农产品品牌优势，以资源禀赋为基础、以经济效益为中心、以农民增收为目的，坚持市场带创建、创建促发展，以供给侧结构性改革为主线，以深化改革和体制机制创新为动力，建立市场倒逼品牌、品牌倒逼品质、品质倒逼品种，以及标准化、集约化生产和龙头企业带动的产业推动机制，完善技术体系，进而充分培育新型经营主体，有效突出了品牌效应。

多措并举　积极开展绿色食品原料标准化生产基地建设

白　燕

（沙雅县农业检验检测中心）

绿色食品原料标准化生产基地创建工作是推进农业标准化生产和农产品质量安全管理的重要内容，是深化农业产业结构调整、优化农业生产布局、发展高产优质高效生态安全农业、提高农产品市场竞争力、增加农民收入的重要手段。沙雅县于2018年12月成功创建全国绿色食品原料标准化生产基地，小麦25万亩、红枣10万亩、核桃10万亩。为了落实好基地建设各项工作目标，沙雅县根据要求，严格按照《全国绿色食品原料标准化生产基地建设与管理办法（试行）》（农绿基地〔2017〕14号）文件开展基地建设工作。

一、采取的主要措施

（一）加强组织领导，确保创建工作扎实有效

沙雅县政府高度重视绿色食品原料标准化生产基地创建各项工作，调整充

实了以县分管领导为组长，农业、市场监督管理局、宣传和各乡镇场等相关单位主要领导为成员的基地创建领导小组，协调指导基地建设各项工作。领导小组下设办公室（简称基地办），成立了监督小组和技术指导小组，创建乡镇均确定了专人负责基地建设工作，分工明确，责任到人，形成了层层抓落实的工作格局，以确保创建工作见实效。

（二）强化宣传培训，营造浓厚的创建氛围

为使绿色食品原料标准化生产基地广大农民充分认识到绿色食品生产的意义，确保基地生产的产品符合绿色食品加工原料的要求，基地办充分利用沙雅县农业广播电视学校、农牧民夜校等培训场地组织的各类培训班，对基地各级管理人员、农技推广人员、对接企业生产管理人员、投入品从业人员及基地内所有农户进行了绿色食品生产技术、基地建设规章制度等内容的培训，进一步提高了基地农户对绿色食品的认识，增强环境保护意识，减少使用生产投入品，减轻环境污染，并在基地树立宣传标识牌，利用标语、广播、宣传单等，多形式、多渠道宣传有关绿色食品的知识，营造良好的社会氛围。同时广泛宣传农产品质量安全监管方面的有关政策、法规、标准、技术和科学消费观，增强绿色农产品生产、加工、经营和消费者的质量安全意识，正确引导消费。

（三）加大基地环境保护监管，为基地创建创造良好的生态环境

加强农田基础设施建设，在绿色食品原料标准化生产基地周围增加绿色植被，改善生产条件；为保证基地生态环境符合《绿色食品　产地环境质量》要求，沙雅县环保部门加强对基地水、土、气的监测与管理，严禁在基地周围 5 平方千米和上风向 20 千米范围内建设污染企业，保证基地水质、土壤、大气不被工业“三废”污染，为绿色食品生产创造良好的生态环境；防止农业面源

污染，严禁使用违禁农业投入品，不得超量使用允许使用的农药、肥料等；杜绝在生产基地乱抛、乱扔农药包装物的现象，对未施用完的农药进行妥善处理。

（四）强化生产管理，不断提高基地创建管理水平

基地办按照中国绿色食品发展中心制定的有关规程，结合本地实际情况，制定了农业相关生产技术规程。一是在基地醒目位置设立绿色食品标志牌，标注基地名称、批准单位、建设单位、建设时间，明确行政负责人和技术负责人。绘制基地地块分布平面图，并对基地生产地块统一编号，以便于管理。二是做好田间生产管理档案，发放用于指导农户生产的绿色食品生产材料，由村级机构工作人员负责和指导农户认真填写绿色食品生产者使用手册。特别是对农药、肥料及生长调节剂的使用情况如实记录，并实行签名负责制。三是建设健全农产品质量安全监管队伍，利用新疆维吾尔自治区农产品质量安全项目，沙雅县已对古勒巴格镇、海楼镇、托依堡勒迪镇等6个农产品质量安全监管站配备了农残、兽残、荧光剂快速检测仪和相关配套设备，基础设施齐全。每个农产品质量安全监管站配有兼职的2名技术人员负责生产安全的监督、检查和抽样检测等工作，建立内部监督制度，对标准落实、投入品使用进行动态监督。坚持以预防为主、综合防治的原则进行病虫草害防治工作。四是基地接受各级农产品质量安全管理机构的监督管理，保证其产品达到绿色食品生产质量标准。

（五）强化部门协作，加强农业投入品管理

沙雅县农业行政主管部门会同市场综合管理局，加大市场监管力度，规范市场经营行为，严肃查处证照不全或违规经营国家禁用农药、肥料的违法行为，特别是对绿色食品原料标准化生产基地建设乡镇进行重点检查。通过控制农产品生产过程，确保绿色食品原料标准化生产基地农资投入品的安全性。2020年1~4月，已发放95家农药经营许可证，对135家农药经营店进行了

现场核查工作，检查农资 11.8 吨，其中肥料 8.2 吨、种子 3.6 吨，杜绝了物流领域的不合格农资流入市场，对绿色食品生产起到了保驾护航的作用。

（六）强化生产技术标准化管理

根据绿色食品生产标准，基地办制定了统一管理措施，生产过程严格按照标准执行。一是制定印发了《沙雅县绿色食品原料（小麦）标准化生产基地管理办法》及《绿色食品小麦标准化生产技术规程》。农户在基地技术人员的指导下，严格按照生产技术规程进行规范操作。二是加强基地技术培训与指导，抽调农技人员深入农村，积极做好技术服务，广泛开展送科技、送技术下乡等活动，及时为基地农民现场解决机耕机播、配方施肥、适期适量播种等技术问题。

（七）积极引导企业参与绿色食品原料标准化生产基地建设

绿色农业的发展，离不开农业产业化龙头企业的参与。目前，沙雅县从事小麦加工的农业产业化龙头企业有两家，其中一家为绿色食品企业，另一家为市级龙头企业。龙头企业以获得绿色食品标准的农产品为经营的主打产品，一头连着基地农户，一头连向市场，能有效地解决生产与流通、分散农户与大市场的连接问题，带动县域优质小麦的发展。

二、存在的问题和不足

一是小麦生产基础设施相对薄弱。沙雅县种植农户基本不使用农药，广大农户对开展绿色食品原料标准化生产基地建设工作的意义及其作用的认识还需进一步提高。

二是各方面的协调配合需进一步加强。绿色食品原料标准化生产基地建设是一个社会系统工程，内容较多，涉及面广，农业、市场综合管理、环境监测等各方面力量的协调配合需进一步加强。

三、对策与建议

沙雅县将会以更加严谨认真的态度做好创建绿色食品原料标准化生产基地各项工作：进一步加大宣传培训工作力度，大力普及绿色食品知识，深入扎实地开展“绿色食品生产进农户”活动，努力提高全县干部群众对绿色食品生产的认识水平；继续进一步完善各项生产管理制度，建立健全长效监管机制，落实基地各生产单元专职监管人员，探索“基地＋农户”规范管理的有效形式，确保绿色食品原料标准化生产基地建设工作扎实开展；进一步加强从业人员业务知识培训，提高从业人员的业务水平；不断提高产业化经营水平，大力扶持产业龙头，积极推行订单生产，并积极引导企业进行绿色食品申报，扩大绿色食品企业申报面。

后　记

为纪念绿色食品事业创立30周年，总结交流绿色食品原料标准化生产基地建设的理论与实践成果，进一步推动基地建设高质量发展，中国绿色食品发展中心编撰了《绿色食品原料标准化生产基地建设理论与实践》。

在文稿征集和汇编期间，得到有关省市区农业农村厅的大力支持，夏季、白雪华、朱新华、汤高平、邓贤贵、林国华、肖小余、何华新等厅主管领导亲自撰稿，总结各地基地建设好的做法和经验；同时也得到了各地绿办（中心）、基地建设单位以及专家学者的积极响应和踊跃参与，在此一并表示感谢！由于篇幅所限，征集的论文和报告不能一一收录，我们也深表歉意。

本书还采用了部分历年来绿色食品摄影比赛的参赛图片，在此对选取摄影作品的摄影作者陈罗昌、陈士平、陈秀峰、崔佳欣、高燕、辜红兵、郭新正、胡玉忠、韩沛新、黄启元、李钢、李显军、李晓平、梁卫东、刘超、刘春发、龙丽芬、牛景景、邱明强、全凌锋、王毅、谢谦、熊晓辉、于衡、赵泽等同志表示感谢！

本书的编辑、出版得到了中国农业出版社的大力支持，在此一并表示感谢！

编　者

2020年8月